극한
생존

Super Natural

Copyright ⓒ Alex Riley, 2025
All rights reserved.

Korean translation copyright ⓒ 2025 by RH Korea Co.,Ltd
Korean translation rights arranged with Felicity Bryan Associates Ltd
through EYA Co.,Ltd

이 책의 한국어판 저작권은 EYA Co.,Ltd를 통해
Felicity Bryan Associates Ltd와 독점 계약한 ㈜알에이치코리아가 소유합니다.
저작권법에 의하여 한국 내에서 보호를 받는 저작물이므로 무단 전재 및 복제를 금합니다.

Illustrations ⓒ Anna Morrison, Atlantic Books

지구상 가장 혹독한 환경에서 피어난
생명의 경이로움

극한 Super
생존 Natural

알렉스 라일리 지음
엄성수 옮김

니브와 윌리엄 그리고 티머시에게
이 책을 바칩니다.

생명체는 모든 장벽에 맞서 싸운다.
전 세계의 모든 틈새에 스며들어 서식지를 넓혀간다.
우리는 끈질기게 뿌리내리는 생명체를 목격한다.
어디서든 은밀히 자리 잡으며, 스스로를 변화시켜 저항하고,
모든 것과 맞서서 결국 모든 것을 이겨내 살아남는 생명들을.

- 존 아서 톰슨, 1920년

추천의 글

끓는 물 속에서도, 섭씨 영하 200도의 극한 저온에서도, 1,000기압의 압력이나 고강도 방사선과 온갖 유독 가스의 공격에도 살아남는 완보동물을 비롯해 송장개구리, 멋쟁이거북, 킬리피시, 아이스피시, 달팽이물고기, 벌거숭이두더지쥐와 유공충, 담륜충까지… 극한 상황에서도 꿋꿋이 생존하는 이들은 우리에게 최악의 원전 사고를 겪은 체르노빌에도 생명이 이어질 것이며 지구 밖 외계 어딘가에도 이름 모를 생명체가 존재하리라는 기대를 저버릴 수 없도록 만든다. "생명은 길을 찾아낸다." 영화 〈쥬라기 공원〉에서 수학자 이언 말콤이 한 이 말은 허튼 허언이 아니다. 무분별한 화석 연료의 사용으로 지구의 평균 온도가 섭씨 2도 오르면 지구 생물다양성의 거의 절반까지 사라질지 모른다는 게 생물학자들의 걱정이지만 자연은 또 새 길을 찾을 것이다. 한 행성에서 생명이 한 번 탄생하면 완전히 사라지기는 거의 불가능하기 때문이다. 지구의 생명은 지속될 것이다. 지구에는 희망이 있다. 다만 호모 사피엔스가 사라지는 게 아쉬울 뿐….

최재천 | 이화여대 에코과학부 명예교수 · 생명다양성재단 이사장

방사능과 극심한 건조, 사하라의 열기와 극지의 혹한, 완전한 어둠과 기근, 산소 결핍과 심해의 압력 속에서도 생명이 어떻게 살아남는지를 탁월하게 그려낸 책. 저자는 이 극한의 이야기를 유머와 절제된 통찰로 경쾌하게 풀어낸다.

〈가디언〉

읽기 쉽고도 권위 있는 탁월한 생명의 기록. 진화가 어떻게 지구의 무수한 생태적 틈새를 만들어 냈는지 상기시킨다.

〈타임스 리터러리 서플리먼트〉

놀라운 회복력으로 살아남은 생명체들의 인상적인 이야기와 생생한 묘사가 돋보인다. 과학과 감성이 균형 있게 어우러진 매혹적인 책.

〈퍼블리셔스 위클리〉

생명의 변두리를 유쾌하게 탐험하며, 그 회복력과 기발한 전략을 보여주는 찬가.

NHBS | 영국의 자연사·생태 전문 리뷰 기관

추천의 글

차례

추천의 글 008
프롤로그 013

1부.
생존의 비밀
생명의 세 가지 조건이 없다면

1장. 메마른 세상 – 물 없이 생존하기　028
2장. 숨 막히는 생존 – 산소 없이 생존하기　064
3장. 단식의 달인들 – 먹이 없이 생존하기　106

2부.
극한 환경과 진화
그럼에도 살아남은 동물들

4장. 얼어야 산다 – 극저온　142
5장. 가장 높이, 가장 깊이 – 극고압과 극저압　180
6장. 전력 질주 후 필요한 것 – 극고온　213

3부.

빛과
방사선

생명의 한계를
시험하다

7장. 빛이 없는 집 - 어둠 속에서 피어난 생태계   258
8장. 독이 가득한 낙원 - 방사선을 먹고 사는 생물   296

에필로그   333
감사의 글   346
옮긴이의 글   349
주   352

일러두기

이 책은 한글 맞춤법 및 외래어 표기법을 따르는 것을 원칙으로 하되 널리 통용되는 표기법이 있을 경우 포함했습니다.

프롤로그

 십자 모양의 긁힌 자국들이 플라스틱 접시 안에 새겨져 있다. 촉촉하면서도 햇살 좋은 아침, 그 자국 하나하나가 거미줄처럼 가는 빛을 반사했다. 접시 안에서는 콧물 같은 초록색 덩어리들이 떠다니다 다시 제자리로 돌아왔다. 모두가 보이지 않는 힘에 연결된 듯 함께 움직였다. 9월의 어느 날, 나는 플리머스대학교의 한 실험실에 앉아 현미경으로 페트리 접시 안의 내용물을 들여다보고 있었다. 현미경 초점을 맞추기 위해 다이얼을 돌리고, 배율을 늘렸다 줄였다 반복했다. 얕은 샘물 안에는 길이가 0.25밀리미디도 안 되는 아주 작고 건강한 동물 개체군이 들어 있었다. 내가 보러 온 그 동물은 몸이 투명했다. 나는 접시를 돌리면서 녹색 조류 덩어리들이 살짝만 건드려져도 이리저리 움직이는 모습을 지켜봤다. 모든 움직임이 크게 보였다. 나는 긁힌 자국이 현미경 초점에 맞춰지도록 신경 썼다. 그 자국은 바로 작은 곰의 발톱을 연상시키는 이 동물의 발톱이 매달린 흔적이었다.

그럼에도 초록색 먹이인 조류만 보였다. 마치 영화 〈쥬라기 공원〉에서 성능 좋은 쌍안경으로 티라노사우루스를 보려다 기둥에 묶인 염소 하나만 찾아냈던 어린 소년이 된 기분이었다.

몇 분간 계속 다이얼을 돌리고 접시를 움직이고 나니, 여기에 정말 동물이 있긴 한 건지 하는 의문이 생기기 시작했다.

이곳 플리머스대학교에서 박사 과정을 밟고 있는 엘리스 말로니 Ellis Moloney가 엄지손가락과 집게손가락으로 내 페트리 접시를 집어 자기 현미경 위에 올려놓았다. "이 안에 아주 많네요!" 그가 들뜬 목소리로 자기 학부생들도 찾기 힘들어한다며 나를 안심시켰다. 그는 어린 시절부터 투명한 빗해파리와 입이 큰 꿀퍼장어 같은 기이한 심해 생명체에 매료됐고, 그래서 다른 사람이라면 아무것도 안 보인다며 따분해할 장소에 집중하는 습관이 있었다. 처음 만났을 때 그는 미국 록 밴드 펄 잼 Pearl Jam 이미지가 들어간 티셔츠에 연갈색 코듀로이 팬츠를 입었고 주황빛 금발 콧수염을 기르고 있었다. 체격은 왜소한데 의외로 목소리는 우렁찼다. 또 실험동물 얘기를 할 때나 자연의 위대함 앞에서 경외감을 표할 때 욕을 많이 했다. "쟤네는 존나 잘 죽어" 또는 "저 심해 벌레들은 빌어먹을 열수 분출공 hydrothermal vent(뜨거운 물이 뿜어 나오는 해저 구멍 - 옮긴이)에서 나오는 황을 죄다 빨아대. 겁나 좋아하지" 같은 식으로 말이다.

그가 접시를 다시 내게 건넸고, 나는 그의 설명에 따라 그리고 분명히 존재한다는 사실을 떠올리면서 이내 그 작은 동물을 찾아냈다. 애벌레를 연상케 하지만, 흙이나 나뭇잎 위를 기어다니는 그 어떤 생물과도 닮지 않은 작은 벌레 모양의 덩어리가 갈색 모래 조각 위에서 느릿느릿 움직이고 있었다. 좌우로 흔들고 위아래로 꿈틀대는 것이, 마치 누군가가 비치볼이 가득한 수영장 안에서 수영하려 애쓰는 모습을 보는 듯했다. 이 동물은 완보동물tardigrade(이끼 등에서 발견되는 미세한 동물로, 짧고 통통한 다리 네 쌍에 발톱 또는 빨판이 달려 있다. 곰처럼 느릿느릿 움직인다고 해서 '물곰' 또는 '곰벌레'라고도 한다 - 옮긴이)의 한 종인 힙시비우스 엑셈플라리스Hypsibius exemplaris다. '물곰'으로 알려지기도 했으며 현미경으로나 보이는 이 작은 동물은 극한 환경에서도 살아남는 능력으로 유명하다. 이 작은 생물이 나오는 애니메이션이나 동영상들은 온라인에서 누적 조회수가 수백만에 달한다. 그중 한 동영상에서 설명하듯, 이 생명체는 이제 '미시 세계의 스타'가 됐다.[1] 의심할 여지 없이 인간이라면 단 몇 초에서 몇 분 만에 죽고 말 상상 불가능한 극한 상황, 즉 절대 영도(섭씨 영하 273.15도)에 가까운 혹한이나 펄펄 끓는 열기, 모든 것을 파괴하는 방사선, 진공 상태의 우주에서도 살아남는 슈퍼 히어로 같은 능력 덕분이다. 그러나 이들이 유명해진 또 다른, 아주 중요한 이유가 있는데, 바로 완전 귀엽다는 것이다.

이 특징은 우리가 완보동물을 알게 된 기간만큼이나 오래 알려져 왔다. 헨리 제임스 슬랙Henry James Slack은 1861년에 출간된 자신의 책 《연못 생물의 경이Marvels of Pond Life》에서 과학적으로 중요한 언급을 했다. "아주 작은 강아지 모양의 동물 하나가 어설픈 다리 8개를 열심히 휘젓고 있지만, 그 모든 노력에도 별로 앞으로 나아가질 못하고… 아주 웃기고 재미있는 쪼끄만 녀석이었다."[2] 현미경 렌즈에 갖다 댄 내 눈에는 이 특이한 동물의 강아지 같은 모습이 뚜렷이 잘 보이진 않았다. 그러나 저기 있다는 건 알고 있다. 둥근 엉덩이, 납작한 얼굴, 너무 하찮아서 어린아이처럼 보이는 움직임 등, 물곰은 회색곰보다는 테디베어를 떠올리게 한다.

 그렇게 말랑말랑하고 현미경으로나 볼 수 있는 귀여운 동물이 실은 믿기지 않을 만큼 강인하다는 사실은 놀라운 일이 아닐 수 없다. 다시 말하지만, 완보동물의 초자연적인 능력은 오래 알려져 왔다. 1938년 일리노이주 테크니의 한 종교 공동체 안에 살고 있던 신부이자 완보동물 애호가는 이런 말을 했다. "이들은 '놀라운 저항력'을 갖고 있어, 끓는 물 속에서도 30분간 살아남고 섭씨 영하 200도의 차디찬 액체 헬륨 안에서도 7개월간 살아남으며 1,000기압의 압력(마리아나 해구를 생각해 보라)과 강한 방사선(자외선, 라듐, X선)은 물론 다양한 유독 가스에도 살아남는다."[3] 완보동물에 매료된 신부는 이렇게 결론 내렸다. "결국 이들의 생명을 끝낼 수 있는 것이 무엇인지 전혀 알 수 없다."[4] 보다 최근에 이루어진 연구들 역시 완보동물은 모든 형태의 분자 운동이 멈추는 가장 낮은 온도인 절대 영도보다 조금 높은 온도에서도 견딜 수 있다는 사실을 보여주었다.[5] 이 생명체들은 반대로 섭씨 151도라는 고온에서도 죽지 않는다(단, 열에 아주 민감한 일부 종들은 예외다). 인간에게 치명적인 수치보다 천 배 높은 방사선 수치에서도 이들은 햇볕에 조금 탄 것처럼 아무렇지 않다.

 이 동물의 생존력은 정말이지 말 그대로 이 세상의 것이 아니다.

2007년 9월, 완보동물들이 '포톤-M 3호'Photon-M no. 3라는 두툼한 금속 캡슐 안에 담겨 우주로 보내졌다. 로켓이 지구 저궤도(지상 250~290킬로미터)에 도달하자 구체형 금속 캡슐이 열렸다.[6] 완보동물들은 우주의 진공 상태, 그러니까 극도의 저기압과 혹한 그리고 여과되지 않은 자외선에 노출된 채 초속 7.8킬로미터의 속도로 지구를 총 192회 돌았다. 9월 26일, 캡슐은 불덩이로 변해 대기권에 재진입했다. 그 안에 실린 모든 동물은 12킬로그램 무게의 두꺼운 열 가림막에 의해 보호됐다. 캡슐은 마지막 낙하산을 펼쳐 착지한 뒤 헬리콥터에 의해 회수되어서 유럽우주국이 위치한 네덜란드로 후송됐다. 멸균된 환경 안에서 실리콘 장갑을 낀 과학자가 관찰한 결과, 완보동물은 저압과 무산소 상태가 합쳐진 우주의 치명적인 진공 상태에서도 별 영향을 받지 않았다. 단지 우주 방사선 전체 스펙트럼(자외선 A, 자외선 B 등)에 노출된 경우에만 눈에 띄는 사망률을 보였다. 그러나 가장 혹독한 환경에 노출된 상황에서도 몇몇 강인한 밀네시움 타르디그라둠Milnesium tardigradum종은 살아남았다.[7] 2008년, 스웨덴 크리스티안스다드대학교의 이론 및 진화생태학 교수 잉게마르 욘손Ingemar Jönsson과 동료들은 이렇게 적었다. "우리의 연구 결과는… 우주의 진공 상태와 태양 및 은하 방사선에 동시에 노출되고도 살아남은 동물에 관한 최초의 기록이다." 그러면서 그들은 이렇게 덧붙였다. "이들이 어떻게 죽지 않을 수 있었는지는 여전히 미스터리다."

완보동물의 생존력은 너무도 유명해지고 존경받게 되어, 2017년에는 옥스퍼드대학교와 하버드대학교의 물리학자들이 이 동물을 지구 종말의 최종 기준으로 삼기도 했다. 그들은 이렇게 썼다. "지구상에서 생명을 완전히 없애려면, 이 생명체까지 모두 죽일 수 있는 어떤 사건이 일어나야 한다."[8] 〈네이처〉 출판사의 또 다른 과학 학술지 〈사이언티픽 리포츠〉에 실린 논문에서는 우리 태양계 안에서 가장 큰 두 소행성인 베스타^{Vesta}와 팔라스^{Pallas}만큼 커다란 소행성과의 충돌만이 이 동물을 죽일 수 있는 유일한 사건이라고 추정했다(소행성 베스타와 팔라스는 익조류 외의 공룡을 전부 멸종시킨 소행성보다 천 배나 더 무겁다). 게다가 〈천체물리학적 사건들에 대한 생명의 회복력〉이라는 제목의 논문에서 저자들은 일단 한 행성에서 생명체가 생기기만 하면 그 생명체는 계속 살아남을 가능성이 높다는 결론을 내렸다. 완보동물은 생명의 놀라운 회복력을 보여주는 극단적인 한 예일 뿐이다. 논문 저자들은 이런 말도 했다. "심지어 대기가 완전히 사라져도 해저에 사는 생물 종에는 별 영향이 없을 것이다. 또한 거대한 소행성이 충돌하면 지구 표면에 햇빛이 줄어들고 기온이 내려가는 '충돌 후 겨울'이 올 것이다. 그 경우 햇빛 덕에 살아가는 생명체들은 재앙을 맞겠지만, 심해의 화산 분출공 주변 생명체들은 별 영향을 받지 않을 것이다." 이 열수 분출공 주변 생태계의 생명체에 대해서는 7장에서 좀 더 자세히 살펴보도록 하자.

그렇다면 우리에게 책임이 있는 재난 상황에서는 어떨까? 더 따뜻하고 더 예측 불가능한 세상에서 완보동물은 어떻게 살아남을까? 2021년, 한 실험에서 기후 변화 시나리오를 재현해 본 결과, 완보동물은 더 뜨겁고 더 건조한 환경에 살면서도 별 영향을 받지 않았다.[9] 심지어 '기후 변화에 관한 정부 간 협의체'IPCC는 2100년이면 지구 기온이 무려 5.5도까지 상승한다는 '최악의 시나리오'를 내놨는데, 그런 시나리오하의 시뮬레이션에서도 미국 노스캐롤라이나주 듀크 숲 야외 실험 시설에 살고 있는 완보동물들은 그 다양성이나 개체 수에 아무 영향도 받지 않았다. 급격한 기온 변화와 건조함에도 잘 견디는 완보동물은 결국 기후 변화에도 끄떡없는 몇 안 되는 동물인 듯하다.

환경 변화에 아무 영향을 받지 않는다는 점을 통해, 완보동물은 지구 생명체에 관해 잊기 쉬운 한 가지, 즉 생명체는 강인하다는 사실을 일깨워 준다. 생명체는 다섯 차례의 대멸종 사건(그중 하나에서는 해양 생명체의 96퍼센트가 죽었다)을 거치고도 살아남았다. 세상이 꽁꽁 얼어붙고, 바다가 온통 독물처럼 변하며, 멘해든나 한 소행성이 오늘날의 멕시코에 충돌했는데도 살아남은 것이다. 모든 것을 포괄하는 생물학적 존재인 생명체는 절대 쉽게 죽지 않는다.

하루하루를 살아남으려면 회복력이 필요하다. 그러나 오랜 세월 살아남는 일은 창의성이 있을 때만 가능하다. 즉, 불안정한 원자에서 방출된 방사선이라는 새로운 먹잇감에 적응하거나 너무 척박해서 다른 생명체들은 살기 힘든 장소를 서식지로 삼는 등 새로운 생존 방식을 찾아야 하는 것이다.

완보동물은 상상할 수 없는 고난을 견디며 상황이 더 나아지길 기다릴 수 있지만, 이 책에 등장하는 다른 생명체들은 잘 살아남기 위해 오히려 극한의 환경에 의존해야 한다. 많은 배가 오가는 바다의 7킬로미터 아래 심해에는 사람의 폐가 으깨지고 혈관이 터질 만큼 높은 압력 속에서도 번성하는 유령 같은 물고기들이 있다. 세계 도처의 햇볕에 달궈진 모래언덕에서는 열을 좋아하는 개미들이 다른 동물은 살 수 없을 만큼 기온이 올라가야 굴 안에서 뛰어나온다. 남극해의 얼어붙은 바닷물 속에서는 거의 영하 2도의 온도에서도 수많은 물고기가 떼 지어 다닌다. 1986년에 폭발한 체르노빌 원자로 인근 출입 금지 구역 안에서는 균류가 그 잔해를 먹고 산다.

오만함(그리고 인간 중심적 사고) 때문에 우리는 어떤 장소를 감히 '생명체가 살 수 없는 곳'이라 불렀지만, 결국 우리 눈앞에 지구상에서 가장 밀도 높은 생태계가 펼쳐지곤 했다. 우리는 생명체가 살 수 있는 온도에 한계를 정해왔지만, 결국 그 한계가 깨지는 걸 목격했다. 우리는 모든 동물은 산소로 호흡한다고 주장했지만, 결국 과학자들이 지중해 바닥에서 산소 없이도 잘 살아가는 동물을 발견했다. 그리고 우리는 모든 생명체가 태양에 의존한다고 생각했지만, 사람이 황화수소를 필요로 하지 않듯 산소를 필요로 하지 않는 생태계가 발견됐다.

물, 산소, 음식, 추위, 압력, 열, 어둠, 방사선 등 생명에 꼭 필요한 요소가 전혀 없거나 지나치게 많은 극한 환경을 극복하며 앞으로 나아가는 것, 그것이 우리 삶의 여정이다. 지구상의 이런 극한 환경은 마치 머나먼 행성과 위성으로 향하는 관문과도 같다. 한때는 생명이 존재할 수 없다고 생각되던 그곳들이 이제는 지구 밖 생명을 추적하는 천체생물학자들의 호기심을 강하게 자극하고 있다. 또한 동물이 환경 스트레스에 적응하는 방식을 통해 우리는 인간의 질병 치료와 세포 및 장기 보존에 필요한 통찰을 얻는다. 그러나 다양한 스트레스 환경을 마주할 때, 우리를 앞으로 나아갈 수 있게 해주는 것은 바로 이 책의 중심 주제인 회복력과 창의성이다.

어떤 동물이 숨 쉬고 먹고 번식하고 경쟁하고 죽는 장소라는 개념인 '니치'niche(원래 '틈새'라는 뜻이다 – 옮긴이)는 극한 환경을 이야기할 때 꼭 필요한 개념이다. 대체 그 어떤 동물이 뭣 때문에 산소도 없고 먹을 것도 없고 방사선으로 심하게 오염된 곳에서 살려고 하겠는가? 그것은 자신들의 생존에 환경(온도, 고도, 기후 같은 '비생물적' 요소)만 중요한 게 아니라 포식자나 경쟁자('생물적' 요소)의 위협도 중요하기 때문이다. 생태학에 니치 개념이 도입될 때 그 중심 원칙은 그 어떤 두 가지 종도 같은 니치에 살 수 없다는 것이었다. 생태학자 조셉 그리넬Joseph Grinnell은 마른 흙을 뒤져 곤충을 잡아먹고 나뭇가지에 올라 열매를 따 먹는 평범한 회색빛 새, 캘리포니아 찌르레기를 연구하며 1917년에 이렇게 썼다. "물론 한 동물군에 속하는 2종이 정확히 같은 니치를 가질 수 없다는 것은 자명한 일이다."[10] 다시 말해, 모든 생명체는 세상에서 자신만의 고유한 위치가 필요하다. 생존과 지속성에서 중요한 것은 '다름'이다.

이처럼 고유한 생존 방식을 추구하는 것이야말로 극한 환경을 향한 끝없는 진화의 원동력이었다. 태곳적 바다 깊은 데서 진화한 최초의 미생물부터 시작해, 생명체는 새로운 경계로 손을 뻗어 태양의 힘을 사용해서 육지로 올라왔고 하늘로 날아오르거나 깊은 해구 속으로 들어갔다. 늘 그 어떤 포식자도 따라올 수 없고 그 어떤 경쟁자도 겨룰 수 없는 장소들이 있었다. 적어도 한동안은 그랬다. 지구 대기 내 변화와 대륙의 이동으로 인해 생명체는 모든 빈 공간과 틈새로 퍼져 나갔고, 지루했던 세계는 온통 경이로운 세상으로 바뀌었다.

생명체가 극한 환경에 끌리는 경향을 설명하는 과학 용어는 없다. 인류학자 겸 과학 작가였던 로렌 아이슬리Loren Eiseley는 1957년에 저서 《광대한 여정The Immense Journey》에서 이 경향을 '현실에 대한 생명체의 영원한 불만'이라는 감정적 끌림으로 설명하려 했다.[11] 그는 '새로운 환경으로 나아가려는 끝없는 습성' 덕에 생명체가 가장 비현실적인 상황에도 적응할 수 있다고 적었다. 진화는 필연적으로 모험 지향적이다. 아니면 영화 〈쥬라기 공원〉에 나오는 이언 말콤Ian Malcolm 박사의 말처럼 "생명은 길을 찾아낸다."

나는 어렸을 때부터 자연에서 위안을 찾았기 때문에, 많은 시간을 구식 다이얼업 인터넷dial-up internet(전화선을 이용해 접속하던 초기의 인터넷-옮긴이)에 접속해 먼 대륙이나 옛 지질 시대에 살았던 동물들에 대해 배웠다. 1990년대에 어린 시절을 보낸 소년답게 공룡과 고양잇과 맹수들 그리고 데이비드 애튼버러David Attenborough(영국의 유명한 다큐멘터리 제작자 겸 해설자-옮긴이)의 자연 다큐멘터리에 푹 빠져 지냈다. 다른 또래 친구들과는 달리, 자라서도 자연을 향한 관심이 줄어들지 않았다. 오히려 더 깊어졌다. 지금 깨달은 사실이지만 그건 혼란스럽고 예측 불가능한 세상으로부터의 도피 같은 것이었다. 코로나 감염과 극심한 기상 이변이 있었던 2021년에 나는 가장 혹독한 환경 속에서도 견뎌내는 생명체들에 관심을 가졌고, 거의 극복 불가능한 역경 속에서도 살아남는 그들의 강한 생존력과 회복력을 연구했다. 코로나19 팬데믹으로 인해 우리의 세계가 멈춰버린 이른바 '인류 정지'Anthropause 시기에, 나는 인간 세상에는 아무 관심 없는 생명체들에 관한 글을 읽으며 시간을 보냈다. 가장 깊은 해구에 사는 젤리처럼 물컹물컹한 물고기, 이끼 잎사귀들 사이를 어기적어기적 지나가는 완보동물, 가장 뜨거운 모래언덕 위에서 활동하는 은빛 개미, 이들의 무심함은 인류의 삶이 아주 무료하고 제한되어 있던 시기에 위안이 되었고 세상을 보다 넓게 볼 수 있는 시야도 제공해 주었다.

프롤로그

그 당시는 의식하지 못했지만 지금 와서 돌아보니 그랬던 것 같다. 상상도 못 할 만큼 혹독한 환경에서 살아남는 생명체들을 찾아본 일이, 도저히 살 수 없을 것 같은 시기를 헤쳐 나오는 데 도움이 됐던 것이다. 상상하기 힘든 환경에서 살아남는 생명에 관해 많은 생각을 하면서, 나는 여전히 살아 숨 쉬는 미래를 상상할 수 있었다. "지구의 아름다움을 많이 생각하는 사람들은 삶이 지속되는 한 견딜 수 있는 내적 힘의 근원을 발견한다."[12] 우리가 어떻게 지구의 광대한 지역들을 농약으로 초토화하고 있는지 보여주는 책 《침묵의 봄》에서 레이첼 카슨Rachel Carson이 한 말이다.

지금 지구가 인류로 인해 파괴되고 있다는 사실은 부정할 수 없다. 녹아내리는 빙하, 대양에 생겨나는 죽음의 구역들, 유례없는 산불 때문에 많은 동물이 한계 너머까지 내몰리며 멸종 위기에 처해 있다. 일부 과학자는 우리가 지금 지구의 여섯 번째 대멸종 한가운데 서 있으며, 이는 6,600만 년 전쯤 중앙아메리카에서 일어난 소행성 충돌로 인한 대멸종과 맞먹는 상황이라고 주장한다. 이 책에 등장하는 사례들은 이처럼 파국적인 상황을 되돌릴 순 없겠지만, 그렇다고 해서 멸종 위기에 처한 종들을 포기해야 한다는 주장의 근거로 사용되어서도 안 된다. 우리는 지구상의 생명에 내재된 회복력을 떠올릴 수 있다. 즉, 생명체는 그 어떤 도전에 직면해도 살아남을 것이다. 미국의 작가 레베카 솔닛Rebecca Solnit은 이렇게 말했다. "희망은 알려지지 않은 것과 알 수 없는 것을 받아들이는 일이며, 낙관론자와 비관론자가 갖고 있는 확신의 대안이다."[13] 이 책을 쓰면서,

자연계는 이미 끝났으니 이제 그만 포기하자는 내 안의 비관론자가 일시적으로 조용해졌다. 솔닛은 이어서 말했다. "낙관론자는 우리가 개입하지 않아도 다 괜찮을 거라 생각하고 비관론자는 그 반대 생각을 한다. 양쪽 모두 행동하지 않음을 변명한다." 생명체의 회복력을 깊이 생각한다는 것은 희망과 행동을 잇는 일이다.

1부

생존의 비밀

생명의
세 가지 조건이
없다면

1장

메마른 세상

물 없이 생존하기

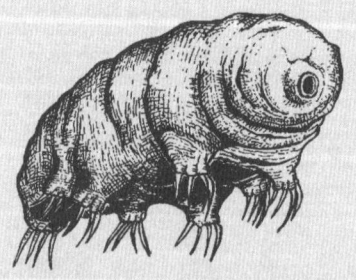

자, 그럼 끈질긴 생명력의 상징인 완보동물 이야기로 시작해 보자. 대체 이들은 왜 죽이는 게 거의 불가능할 만큼 생명력이 강할까? 어떻게 방사선부터 높은 압력, 타는 듯한 열기, 얼어붙는 추위에 이르는 치명적인 환경에서도 살아남을 수 있는 걸까? 그 답은 물 없이도 살아갈 수 있는 능력에 있다. 생명체에게 가장 소중한 자원이자 NASA가 외계 생명체를 찾는 유일한 기준인 물 말이다. 탈수 상태가 죽음을 막는 최고의 묘약인 듯하다.

영국 플리머스에서 엘리스 말로니를 만난 다음 날, 여전히 비가 내리는 가운데 나는 자연 속 완보동물들을 찾아 나섰다. 우리 집 개 '버니'를 데리고 집 근처 해안 길을 따라 걷는데 낮게 드리운 잿빛 하늘이 사방을 뒤덮고 있었다. 비바람이 덜한 작은 만에서는 흰 포말을 일으키며 파도가 아래쪽 바위들을 때리고 있었다. 해안을 떠나 집으로 돌아갈 무렵엔 파도 소리 대신 바람에 휘날리는 나무들의 울부짖음이 들렸다. 나는 비에 흠뻑 젖은 채 오래된 돌담 위에 여기저기 이끼가 수북이 덮여 있는 걸 보았고, 여기야말로 완보동물을 찾기에 더없이 좋은 장소라고 결론 내렸다. 손톱으로 이끼 몇 덩어리를 긁으니 뿌리 없는 그 식물이 오렌지 껍질처럼 쉬이 떨어졌다. 나는 그것들을 깨끗한 반려견 배변 봉투에 담았다. 채집한 완보동물들은 그 작은 발톱으로 이끼에 매달려 있을 테지만, 혹시라도 도망가는 것을 막으려 봉투 입구를 느슨하게 묶어 두었다.

집에 돌아와 흠뻑 젖은 신발과 옷을 갈아입은 뒤 이끼 위에 수돗물을 조금 붓고 여분의 물은 커피 여과지를 이용해 제거했다. 이제 남은 것은 흙 한 겹과 약간의 이끼 그리고 내심 발견하기를 기대했던 건강한 완보동물 개체군뿐이었다.

내가 이끼를 채집한 적은 그때가 처음이 아니었다. 나는 집 주변의 미세한 세계를 들여다보기 위해 이미 중고 디지털 현미경(고장 난 전자기판을 수리할 때 종종 사용한다)까지 사 둔 상태였다. 그 현미경은 배율이 40배로 길이 1밀리미터 이내의 작은 생명체를 관찰하기에 안성맞춤이었다. 그러나 운이 없어 아직 완보동물은 찾지 못했다.

하지만 이번에는 말로니의 연구실에서 키우는 완보동물의 모습을 눈에 익힌 상태였다. 이젠 완보동물의 일반적인 생김새와 움직이는 방식을 잘 알고 있었고, 그들이 붙어 살 만한 곳들을 집중적으로 살폈다. 맨눈에는 얕은 갈색 흙처럼 보이던 것이 현미경 아래에서는 낱개의 모래 입자들로 변했다. 그리고 겉으로 보이던 갈색이 실제로는 옅은 금발색에서부터 거의 검은색에 가까운 다양한 색을 띠고 있었다. 아주 작은 이끼 조각들이 있었고, 작고 투명한 튜브 모양의 생명체 하나가 모래알 사이를 기어가고 있었다("거기, 그래 바로 거기!"). 현미경 배율이 워낙 낮아 그 생명체의 더 세세한 부분들, 즉 바늘 끝처럼 작은 눈, 양쪽 끝에 발톱이 달린 통통한 8개의 다리 그리고 해조류 세포의 속을 빨아먹는 데 쓰는 돌출된 침은 볼 수 없었다. 컴퓨터 화면으로 그 흐릿한 이미지를 보며 나는 잠시 현실 세계를 벗어났다. 나라는 존재에 아무 관심 없는 생명체를 바라보는 일은 묘하게도 위안이 되었다. 그 순간은 인간 너머의 세계로 향하는 작은 문에 들어선 기분이었으며, 모든 게 이끼를 채집하고 8파운드짜리 현미경만 구입하면 경험할 수 있는 간단한 일이었다.

그저 존재하는 것만으로도 완보동물은 평범한 식물군, 즉 젖은 이끼 한 조각과 섬세한 지의류를 놀라운 세계로 바꿔놓는다.

나는 완보동물의 흐릿한 이미지를 촬영해서 말로니에게 보냈다. 그는 그날 저녁 답장을 보내왔는데, 그 완보동물이 자신이 연구실에서 연구 중인 것과 똑같은 힙시비우스종 같다고 했다.[1] 이 다양한 동물 집단에 관한 연구는[2] 세상에 알려진 1,380종의 완보동물 가운데[3] 주로 2종, 즉 힙시비우스 엑셈플라리스종과 라마조티우스 바리에오르나투스종에 한정되어 있다.[4] 이 2종은 몸 형태는 비슷하지만, 최근 연구들에 따르면 특히 방사선 노출처럼 극한 상황에서 정반대되는 생존 전략을 보여준다(자세한 내용은 8장에서 다루겠다). 여기서는 일단 이 정도만 이야기하도록 하자. 힙시비우스 엑셈플라리스는 극한 상황에서 몸이 찢긴 뒤 상처를 순식간에 치유하는 영화 〈엑스맨〉의 울버린처럼 그 상처를 바로 원상 복구한다.[5] 반면 라마조티우스 바리에오르나투스는 애초에 상처를 입지 않도록 자신을 지킨다.[6] 분자 보호막을 이용해 인간을 죽일 만큼 강한 방사선보다 천 배나 강한 방사선에도 견딜 수 있는 것이다.[7] '복구하고 보호하라.'

치약 광고 문구 같지만, 완보동물에게도 들어맞는 말이다.
 극한의 열과 추위, 방사선 그리고 높은 압력 속에서도 살아남을 수 있는 대부분의 완보동물은 이끼 잎 위에서 더없이 편안해한다(그래서 생겨난 또 다른 귀여운 애칭이 '이끼 돼지'다). 집이라 불러도 좋을 만큼 포근한 장소 같지만, 아주 작은 이 서식지는 하루에도 여러 차례 극심한 변화를 겪는다. 서늘한 밤에 맺힌 이슬이 한낮의 태양열에 증발하고 나면 촉촉한 이끼가 아주 메마른 사막으로 변해버린다. 살아남기 위해, 완보동물은 계절 따라 생겨나는 개울에서 물이 마르지 않는 호수로 헤엄쳐 가는 물고기처럼 물길을 따라가거나 폭풍우를 견뎌내야 한다. 변화를 인정하고 받아들여야 하는 것이다. 완보동물은 5억 년 넘게 생존하며 후자의 길을 택해왔다. 그들의 영어식 이름인 tardigrade는 '천천히 걷는다'는 뜻으로, 어설프고 느린 그들의 움직임에서 유래됐다. 헤엄도 못 치고 빨리 움직이지도 못하는 이들은 물이 말라가면 만반의 준비를 한다. 이렇게 일상적인 극한 상황 덕에 완보동물은 지구상에서 가장 강인한 생명체가 되었고 세계를 정복하여 우주까지 가본 고대 무척추동물 종이 되었다.
 담륜충('윤충'이라고도 알려져 있다)과[8] 선충[9] 그리고 중앙아프리카에서 발견되는 깔따구의 유충[10] 등과 함께 완보동물 또한 휴면 상태에 들어가며, 그 상태에서 체내 수분의 무려 98퍼센트까지 제거한다.[11] '무수 생존 상태'anhydrobiosis, 다시 말해 물 없이 유지되는 생존 상태는 '탈수'dehydration라는 말로는 설명하기 힘든 독특한 상태다.[12] 그래서 과학자들은 '완보동물이 건조화된다'는 표현을 즐겨

쓰는데, 이는 체내 수분이 거의 다 사라진다는 의미다. 포도가 마르면서 쪼그라들어 건포도가 되듯, 말랑말랑하고 투명한 이 동물은 단단한 껍데기인 이른바 '툰'tun 상태로 바뀌며, 그 상태에서는 거의 불멸의 존재가 된다. 2021년 완보동물 연구자인 나디아 뫼비에르 Nadja Møbjerg는 이런 말을 했다. "물 없이도 생존할 수 있다는 것은, 동물들이 평상시의 환경보다 훨씬 더 혹독한 환경에서도 살아남을 수 있다는 가능성을 시사한다."[13] 어떤 이유에서든, 이들은 너무도 강인하다. 생명에 꼭 필요한 분자인 H_2O 없이도 살아남는 걸 보면, 그 외의 다른 모든 스트레스를 견디는 일은 그야말로 아무것도 아닌 듯하다.

가장 자주 쓰이는 용어는 '무수 생존 상태'이지만, 이렇듯 바싹 마른 상태를 나타내는 표현 가운데 약간 더 오래됐고 내가 가장 좋아하는 표현은 '화학적 무반응 상태'이다.[14] 탈수 상태의 작은 몸 밖에서 무슨 일이 일어나든, 완보동물은 아무것도 생각하지 않고 아무것도 느끼지 않는다. 그저 견딜 뿐이다.

완보동물은 시간 여행도 한다. 휴면 상태에서 나이도 먹지 않는 것처럼 보인다. 몇 달 또는 몇 년이 지나도, 이들은 탈수된 툰 상태일 때와 똑같은 완보동물로 남아 있다. 2019년, 무수 생존 상태 동물 연구의 세 권위자인 로레나 레베키 Lorena Rebecchi, 키아라 보셰티 Chiara Boschetti, 다이앤 넬슨 Diane Nelson은 이동('공간 탈출')이 거의 불가능할 때 이처럼 안 좋은 환경을 피하는 수단을 '시간 탈출' escape in time이라 불렀다.[15]

작은 툰 상태로 몸을 돌돌 말면, 완보동물들은 너무 가벼워서 꽃가루처럼 바람에 흩날린다.[16] 신진대사 활동까지 멈춘 채 엄청난 거리를 이동할 수 있으며, 이슬방울에 떨어진다면 몸을 다시 부풀려 새로운 영역을 정복할 수 있다. 그래서 어디에나 완보동물이 있다는 사실은 전혀 놀랄 일도 아니다.

완보동물은 선충, 진드기 그리고 현미경으로나 보이는 몇몇 다른 생명체들과 함께 남극을 포함한 모든 대륙에 살고 있는 특이한 동물 집단이다. 1907년부터 1909년 사이에 있었던 영국 탐험가 어니스트 섀클턴Ernest Shackleton의 남극 탐험에서, 생물학자 제임스 머레이James Murray는 최남단 대륙의 이끼들이 '추위 때문에 쪼그라들어' 있지만, 해안에서 멀지 않은 담수호에는 수많은 완보동물이 존재한다는 사실을 발견했다. 그는 1910년에 내놓은 저서《완보동물Tardigrade》에 이렇게 썼다. "현미경으로나 볼 수 있는 이 동물들은 혹독한 기후를 전혀 개의치 않는다. 추위가 닥치면 몸을 돌돌 만 채 잠을 자는데, 그게 몇 년일 수도 있으며, 그러다 얼음이 녹기 시작하면 마치 아무 일도 없었던 듯 즐겁게 다시 움직인다."[17]

얼음으로 덮인 또 다른 거대한 땅 그린란드에서는 완보동물이 '크라이오코나이트 구멍'cryoconite hole이라 불리는 빙하 내 액체 물주머니 속에서 산다.[18] 해저에서 그리고 심지어는 대양의 가장 깊은 곳에서 퇴적물을 채취할 때도 그 안에 완보동물들이 있었다. 육지에서는 주로 이끼나 지의류에서 발견되지만, 낙엽 더미나 흙 안에서 살아가는 데 적응한 종도 있다.[19] 개체 밀도는 부식토가 얼마나 영양분이 풍부한가에 따라 달라지지만, 1제곱센티미터의 흙 안에서 1,400마리의 완보동물이 발견되는 일도 있다.[20] 완보동물은 해발 6,000미터나 되는 산꼭대기에서 발견되기도 한다.[21]

완보동물은 서식지가 다양해 그 형태도 가지각색이다. 이들은 모두 8개의 다리에 입 1개라는 기본적인 몸 구조를 공유하지만, 이 공통된 구조 안에서도 놀랄 만큼 다양한 변형이 존재한다. 상당수의 완보동물은 발톱이 있지만, 어떤 종은 다리 끝이 빨판으로 진화했다.[22] 대부분은 얼굴이 납작하지만, 노르웨이의 높은 산악 지대에서 처음 발견된 베르그트롤루스 짐보프스키 같은 종은 주둥이가 개미핥기처럼 길어서 그 주둥이로 세균 먹이를 빨아들인다.[23] 그러나 완보동물이 가장 흥미롭게 진화된 곳은 아마 해저일 것이다. 페로 제도 연안의 깨끗한 모래 안에서 사는, 이름부터가 기발한 타나르크투스 부불루부스종의 경우, 몸 뒤쪽에 풍선 모양의 기관이 16개에서 20개씩 달려 있다.[24] 그 기관들은 물속에서 부력을 늘려주고 모래알 사이에서 흡착 패드 역할을 한다. 풍선들을 매달고 깊은 바닷속을 떠다니는 이늘의 모습은 마치 언제든 생일 파티를 열 준비가 된 아이들 같다. 실제로 지금도 바닷속 어디에선가 타나르크투스 부불루부스종이 떠다니고 있다는 것은 감사하고 또 축하할 만한 일이다.

물론 가장 잘 알려진 완보동물종은 육지 위에서, 특히 이끼와 지의류에서 사는 종들이다. 현재까지 알려진 완보동물의 약 80퍼센트는 육상 종인데, 이는 실제로 육상 종이 그렇게 많고 다양하기 때문이라기보다는 육상 종의 경우 표본 채집이 그만큼 쉽기 때문일 가능성이 높다(이를 '샘플링 편향'이라고 부른다).[25] 예를 들어 심해에서 퇴적물을 채집하는 것보다는 나무에서 이끼 덩어리를 떼어내는 게 훨씬 쉬우니까. 그 수가 얼마나 많든, 육상 종들은 오랫동안 과학자와 아마추어 모두에게 더없이 흥미로운 동물이었으며, 현미경을 통해 생명체의 놀라운 회복력에 통찰력을 갖게 해준 동물이기도 했다.

18세기에 들어서면서 오랫동안 완보동물은 '생명이란 무엇인가?'를 둘러싼 논쟁의 중심에 서 있었다. 이 동물은 몇 달, 그리고 심지어는 몇 년간 신진대사 기능이 전혀 감지되지 않는 상태로 생명 활동을 중단할 수 있는데, 그렇다면 이들이 죽었다고 봐야 할까? 아니면 물 없이 생존한다고 말해야 정확한 걸까? 물이 재공급될 경우 단순히 재등장하는 게 아니라 부활한다고 해야 할까? 1774년에 한 이탈리아 과학자는 이렇게 썼다. "가장 중요한 일은, 되살아난다고 하는 이 작은 생명체가 실제로 죽는다는 건지 아니면 그저 죽은 것처럼 보인다는 건지를 결정하는 것이다. 만일 진짜 죽었다고 가정한다면, 어떻게 다시 살아나는 일이 가능하단 말인가?"[26] 넷플릭스가 등장하기 훨씬 이전 시대에, 불가능해 보였던 이 동물의 부활 현상은 화제의 이야깃거리가 되었다.[27] 유리 슬라이드 위에 물 한 방울만 떨어뜨리면 활발한 생명의 세계가 펼쳐졌으니 말이다. 그리고 물 없이도 살아남는 생명체, 죽음을 흉내 내는 이 동물은 크립토바이오시스cryptobiosis, 즉 '숨겨진 생명'으로 알려지게 되었다.

죽음에 들켜 잡아먹힐 때까지 생명은 얼마나 오래 숨어 있을 수 있을까? 1753년, 영국 과학자 헨리 베이커Henry Baker는 4년간 바싹 마른 상태로 있던 선충들이 물 한 방울을 떨어뜨리자 '죽은 줄 알았던 몸을 다시 움직이며 활동을 재개했다'고 기록했다.[28] 그러면서 그는 만일 장기가 '손상되거나 찢어지지만 않는다면' 이들의 생존 한계는 아마 무한할 수도 있을 것이라며 덧붙였다. "장기만 제대로 보존된다면… 20년 후든, 40년 후든, 100년 후든 혹은 그 이상의 시간 후에도 되살아나는 일이 가능한 것 아닐까? 이 질문에 답할 수 있는 건 미래의 실험뿐이다."

이후 비슷한 실험들이 몇 차례 진행됐지만, 그 결론은 아직 명확하지 않다. 예를 들어 1948년, 티나 프란체스키Tina Franceschi는 120년 전의 이끼 샘플에 물을 적신 뒤 그 안에 여러 마리의 완보동물이 존재한다는 사실을 발견했다. 그녀는 12일간의 관찰 끝에 몸을 반쯤 펼친 작은 개체 하나가 미세하게 몸통을 떨기 시작하는 순간을 기록했다.[29] "특히 앞다리 부분에서 폈다가 다시 오므리는 움직임이 관찰됐다." 그래서 그녀는 '아주 미세하지만, 생명 활동이 나타났다'고 결론지었다. 설득력은 별로 없지만, 이는 완보동물이 툰 상태에서 1세기 넘도록 생존할 수 있다는 증거로 인용되어 왔다. 1998년 〈뉴 사이언티스트〉에 실린 한 기사는 프란체스키가 이끼 샘플에서 관찰한 미세한 움직임을 '완보동물이 이후 그 위를 기어 다니는 모습이 발견됐다'는 말로 바꾸었다.[30] 이처럼 놀라운 능력을 가진 동물에 대해 과장하는 행위는 용서할 만하다.

더 최근에는 세계 곳곳의 박물관에서 채집한 샘플을 통해 완보동물이 물 없이도 최대 10년까지 생존할 수 있다는 사실이 밝혀졌다.[31] 실은 그것만으로 놀라운 업적이다. 음식의 경우와 마찬가지로, 바싹 마른 상태인 이 동물의 수명은 냉동 상태에서 더 길어지기도 한다. (2023년, 북극 동북부 두반니 야르 지역의 영구동토층에서 선충 1마리가 발굴되었는데, 네안데르탈인과 털복숭이 매머드가 지구를 거닐던 4만 6,000년 전부터 크립토바이오시스 상태로 생존해 온 선충이었다.[32]) 2016년에는 1983년에 남극 동부에서 채집된 이끼 샘플에서 완보동물 2마리가 발견됐다. 섭씨 영하 20도의 기온에서 30년간 얼어 있던 완보동물들은 물을 공급하자 둘 다 되살아났다. 일본 극지연구소 연구진은 이들에게 '잠자는 미녀 1'과 '잠자는 미녀 2'라는 이름을 붙였다.[33]

잠자는 미녀 2는 해동 직후 죽었지만, 잠자는 미녀 1은 제공된 조류를 먹기 시작해서 투명한 몸 안이 해조류의 녹색 조각들로 채워졌다. 수분을 섭취한 지 3주 조금 넘게 지나자 자신의 등껍질 안에 알을 낳기 시작했고, 그 단단한 등껍질을 벗어 자손들을 보호하기 위한 고치로 사용했다. 그녀는 45일간 다섯 차례에 걸쳐 19개의 알을 낳았고, 그중 14개가 부화했으며, 각 새끼는 어미의 놀라운 생존력을 그대로 물려받았다.

완보동물은 한때 무척추동물 분류학자만의 신비스러운 연구 주제였으나, 이제는 전 세계 과학자들의 연구 대상이 됐다. 영국 플리머스대학교의 엘리스 말로니는 툰 형성에 관여하는 생물학적 메커니즘과 그것이 완보동물의 '화학적 변화에 대한 무감음'에 미치는 영향을 밝혀내고 싶어 하는 과학자 중 한 명이다. 그의 지도교수인 키아라 보셰티는 윤충과 완보동물 연구를 통해 생물학적 물질이 어떻게 그렇게 건조한 상태에서 생존할 수 있는지 알아내려 한다. 어쩌면 그 연구를 통해 세포주나 백신을 냉동하지 않고도 더 오래 보존할 새로운 방법을 알아낼 수 있을지도 모른다. 20년 넘게 완보동물을 연구한 생물학자 밥 골드스타인Bob Goldstein은 이렇게 말한다. "이건 정말 놀라운 일이에요. 이들은 마땅히 죽어야 할 뿐 아니라 그 구성 요소들도 파괴되어야 옳아요. DNA 코드를 단백질로 변화시키는 분자인 RNA나, 세포막보다 훨씬 더 튼튼한 DNA와 단백질은 완보동물이 견뎌내는 여러 극한 환경에서 원래 파괴되어야 맞습니다." 그러니까 완보동물이 스스로를 지키기 위한 툰 상태에 들어가 있을 때는 생물의 핵심 요소들을 그대로 유지하고 있다고 말해도 무방할 것이다.

완보동물이 처음 발견된 지 250년도 더 지났지만, 과학자들은 지금도 여전히 이들이 어떻게 그런 일을 해내는지 알아내려 노력 중이다. 1980년대에는 브라인슈림프brine shrimp (씨몽키sea monkey라고도 한다)와 선형동물처럼 무수 생존 상태에 들어갈 수 있는 다른 동물의 연구를 통해[34] 트레할로스라는 당(포도당 두 분자가 결합된 것)이 건조 상태에서 살아남는 데 열쇠 역할을 한다는 사실이 밝혀졌다.[35] 이 단순당이 물 분자의 자리를 대신함으로써, 완보동물의 몸이 쪼그라들고 비틀려도 세포 구조가 온전히 유지될 수 있는 것이다. 트레할로스는 물이 없는 상태에서는 연약한 액체에서 단단한 고체로 변하며 생물학적으로 유리처럼 굳어진다(4장에서 다시 살펴보겠지만, 세포 안을 당으로 채우는 것은 일부 개구리들이 꽁꽁 얼어붙은 상태에서 살아남는 데 쓰는 전략과 비슷하다). 그러나 최근 들어 트레할로스의 중요성에 의문이 제기되면서, 이른바 샤페론 단백질이란 요소가 주목받기 시작했다. 후기배아발생풍부 LEA 단백질, 분비성풍부열용해성 SAHS 단백질, 세포질풍부열용해성 CAHS 단백질은 모두 곧 잊어버릴 만큼 복잡한 이름을 갖고 있지만, 여기서 중요한 점은 모두 아주 비슷한 역할을 한다는 것이다.[36] 동물은 물론 식물 씨앗에서도 발견되는 이 단백질들은 마치 집착이 심하고 강박적인 세포 관리인처럼 주변 세계가 변하기 시작할 때 세포 내 모든 것을 특정 위치에 고정한다. 바싹 말라가는 과정에서 세포막과 단백질은 형태가 뒤틀리거나 서로 달라붙는 경향이 있다. 생명 활동의 모든 반응은 이런저런 움직임과 열쇠 같은 정밀함을 필요로 하기 때문에, 극한의 시기에 이 샤페론 단백질이 세포를 유지하는 데 도움을 주는 것이다.

  말로니는 먼 미래에 자신의 연구가 인간의 질병에도 도움이 될 수 있길 바란다. 그는 내게 파킨슨병과 알츠하이머병 그리고 대부분의 다른 신경퇴행성 질환들이 세포의 스트레스 반응과 관련 있다고 말한다. 만일 완보동물에서만 발견되는 회복 유전자가 있다면, 그것들을 우리 뇌의 죽어가는 세포에도 넣을 수 있지 않을까? 그는 말한다. "꿈같은 얘기 같겠지만, 꼭 그렇지만도 않습니다. 다만 연구

속도를 높일 자금은 더 필요합니다. 분명 무한한 잠재력이 있거든요." 강력한 방사선, 극심한 탈수, 얼어붙을 정도의 추위, 타오르는 듯한 열기에도 살아남는 느릿느릿한 완보동물은 생존에 필요한 진화의 열쇠를 쥐고 있는지도 모른다. 8장에서 알게 되겠지만, 완보동물의 DNA는 이미 식물 세포와 세균 그리고 기타 세포주에 삽입되어 환경 스트레스 속에서 더 큰 회복력을 부여하고 있다.

탈수가사anhydrobiosis는 물 스트레스에 반응하는 가장 극단적인 적응 방식으로, 물이 사라지는 상황에서 생명을 미리 지켜준다. 물 부족에 대처하는 비교적 일반적인 방식이며, 생명체 세계의 전반에 걸쳐 발견된다.

가장 놀라운 탈수가사의 사례 중 일부는 식물에서 볼 수 있다. 이른바 '건생식물'xerophytes(dry와 plant의 합성어)은 모든 것을 태울 듯한 사막과 물이 잘 빠지는 절벽 틈새에 살며, 완보동물과 마찬가지로 몇 달간 휴면 상태로 지내다가 물이 생기면 다시 모습을 드러낸다. 현재까지 알려진 이러한 '부활 식물'은 330종뿐인데, 이는 현재까지 알려진 줄기와 몸통 그리고 가지가 자라나는 식물(유관속 식물) 38만 3,671종 가운데 극히 일부(0.086퍼센트)에 지나지 않는다.[37] 저속 촬영 동영상에서 볼 수 있듯, 쪼그라들고 바싹 말라비틀어진 갈색 잔가지로 변해 있는 식물에 물을 주면 몇 시간 이내에 다시 부풀어 올라 초록빛으로 변하며 광합성을 재개한다.[38] 건조 상태에서 뿌리부터 새롭게 되살아나는 듯 보이는 게 아니라 아예 말라 죽었던 잎들이 되살아나는 것처럼 보인다.

완보동물의 경우와 마찬가지로, 식물들이 활용하는 비법 중 하나는 탈수되면 유리처럼 단단히 굳는 단순당을 만들어 내는 것이다. 이처럼 고체 상태가 되면, 식물 세포 안에서 일어나는 화학 반응이 줄어들고 수축으로 인한 물리적 손상도 방지된다. 그러나 식물의 경우 이런 변화는 아주 늦게 일어나, 세포 내 수분의 90퍼센트가 이미 사라진 시점에서야 시작된다. 수분이 사라질 때 식물들이 처음 맞닥뜨리는 문제는 식물의 경우(동물과는 달리) 세포막뿐 아니라 세포벽도 가지고 있다는 점이다. 성벽처럼 세포막을 둘러싸고 있는 세포벽은 수분이 사라지면 유연성을 잃는다. 너무 단단하기 때문이다. 그래서 '벽'이라고 칭한다. 부활 식물의 경우 이 세포벽이 아코디언처럼 접혀야 하며, 그래야 세포 크기를 80퍼센트 이상 줄이면서도 손상을 입지 않을 수 있다.[39] 수분이 돌아오면, 보다 유연한 내부 세포막과 맞닿아 있는 세포벽이 펼쳐져 이전 상태로 되돌아간다. 반면 수분 스트레스를 견디지 못하는 식물들은 내부 세포막이 단단한 세포벽에서 찢겨나가며 산산조각 난다. 이것이 식물이 죽는 방식이다.

적어도 물이 없을 때는 광합성도 마찬가지다. 빛을 흡수하는 광합성 과정이 물 없이 계속되면, 식물 세포들은 유해한 활성산소[ROS]를 마구 만들어 내기 시작한다. 활성산소는 일련의 대사 부산물로 세포 내부, 특히 DNA까지 파괴할 수 있다. 그 사태를 막기 위해 부활 식물의 잎들은 안쪽으로 말려 뒷면을 햇빛에 노출하고 더 연약한 앞면은 그늘지게 만든다.[40] 부활 식물의 잎에는 안토시아닌이라는 천연 자외선 차단제가 잔뜩 들어 있어서, 식물이 계속 말라가는 동안 엽록체가 흡수할 수 있는 햇빛의 양을 줄여 광합성도 줄여나간다. 일부 부활 식물의 경우 엽록체를 완전히 분해해 아예 광합성이 일어나지 않게 만들어서 활성산소로 인한 손상을 최소화한다.[41] 수분이 돌아오면, 그들은 처음에 남겨둔 부품을 이용해 광합성 장치를 다시 만들어 낸다.

믿기 어려운 일이지만 부활 식물이 사용하는 비법들은 사실 모든 식물이 흔히 사용하는 방법이다. 최근 몇 년간 케이프타운대학교의 질 파런트Jill Farrant와 동료들은 건조함에 강한 이 식물의 생존 전략이 다른 식물들도 씨앗 단계에서 동일하게 사용하는 메커니즘이라고 밝혀냈다.[42] 단지 그런 능력이 씨앗이 발아한 뒤에 사라질 뿐이다. 파런트와 연구진이 알고 싶어 하는 점은 '성체 식물에서 해당 유전자를 다시 활성화한다면 마치 스위치를 켜듯 건조함에 약한 식물을 강한 식물로 바꿀 수 있지 않을까?' 하는 것이다. 식물을 통해 얻는 전 세계 에너지의 50퍼센트가 밀, 쌀, 옥수수라는 3대 작물에서 나오는데, 이 작물이 극심한 가뭄을 견디도록 재프로그래밍할 수 없을까?[43] 너무 건조해서 농사짓기 힘든 땅의 면적이 미국, 아프리카, 남유럽, 호주 전역에서 점점 늘어날 것으로 예측되는 상황에서, 부활 식물이 파런트가 말하는 이른바 '기후 스마트 농업'에 영향을 줄 수는 없을까?⁴⁴ 휴면 기간 때문에 수확량은 줄어들겠지만 그 작물은 밀, 쌀, 옥수수 품종이 살아남을 수 없는 땅에서도 자랄 수 있을 것이다. 파런트는 2022년에 이렇게 말했다. "비록 극단적이긴 하지만, 이 전략을 채택하면 더없이 혹독한 가뭄에도 작물이 살아남을 수 있을 것이다." 식물들이 씨앗 시절에 갖고 있던 놀라운 능력을 떠올리는 일만큼 농업의 미래가 단순해질 수는 없는 걸까?

식물이 사막에서 살아남기 위해 꼭 죽었다가 되살아나야 하는 것은 아니다. 또 다른 건생 식물이 남서아프리카 나미브사막에서 늘 초록빛을 유지하는 능력으로 오랫동안 식물학자들의 관심을 끌어왔다. 나미브사막은 지구상에서 가장 건조한 지역 중 하나로, 연 강우량이 10센티미터도 안 된다. 이 지역의 좁고 기다란 해안선을 따라 1년간 내리는 비의 양은 천둥 번개가 치는 날 내리는 단 한 차례의 소나기가 전부일 수도 있다.⁴⁵ 그럼에도 바람에 닳아 반질반질해진 대리석 능선 사이로 뻗어 있는 자갈과 모래 평원 위에는 수천 그루의 거대한 식물들이 솟아나 있다. 그 식물은 '벌거벗은 사막 표면에 좌초된 문어'로 묘사되었다.⁴⁶ 황량한 땅에 솟아나 뒤엉켜 있는 낡은 잎들이 많은 촉수를 가진 두족류 같은 느낌을 주기 때문이다. 그러나 훈련된 식물학자의 눈에는 이 식물, 웰위치아 미라빌리스 Welwitschia mirabilis의 진짜 모습이 보인다. 중심 마디에서 2개의 잎만 나와 있고, 각 잎은 해안 생태계의 거칠고 건조한 바람에 시달려 찢겨 있다. 그런 이유로 이 식물은 '자라다 만 묘목'으로 불리기도 한다.[47] 다른 식물은 줄기와 가지에서 새로운 잎이 자라는 데 반해, 웰위치아 미라빌리스는 그저 처음 난 잎들이 더 커지기만 한다. 이 식물은 수 세기를 살면서 서서히 함께 뒤얽혀 거대한 식물로 자라며, 잎 하나하나가 건조한 땅을 따라 6미터 이상(똑바로 펼칠 경우) 뻗어나간다.[48]

웰위치아 미라빌리스는 잎의 크기 때문에 더욱 기이해 보인다. 사막 식물의 전형적인 모습이란 물 저장 공간에 물이 가득 차 있고 잎들이 작은 바늘로 변해 있다는 것이다. 바로 선인장처럼 말이다. 내린 비를 저장하고 증발로 인한 수분 손실을 줄이는 데 효과적인 생김새다. 또한 마다가스카르의 바오밥나무처럼 건조한 초원에서 자라는 나무는 지하수를 빨아들이기 위해 땅속 깊이 뿌리를 내리지만, 웰위치아 미라빌리스의 뿌리는 1미터 이상 내려가지 않는다.[49] 1994년에 식물학자 질리언 쿠퍼-드라이버 Gillian Cooper-Driver는 이렇게 말했다. "만약 식물학자들이 사막 환경에 이상적인 식물을 만들어 낸다고 해도, 그들은 결코 웰위치아 같은 괴물을 생각해 내진 않았을 것이라고들 한다."[50]

그러나 어쨌든 이들의 이름을 붙인 나미브사막의 생태계 '웰위치아 평원'에는 5만 그루가 넘는 이 식물이 곳곳에 흩어져 있다.[51]

웰위치아 미라빌리스는 심지어 1년에 단 한 번 비가 내리는 곳에서도 그 비에 의지해 살아간다. 이들의 뿌리는 얕지만 촘촘해서, 빗물이 땅속에 스며들거나 햇볕에 증발하기 전에 최대한 많이 빨아들인다. 광합성 능력은 믿기 어려울 만큼 효율적이며, 잎에 나 있는 기공 덕에 건조하고 뜨거운 공기 중으로 많은 물이 빠져나가지 못한다.[52] 지하수를 빨아들이는 곧은 뿌리도 없고 죽었다 살아나는 일도 없으며, 그저 두 장의 녹색 잎이 시간이 지날수록 더 흐트러질 뿐이다. 이들이 어떻게 살아남는지는 여전히 부분적으로 미스터리지만, 물 부족 상황에서도 견디는 특징을 갖고 있는 것은 분명하다. 이 식물의 아프리칸스어 Afrikaans(남아프리카공화국과 나미비아 등지에서 쓰이는 언어-옮긴이) 이름인 트위블라르카니에두드 tweeblaarkanniedood는 '죽지 않는 두 잎'을 의미한다.[53]

자갈 평원에서 떨어져 있는 나미브사막의 모래언덕은 상대적으로 생명체가 없는 장소처럼 보일 수 있다. 그 어떤 식물도 끝없이 움직이는 모래 속으로 뿌리를 내리진 않는다.[54] 이 생태계의 조합에 선명한 초록색이란 없다. 그러나 언제 어디서 찾아야 할지 안다면, 여기에도 물은 있다. 12개월 내내 비가 전혀 오지 않을 수도 있지만,[55] 이 언덕들은 남극에서 시작되는 차가운 대서양 해류로부터 밀려오는 짙은 안개로 뒤덮이는 경우가 많다.[56] 그런 일은 겨울에는 한 달에 한 번, 여름에는 한 달에 대여섯 번 일어나는데, 테네브리오과에 속하는 검은 딱정벌레 몇 종은 진화 과정에서 등에 작은 돌기들이 생겨나서, 현미경으로나 보이는 안개의 물방울을 모아 5밀리미터 크기의 물방울을 만든 뒤 입안에 굴려 넣는다.[57] 만약 표면이 돌기로 인해 울퉁불퉁하지 않다면, 등에 모인 물은 사막의 열기와 바람에 다 사라질 것이다. 이 딱정벌레는 돌기 덕에 한 번에 몸무게 3분의 1 정도의 물을 흡수할 수 있다.[58] 초식동물부터 도마뱀에 이르는 다른 동물이 잎과 풀에 맺힌 안개 방울을 핥아먹는 반면, 5종의 딱정벌레는 직접 물 공급원을 찾아 나선다. 2020년, 한 논문에는 이런 설명이 나온다. "이 딱정벌레들은 안개 방울을 몸에 모으는 일에 집착한다."[59]

안개 방울을 몸에 모으는 것은 이들에게서만 볼 수 있는 행동은 아니다. '혐오스러운' 뿔과 사마귀 같은 피부 때문에 몰록 호리두스 Moloch horridus라는 경멸 섞인 이름이 붙은 도마뱀종인 가시도마뱀도 안개나 간헐적으로 내리는 비에서 물을 얻을 수 있다.[60] 이 도마뱀의 비늘은 돌돌 말면 빨대 같은 모양의 모세혈관 망이 되어 물방울이 각 모세혈관을 통해 입까지 운반된다.[61] 이들의 경우 설사 물웅덩이를 만난다 해도 직접 그 물을 마실 수 없는데, 얼굴이 개미들을 (그리고 오직 개미들만) 먹을 수 있게 매우 납작한 형태로 진화되어 더 이상 물을 빨아들일 수 없기 때문이다.[62] 그래서 이 도마뱀은 피부로 물을 마신다. 갈증이 심한 가시도마뱀은 축축한 모래밭을 찾아 그 안에 서기만 해도 곧 갈증이 해소된다.

나미브사막 딱정벌레와 가시도마뱀이 몸을 이용해 물을 모으는 데 반해, 나미브사막 딱정벌레와 아주 비슷하게 생긴 또 다른 검은색 딱정벌레 레피도코라 카하니 Lepidochora kahani는 모래언덕에서 불도저처럼 모래를 파내서 직선 모양의 도랑 혹은 미로처럼 여기저기 굽어지고 막힌 도랑을 만든다.[63] 어떤 형태든 간에, 그 도랑은 다가

오는 안개 방향과 직각을 이뤄 접촉하는 습한 공기의 양이 극대화된다. 그리고 도랑을 따라 양옆에 솟아오른 모래들이 안개의 흐름을 방해해서 물이 모래 위에 쌓인다. 그런 다음 딱정벌레들이 물을 어떻게 '마시는지'에 대해서는 아직 알려진 바가 없다. 한 연구 결과에 따르면 '안개에 젖은 모래를 먹는 것'은 아니다.[64] 물을 어떻게 마시든 이 딱정벌레가 물을 얻기 위해 자신의 환경까지 바꾸는 것은 확실하다. 이런 이유로 이들은 도마뱀이나 딱정벌레가 아닌 다른 종, 인간과 비교될 만하다.

안개가 수시로 발생하는 건조한 지역에서는 물을 작물에 대거나 신선한 식수로 쓰기 위해 오래전부터 거대한 안개 그물이 사용되어 왔다. 예를 들어 페루의 리마에서는 현지에서 '라 가루아'라 불리는 안개를 모아 한때 가뭄으로 유명했던 지역들에서 무화과, 포도, 올리브를 재배해 왔다. 남미의 태평양 연안과 중동, 나미브사막 전역에서도 비슷한 구조물들이 발견된다. 그러나 인간들이 수 세기 동안 안개를 모아온 데 반해, 딱정벌레와 도마뱀들은 무려 수백만 년간 그렇게 해오고 있었다. 그들의 겉날개와 비늘의 미세 구조를 연구하면 큰 비용 없이도 훨씬 더 효율적인 안개 그물을 만들 수 있을 것으로 기대된다. 2019년의 한 연구에 따르면, 물을 끌어 모으는 딱정벌레 등의 돌기와 소수성 hydrophobic (물과 잘 섞이지 않고 밀어내는 성질-옮긴이) 홈을 모방하면 평범한 소수성 표면보다 안개로부터 두 배나 더 많은 양의 물을 모을 수 있다.[65] 돌기에 상당한 크기의 물방울들이 맺히면(바람에 잘 날아가지 않을 정도로), 그 물방울이 소수성 표면 위를 빠른 속도로 굴러 물 수집 지점에 모이게 되는 것이다.

나미브사막에 서식 중인 테네브리오과 딱정벌레 200여 종 가운데 단 5종만 모래언덕 위로 흐르는 안개에서 물을 끌어 모은다.[66] 40년에 한 번 큰비가 내릴 만큼 극히 물이 부족한 지역에서 이처럼 적은 수의 딱정벌레만 그런 행동을 한다는 건 여전히 미스터리다. 이 미스터리를 설명할 만한 한 가지 이유는, 그러한 생활 방식이 가장 외지고 척박한 장소들에나 적합하다는 것이다. 곤충을 잡아먹는 도마뱀 같은 포식자들이 불쑥 저녁 순찰을 돌다가 모래에 머리를 박고 있는 촉촉한 딱정벌레를 찾아낼 가능성이 거의 없는 모래언덕과 같은 장소 말이다. 이들의 생활 방식은 분명 물 부족 문제를 해결해 줄 기발한 방법이긴 하지만, 믿을 수 없을 만큼 쉽게 잡아먹힐 수 있는 방식이기도 하다.

또한 이 딱정벌레가 언제 안개가 몰려올지 어떻게 아는지도 여전히 미스터리다. 기압 변화 때문일까? 전날의 습도 때문일까? 어떤 경우든, 딱정벌레들이 줄지어 모래에 얼굴을 박고 있는 모습을 보면 마치 단체로 물의 신에게 기도하는 모습 같아 보인다.

세계에서 가장 건조한 지역들, 그러니까 건조한 초원에서부터 모래사막에 이르는 지역들은 우리 눈에 이질적이고 낯선 풍경으로 비친다. 가장 뜨거운 사막과 가장 건조한 평원에서는 가축을 기르거나 농작물을 재배할 수 없다. 동물의 한 종인 인간은 1년 중 최소한 일부 기간만이라도 물을 구할 수 있는 지역에 주로 산다. 그러나 건조한 육지 지역은 지구 대륙 표면 전체의 최대 40퍼센트에 달한다.[67] 남극과 알래스카의 북극 쪽 경사면은 물이 얼어붙어 있어 액체 상태로는 이용할 수 없다. 적도에 가까운 지역과 산악 지대의 그늘진 지역의 경우, 대기 상층부에서 내려오는 뜨거운 공기로 인해 차가운 공기가 응결되어 비가 되지 못한다. 칠레의 아타카마사막은 안데스산맥과 칠레 해안 산맥이라는 두 비 그늘rain shadow(산맥이 구름을 막아 그 너머 경사면에 비가 내리지 않는 지역-옮긴이) 사이에 위치해 있는데, 지질학적 환경으로 인해 이 좁고 기다란 해안 사막 지대가 지구상에서 가장 건조한 지역이 되었다(남극의 극지 사막들은 제외한다).[68] 이곳의 강수량은 연간 3밀리미터밖에 되지 않을 때도 있다. 그리고 나미브사막과 마찬가지로 거의 항상 건조해서 다른 사막들과 비교할 때 기준점이 되기도 한다. 좁고 긴 남미 해안 지역에선 어느 방향으로 이동하든 더 습해질 뿐이다.

아타카마사막은 '워낙 황량하고 척박한 지역으로, 흉측할 정도로 황폐한 바위 언덕과 모래 벌판들만 눈에 띄는 지역'이라고 불려왔다.[69] 그러나 적절한 시기에 방문하면, 극도로 건조한 이 사막도 생명으로 넘쳐나는 모습을 볼 수 있다. 그동안 이 지역 안에서는 1,000종 넘는 식물들이 발견됐으며, 그중 상당수는 수년간 씨앗 형태로 휴면 상태에 있다가 비가 아주 조금만 내려도 싹을 틔운다.[70] 그래서 한 식물학자는 이렇게 말했다. "마치 자신의 삶에서 해야 할 일들을 서둘러 해야 한다는 사실을 잘 아는 듯, 이들은 땅 위로 그 모습을 드러내기도 전에 꽃을 피운다."[71] 떼 지어 피어나는 컵 모양의 노란 꽃, 여기저기 모여 있는 캐모마일 같은 클로시아, 가는 실처럼 뒤얽혀 '천사의 머리털'로 불리는 줄기, 맨 위에 라벤더색 넓다란 꽃들이 피어나는 선인장. 가장 혹독한 사막조차도 스스로를 한껏 꾸밀 줄 안다.[72]

씨앗은 식물이 성장하기 적절한 때가 올 때까지 휴면할 수 있게 해준다. 또한 아주 조심성 많은 포유동물이 멈추지 않고도 물을 마실 수 있어 안전하고 건강한 삶을 살 수 있게 해준다.

미국 남서부의 메리엄캥거루쥐는 극단적으로 긴 다리와 호주의 캥거루처럼 깡충깡충 뛰며 이동하는 특이한 모습으로 특히 잘 알려져 있다. 깃털처럼 생긴 긴 꼬리를 가진 이 동물은 쥐나 생쥐 같은 다른 설치류처럼 이동할 때 종종걸음을 치지 않고 점프를 한다. 몸집이 손바닥 안에 들어갈 만큼 작고, 새까만 두 눈은 몸에 비해 엄청 큰데, 이는 철저한 야행성 생활 방식에 적응하기 위함이다. 씨앗을 먹고 사는 이 포유동물의 입장에서는 달빛이 비추는 밤도 매우 밝다. 부엉이와 여우, 코요테가 이들을 사냥할 때 달빛을 은은히 퍼지는 조명처럼 이용하기 때문이다. 그러나 공격을 당할 경우, 캥거루쥐는 긴 다리로 가벼운 몸을 튕겨 올려서 잠재적인 위협으로부터 달아난다. 그래서 카메라에 이 동물의 이미지를 담으려는 사진작가조차 아무것도 없는 사진이나 땅속 구멍 옆 희미한 잔상만 얻는 경우가 많다. 셔터 소리와 플래시가 터지는 그 짧은 시간에 이미 깡총 뛰어서 숨어버리기 때문이다. 그래서 1922년에 나온 논문 〈캥거루쥐의 생활사 Life History of the Kangaroo Rat〉에는 '경악스러울 만큼 빨리 굴속으로 사라진다'고 기록되어 있다.[73]

그러나 척박한 사막에서의 삶에 반드시 필요한 적응이라는 측면에서 메리엄캥거루쥐의 두 다리에만 집중한다면, 그건 이 동물의 숨겨진 재능을 간과하는 셈이다. 이 설치류는 절대 물을 마시지 않는다. 이들의 삶에 물이란 없다. 마실 물이 없을 뿐 아니라, 거의 전적으로 크레오소트 덤불에서 구한 마른 씨앗들만 먹고 산다. 그래서 한 연구자는 이렇게 말한다. "이들은 다른 설치류처럼 선인장을 먹지도 않고 녹색 잎도 거의 먹지 않는다. 포유동물로서는 아주 이례적인 일이다." 그렇다면 어떻게 세포와 혈액 그리고 뇌의 수분 상태를 유지할 수 있을까?[74]

첫째, 햇볕에 마른 씨앗에도 여전히 약간의 수분이 들어 있다. 설사 그 양이 씨앗 무게의 5~10퍼센트밖에 되지 않아도, 사막에서는 소중한 물 공급처가 될 수 있다. 캥거루쥐는 물 찾기에 워낙 익숙해서, 단 0.0014밀리리터의 차이가 나는 두 씨앗 중에 조금이라도 더 촉촉한 씨앗을 골라낸다.[75] 둘째, 캥거루쥐가 이용할 수 있는 또 다른 수분의 원천이 있다. 그 원천은 주변 환경이 아닌 바로 몸이다. 물은 단백질, 지방, 탄수화물이 분해되는 대사 과정의 부산물이다.

포도당이라는 단순당을 예로 들어보자. 포도당의 화학식은 탄소 원자 6개, 수소 원자 12개, 산소 원자 6개로 이루어져 있다. 그래서 이렇게 쓴다. $C_6H_{12}O_6$. 탄소와 수소 그리고 산소 원자들이 동물의 세포 안에 산소가 있는 상태에서 연소되면, 이산화탄소^{CO_2}와 물^{H_2O} 그리고 에너지로 변환된다. 그 전 과정은 다음과 같다.

$$C_6H_{12}O_6 + 6O_2 \rightarrow 6CO_2 + 6H_2O + 에너지$$

(포도당 + 산소 → 이산화탄소 + 물 + 에너지)

굵게 표기한 H_2O, 즉 물이 보이는가? 산소를 이용한 대사를 통해 포도당 한 분자에서 물 분자 6개가 생성된다. 대부분의 동물은 이른바 '대사수' metabolic water(영양소가 산화될 때 생성되는 물-옮긴이)가 수분 균형에 큰 영향을 미치지 않는다. 대사수를 만들려면 더 많은 산소를 호흡해야 하는데, 호흡이란 폐와 코를 통해 물이 빠져나가는 것을 뜻하기 때문이다. 그러나 캥거루쥐들은 워낙 작으면서도 효율적인 코를 갖고 있어서 공기를 들이마실 때마다 비강이 식는다. 그래서 호흡할 때마다 폐에서 나오는 습한 공기가 그 식은 표면에 붙어 응결된다. 이 과정을 '역류 열교환기'라고 부르는데, 캥거루쥐가 자신의 대사 과정에서 생성되는 물을 잡아두는 과정이기도 하다.[76] 미국의 작가 프랭크 허버트 Frank Herbert의 소설 《듄》에 나오는 프레멘족과 마찬가지로, 사막에서 물을 지키는 것은 최우선 과제이자 특권이다. 물을 잃거나 낭비하는 일은 신성 모독이다. 프레멘족은 오줌과 땀 그리고 숨에서 나오는 물을 재활용하기 위해 스틸슈트라는 특수복을 입는다. 의복을 제대로 입고 관리하는 것이 그들의 의무다. 그러나 캥거루쥐에게는 그 특수복이 몸의 일부다.

소중한 물을 잡아두는 또 다른 방법도 있다. 캥거루쥐는 긴 신장관을 통해 오줌을 짙고 진득한 액체로 농축하여, 요소(단백질 소화 과정에서 생기는 독성 부산물) 배출 과정에서 수분 손실을 줄인다. 사실 캥거루쥐의 신장은 물을 몸 안에 잡아두는 데 효율적이어서 바닷물을 마시고도 몸의 수분 상태를 유지할 수 있다.[77] 만일 우리가 똑같이 한다면 바닷물 속 소금 때문에 삼투압 현상이 일어나서 세포 내의 수분이 빠져나가고 소변 안으로 들어간다. 그리고 서서히 탈수 상태에 빠지게 된다. 그동안 바닷물을 마시는 특이한 옵션이 주어진 동물은 포획된 상태에서 살고 있는 메리엄캥거루쥐뿐이었다.

캥거루쥐는 크리오소트 덤불 사이를 깡충깡충 뛰어다니다가, 뒷다리로 서서 짧은 앞발로 마른 씨앗을 집어 털로 덮인 2개의 볼 주머니 안에 넣는다. 커다란 두 눈과 귀로 끊임없이 주변의 위험을 살피지만, 물이 떨어질 두려움은 전혀 보이지 않는다.

물을 마시지 않고도 살아남을 수 있는 캥거루쥐의 능력은 생리적인 능력일 뿐 아니라 행동 측면에서의 능력이기도 하다. 그러니까 숨 막히게 건조한 사막의 공기를 피하기 위해, 낮에는 땅속으로 들어가 훨씬 더 시원하고 습한 환경에서 지내는 것이다.[78] 만일 어쩔 수 없이 습도가 5퍼센트까지 떨어질 수 있는 지표면 위로 올라와야 한다면, 이들은 몇 분 만에 죽고 만다. 주로 땀과 숨을 통해서 주변 공기로 빠져나가는 수분으로 인해 이른바 '폭발적인 열 상승'이라는 과정이 생겨난다.[79] 혈장이 수분을 잃으면서 혈액이 점점 더 걸쭉해져, 심장이 혈액을 몸 전체에 펌프질해서 보내는 일이 점점 더 힘들어지는 것이다. 몸은 깊숙한 곳의 더운 혈액을 피부 표면으로 보내 모세혈관을 덥히려 애쓰지만, 이들에겐 과도한 열을 몸 밖으로 내보낼 수단이 없다. 이 악순환은 계속되어 점점 더 악화된다. 열은 더 높아지고 수분은 줄어들며 혈액은 더 걸쭉해져, 다시 열이 더 높아지고 수분은 줄어드는 과정이 계속된다. 캥거루쥐조차도 사막의 낮은 견딜 수 없다.

그러나 낙타는 견딜 수 있다. 가축화된 이 커다란 반추동물은 체내 수분의 30퍼센트를 잃어도 여전히 별 불편이 없다(인간이라면 사막의 열기 속에서 체내 수분의 12퍼센트만 잃어도 죽는다).[80] 낙타가 인간과는 다른 방식으로 수분을 잃기 때문이다. 낙타는 혈장 대신 세포 사이 공간에서 수분을 빼내며, 덕분에 혈액이 계속 몸 안을 돌 수 있게 한다.[81] 또한 낙타는 체온이 섭씨 41도까지 올라도 견딜 수 있는데, 인간의 경우 그 정도면 생명까지 잃을 수 있는 고열이다.[82] 낙타들은 체온 조절 기능을 포기함으로써(그리고 우리처럼 체온을 섭씨 ±2도 범위로 유지하려 하지 않음으로써) 땀으로 배출되는 수분을 줄인다. 땀은 알려져 있듯 많은 포유류가 체온을 낮추는 주요 수단이다. 이런 체온 조절 방식을 '이변온성'heterothermy(상황에 따라 체온을 자유롭게 조절하는 특성-옮긴이)이라 하는데, 우리 인간의 '항온성'homeothermy(늘 일정한 체온을 유지하려는 특성-옮긴이)과는 반대되는 개념이다. 이변온성은 사막에 사는 대형 포유동물에서 흔히 볼 수 있는 적응 방식으로, 그 결과 하루에 4~5리터의 수분을 아낄 수 있다.[83] 예를 들어 아라비아사막에 사는 소의 친척 오릭스(뿔 길이가 1미터나 된다)의 경우, 아침에 섭씨 36도였던 체온이 저녁에는 41도까지 오른다.[84] 이들은 덥고 건조한 낮마다 매일 그렇게 할 수 있다. 그러다 사막 공기가 다시 식는 밤이 되면, 이 대형 포유동물은 몸속의 열을 대류를 통해(땀을 흘려 몸을 식히듯 증발을 통해서가 아니라) 주변에 방출한다.

캥거루쥐와 마찬가지로 몸무게가 100킬로그램이나 되는 아라비아 오릭스는 주로 햇볕에 마른 디스페르마 덤불 잎을 먹고 섭취한 수분만으로도 살아갈 수 있다.[85] 이들은 또 주로 비교적 서늘한 저녁 시간에 먹이를 찾는데, 그 시간에는 이파리마다 30퍼센트의 수분을 갖고 있다. 동아프리카에서 활동 중인 생리학자 리처드 테일러Richard Taylor는 과학 전문지 〈사이언티픽 아메리칸〉에 이렇게 적었다. "그러나 이 식물들은 낮에는 너무 바싹 말라서, 건들기만 해도 잎이 바스라져 버린다."[86] 같은 글에서 그는 아라비아 오릭스가 얼마나 공격적이며 '양날 검처럼 생긴 뿔을 얼마나 능숙하게 쓰는지'에 대해서도 썼다. 그러면서 그는 이런 말을 덧붙였다. "이 동물을 연구하는 사람은 정신적 운동뿐 아니라 육체적 운동까지 하게 된다." 평소 바스러지는 잎을 먹고 섭씨 40도 넘는 체온을 경험하는 동물이라면, 조금 예민하게 구는 것도 무리는 아니다. 게다가 그 당시는 아직 디지털 생체 기록 장치가 나오기 전이었기에 테일러와 동료들은 항문에 온도계를 삽입해 체온을 쟀다.

  기후 모델에는 아주 많은 변수와 미묘한 차이가 존재하지만, 대체로 지구의 건조한 지역은 더 건조해지고 습한 지역은 더 습해질 것으로 예측된다. 과학자들은 언제나 자신의 이론에 딱 들어맞는 약어를 찾고 싶어 한다. 그래서 이런 추세를 간단히 'DIDWIW' 추세 패러다임이라 부르는데, 이는 'drier in dry, wetter in wet'(건조한 곳은 더 건조해지고, 습한 곳은 더 습해진다)의 약어다.[87] 그 추세에 따라 가뭄은 점점 더 극심해지고 있고, 그 결과 광활한 덤불이나 초원 지역이 맨흙 내지는 바위 지역으로 바뀌고 있다. 그러나 극심한 가뭄 속에서 오히려 이득을 볼 준비가 되어 있는 동식물도 있다. 2018년, 워싱턴대학교의 로라 프루Laura Prugh와 연구진은 캘리포니아 캐리조 평원을 강타한 1,200년 만의 최악의 가뭄을 조사했다.[88] 2012년부터 2014년까지 캘리포니아주의 강수량은 적었지만 예외적인 수준은 아니었다. 끝없이 지속돼 강렬한 열기로 인해 물이 증발했고, 그 결과 한때 풀과 관목으로 푸르렀던 평원은 '초목이 거의 사라진 황량한 평원'으로 변해버렸다.[89] 연구진은 2007년부터 336종이나 되던 이 지역의 동식물과 가뭄이 지역 생태계에 어떤 영향을 미치는지 추적 관찰했다. 그들의 데이터에 따르면, 336종 가운데 85종(25퍼센트)은 먹을 수 있는 물이 부족해 개체 수가 현저히 줄어드는 '패자'로 분류됐다. 그러나 대다수인 71퍼센트는 가뭄에

별 영향을 받지 않아 극심한 변화의 시기에도 근본적인 안정성이 있음을 보여줬다.

놀랍게도 336종 가운데 12종(4퍼센트)은 4년간의 극심한 가뭄 이후에도 개체 수가 증가한 '승자'로 분류됐다. 침입 외래종 풀이 득세하지 않는 지역에서 짙은 분홍색 꽃을 피우는 일년생 토종 식물 종 레드 메이드(학명은 칼란드리니아 멘지시이calandrinia menziesii)가 그 좋은 예다. 영양가 높은 이 식물 주변에는 개체 수가 증가한 일반 옆반점도마뱀과 딱정벌레 6종, 사이파미르맥스 개미들, 새 2마리(물떼새와 큰 로드러너) 그리고 특히 짧은코캥거루쥐가 분주히 돌아다녔다. 짧은코캥거루쥐라는 이 작은 설치류는 사촌인 메리엄캥거루쥐와 마찬가지로 커다란 뒷다리 2개로 깡충깡충 뛰어다니며 씨앗을 먹는다. 2012년부터 2015년까지의 가뭄 기간 중에 이들이 번성할 수 있었던 건 야행성 설치류이자 지배종이던 거대 캥거루쥐의 개체 수가 급감해 경쟁이 줄어들었기 때문이다.[90] 1년간의 가뭄 끝에, 거대 캥거루쥐들이 그 큰 몸집을 유지하지 못해 개체 수가 11분의 1로 줄어든 것이다. 당시 프루와 그녀의 동료들은 이렇게 기록했다. "이 경우 가뭄으로 인해 지배종이 스트레스를 받으면서 경쟁력 열세에 놓여 있던 종들의 개체 수가 늘어났다. 가뭄은 생태계에 틈새 공간을 열어주는 교란 요인이 되었다."[91] 설치류의 경우, 가뭄 중에 실제로 종이 더 다양해졌으며, 그 결과 거대한 한 종이 지배하던 생태계가 비교적 작은 종 다수가 지배하는 생태계로 바뀐 것이다.

이것이 좋은 소식인지 나쁜 소식인지는 우리가 자연의 표준 상태를 어떻게 생각하느냐에 따라 달라진다. 우리는 습한 계절에 살아가는 커다란 동물들을 소중히 여겨야 할까? 아니면 교란된 자연환경 속에서 빠르게 자라난 잡초 같은 식물과 작은 동물을 소중히 여겨야 할까? 특히 지금 남미 남부와 남유럽 그리고 미국 남서부 지역은 가뭄이 점점 더 심해지고 있다. 더 뜨겁고 더 건조한 세계에서는 이러한 가뭄 적응형 종이 궁극적인 승자가 될 가능성이 높다.

1년 살이 킬리피시가 번성하도록 진화된 곳도 바로 그런 세상이다. 종류가 약 320종이며 크기는 구피만 한, 이 강인하고 화려한 물고기는 남미와 아프리카의 가뭄이 잦은 지역들에 서식하며, 알에서 시작해 알을 낳는 암컷이 되기까지의 전 생애 주기가 12개월 이내다(그래서 1년 살이 킬리피시라고 부른다).[92] 이들은 비가 온 뒤 갑자기 나타나기 때문에, 원주민 공동체 사이에서 오래전부터 '구름 물고기'라 불리고 있다.[93] 실제로 이들의 알은 비 오는 내내 땅속에 묻혀 있으며, 보호막 같은 껍질에 싸여 최대 2년 동안 휴면 상태로 버티다가 다음 비가 내릴 때 부화한다. 일시적으로 형성되는 웅덩이 속에 사는 킬리피시는 주변 서식지에 특화된 종이어서 다른 물고기들이 거의 다 죽을 법한 가뭄에도 살아남을 수 있다. 1990년대부터 베네수엘라의 해안 사막과 사바나 지역에서 발견되는 킬리피시종인 아우스트로푼둘루스 림나에우스*Austrofundulus limnaeus*를 연구한 제이슨 포드랍스키Jason Podrabsky는 이렇게 말한다. "이 알들을 씨앗 은 행이라고 생각해도 무방할 겁니다." 단, 이들은 척추동물인 물고기일 뿐 씨앗을 생산하는 식물은 아니다.

말랑말랑하고 투명한 완보동물이 탈수되면서 단단한 껍데기인 이른바 '툰' 상태로 바뀌는 것과는 달리, 킬리피시의 알은 내부의 수분을 붙잡아 두면서 증발을 막는다. 비슷한 크기의 물고기들과 비교할 때 1년 살이 킬리피시의 알은 '이례적일 만큼 두꺼운' 융모막을 가지고 있는데, 점액질로 된 그 막 덕에 수분이 알 내부에서 바깥 세상으로 나가는 일이 훨씬 오래 걸리고 더 어려워진다.[94] 게다가 그 바깥쪽을 둘러싼 난황막은 수분이 다 사라지면 액체 상태의 기포가 단단한 캡슐로 바뀌면서 생물학적 유리 형태로 변하기도 한다.[95] 포드랍스키는 말한다. "배아는 실제로 작은 유리구슬처럼 변합니다. 또한 그 구슬을 떨어뜨리면 쨍그랑 소리를 내며 굴러갑니다. 그러나 현미경 밑에 놓고 들여다보면, 안쪽의 배아가 움찔거리는 게 보이고 가끔은 심장이 뛰는 모습도 볼 수 있습니다."

그러나 그 모든 구슬이 깨지는 순간이 있다. 1년 살이 킬리피시도 수분 손실은 피할 길이 없다. 실험실에서 포드랍스키는 상대습도 50퍼센트 상태에서 킬리피시 알들이 이틀 정도 만에 말라버린다는 사실을 알게 됐다. 그런데 상대습도 75퍼센트 상태에서는 배아 중 40퍼센트가 100일 넘게 생존할 수 있었다.[96] 상대습도 75퍼센트라 하면 우리에겐 더우면서도 습한 날처럼 느껴지겠지만 물속에서 사는 물고기들에겐 건조한 바람 같을 것이다. 이에 비해, 가뭄을 견디도록 수분을 붙잡는 물고기종은 생존하기 위해 98퍼센트에 가까운 습도가 필요하다.[97] 아프리카의 폐어lungfish(폐를 이용해 공기 중에서 호흡을 할 수 있는 희귀한 물고기-옮긴이)들은 주변 땅이 마르고 단단해지면 습한 호수 바닥 밑에 몸을 묻고 이른바 '여름잠'을 잔다. 작은 호흡관을 지면 위까지 뚫어 폐로 숨을 쉬며, 고치로 알려진 두꺼운 점액층을 분비해 수분 손실을 줄이는 것이다. 그러나 주변에 습한 흙이 없다면 결국 말라 죽게 된다. 만일 습기만 유지된다면, 이들은 '여름잠' 상태에서 여러 해 동안 살아남을 수 있다.

1년 살이 킬리피시는 삶에서 가장 연약한 시기인 배아기를 가장 강인한 시기로 만들어 왔다. 그리고 심한 가뭄 기간에 휴면 상태로 지낼 수 있어, 애초에 그런 능력이 없었다면 살지도 못할 열악한 서식지에 살 수 있게 되었다(포드랍스키는 베네수엘라의 목초지를 걷다가 소 발굽 자국의 고인 물 안에서도 이 물고기를 발견한 적이 있다). 비가 다시 오면 배아가 부화하고, 성체는 벌레와 곤충 유충을 먹어 몸집을 불린 뒤 매일 번식을 한다. 이 모든 일이 두 달 안에 끝난다. 남부 아프리카의 아주 건조한 사바나 지역에 사는 청록색 킬리피시인 노토브란치우스 푸르제리Nothobranchius furzeri는 14일 만에 성적 성숙기에 도달하는 것으로 밝혀졌다. 이는 등뼈가 있는 모든 동물(턱 없는 물고기부터 양서류, 파충류, 조류, 포유류까지 포함되는 동물 집단) 가운데 가장 빠른 성장 속도다.[98] 해당 연구를 진행한 학자들은 2018년 논문에 이렇게 적었다. "심지어 3주 만에 말라버린 웅덩이에서도 노토브란치우스 푸르제리는 번식에 성공했고, 그 결과 그해에 살아남을 수

있었다."⁹⁹

'빨리 살고 일찍 죽는다'는 옛말이 있는데, 그 말에 노토브란치우스 푸르제리보다 더 잘 들어맞는 동물은 결코 찾을 수 없을 것이다. 2~3개월밖에 살지 못하면서도 인지 기능 저하부터 암에 이르는 노화의 전형적인 특징들을 보이기 때문이다. 노화 연구에 쓰이는 쥐나 제브라피시 같은 척추동물 모델은 대개 5년 이상을 살기 때문에 수명이 짧으면서도 강인한 이 종을 잘 연구하면 노화와 죽음의 생물학적 메커니즘을 더 빨리 이해할 수 있을 것이다.

킬리피시의 생애 이야기를 어느 시점(알 또는 성체)부터 시작하느냐에 따라 다르겠지만, 이들이 처음 살아남아야 하는 혹독한 환경은 곧 죽게 될 어미가 자신들을 낳는 어두운 퇴적층 안이라고 볼 수 있다. 정체된 물웅덩이 안에 묻혀 있는 퇴적층 내부는 미생물 활동이 활발하고 산소 농도는 낮거나 아예 산소가 없을 수도 있다. 열흘이 지난 킬리피시 배아는 아주 미량의 산소 없이도 한 달 넘게 생존할 수 있다.¹⁰⁰ 무려 한 달! 한 연구에 따르면, 한 달이 지나도 발달 이상 징후가 없었고 배아는 정상적으로 성장했다.¹⁰¹

산소로 호흡하지 않고도 오래 살아남을 수 있는 동물은 킬리피시뿐만이 아니다. 유리구슬에 의해 보호받지 못하는 다른 완전한 성체 중에도 매년 6개월까지 호흡을 하지 않고 생존할 수 있는 경우가 있다. 어떤 동물 집단은 알에서부터 성체가 될 때까지 평생 산소를 들이마시지 않기도 한다. 가히 2010년까지 '동물계'를 정의하던 핵심 요소를 뒤흔드는 발견이었다.

2장

숨 막히는 생존

산소 없이 생존하기

작은 거북이 발차기로 연못 수면 위에 올라와 튜브처럼 생긴 콧구멍을 차디찬 11월 저녁 공기 속에 내민다. 입으로 공기 방울 몇 개를 내뿜은 뒤 숨을 들이마셔서 신선한 공기로 폐 안을 채운다. 해가 저물고 가느다란 구름 조각들이 주황색과 금색으로 물드는데, 그 색이 거북의 각질 피부를 장식하고 있는 불타는 듯한 줄무늬와 그리 다르지 않다. 해 질 녘의 풍경은 곧 뚫을 수 없는 얼음 천장에 의해 가려질 것이다. 매일 밤 기온은 영하로 떨어지고, 거북이 방금 목을 내밀고 숨을 쉬었던 얼음 구멍은 점점 닫힌다. 아침이 되면 거북의 연못은 완전히 얼어붙을 것이며, 게다가 예보대로 많은 눈까지 내리면 그 눈이 빛을 반사하는 흰 담요처럼 연못을 덮고, 거북의 보금자리 안으로 스며들던 햇빛이 완전히 차단될 것이다.[1] 조류로 가득 찬 이 연못은 한때 개구리가 울어대고 벌레들이 윙윙거리던 햇살 좋은 원형 극장이었지만, 이제는 고요한 정적만 감돈다. 거북은 연못 바닥으로 가라앉아 납작한 조약돌처럼 부드러운 퇴적물 위에 내려앉는다. 그때 잠시 흙먼지가 살짝 일며 시야를 흐린다. 그런 다음 거북은 기다린다. 햇빛을, 먹이를, 그리고 그다음 숨을. 거북은 어쩌면 또다시 6개월 동안 폐를 공기로 채우지 못할지도 모른다.

대부분의 동물에게는 물과 마찬가지로 산소 역시 생명과도 같은 요소다. 그런데 거북의 최북단 서식지인 캐나다 남부에 사는 멋쟁이거북Painted turtle은 이 전통을 깨는 듯하다. 너무도 놀라운 일이라서 과학자들은 절대 그럴 수가 없다고, 그러니까 분명 어디선가 어떻게든 산소를 공급받을 거라며 그 사실을 입증하려 무진 애를 써 왔다. 예를 들어 민물 거북은 피부와 특수한 항문낭을 통해 호흡할 수 있다.[2] 멋쟁이거북은 겨울을 나면서 그 어두운 계절 내내 산소를 들이마실 수 있지 않을까? 혹시 폐에 공기를 채워야 한다는 건 순전히 인간 중심적인 사고 아닐까? 우리가 호흡과 공기를 너무 밀접하게 연관 지어, 폐에 공기를 채우는 일이 모든 동물에게 꼭 필요하다고 여기는 건 아닐까? 분명 어느 정도는 맞는 말이다. 만일 거북의 연못에 얼음만 덮여 있다면, 여전히 빛이 들어와 이산화탄소를 흡수하고 산소를 방출하는 광합성 작용이 일어날 수 있다. 그리고 그런 상황에서라면 멋쟁이거북은 피부와 항문을 통해 호흡할 수 있다. 물론 폐를 사용할 때보다는 호흡이 더디지만 말이다. 그러나 눈이 내리면 연못 안은 칠흑같이 어두워진다. 그리고 물에 남아 있는 산소는 나머지 식물을 먹고 사는 동물과 세균(분해자)에 의해 소비된다. 저산소 상태는 곧 산소가 전혀 없는 무산소 상태로 바뀐다. 그런 조건에서는 흡수할 산소가 없다. 거북은 정말 숨을 쉴 수 없게 되는 것이다.

1980년대 후반에 있었던 실험에서, 민물 거북 생물학의 선구자 중 한 명인 도널드 잭슨Donald Jackson은 자신의 수조에 순수한 질소를 주입해서 물속에 포함된 산소를 제거했는데도 거북들이 여전히 생생히 살아 있는 모습을 목격했다. 별문제 없이 석 달이 지나갔다. 거북들은 아무 일도 없다는 듯 건강해 보였다. 거북 10마리 중 2마리는 그런 상태에서 여섯 달을 버텼다. "그러나 이렇게 극단적인 단계에 이르자 무산소 상태의 거북들은 몸 상태가 아주 안 좋았다"고 잭슨은 덧붙였다.[3] 어쨌든 그 거북들이 살아 있다는 것만도 놀라운 일이었다. 그리고 이들이 어떻게 그리 오랫동안 숨을 안 쉴 수 있었는지는 그 누구도, 심지어 잭슨조차도 알지 못했다.

공기로 숨을 쉬는 동물이 반년 가까이 숨을 쉬지 않는다는 사실은 5억 년 넘는 진화의 흐름을 거스르는 듯한 모습으로, 모순된 얘기처럼 들릴 수 있다. 동물이 진화를 시작한 이후 신진대사의 원동력은 산소의 연소였다. 산소라는 기체는 단순한 미생물 세계를 경이로운 다세포 생물 세계로 탈바꿈하는 데 기여했다. 신진대사에 관한 한 산소를 이용한 신진대사만큼 강력한 것은 없다. 우리가 음식을 소화해서 각 세포로 보내는 포도당 분자를 에너지로 만들 때, 무산소 기반의 신진대사보다는 산소 기반의 신진대사가 열 배 더 많은 에너지를 만들어 낼 수 있다.[4] 산소 기반의 신진대사는 장작 난로로 방을 데우는 것과 같다. 반면에 무산소 기반의 신진대사는 같은 방을 촛불 하나로 데우려는 것과 같다.

지구 생명의 역사 40억 년 가운데 상당 기간에는 무산소 신진대사 과정이 단세포 유지 및 복제에 적절했다. 그러나 캄브리아기에는 다양한 절지동물로, 중생대에는 공룡으로, 그리고 신생대에는 포유동물로 폭발적인 진화를 하기 위해 좀 더 강력한 추진력이 필요했다. 산소는 복잡한 생명체의 연료다. 생명체가 단 몇 분이든 몇 달이든 산소 없이 살아간다면, 그것은 익숙한 진화 방식에서 벗어나는 일이다. 다시 말해 이는 진화에 내재한 창의성과 유연성을 보여준다. 공기로 숨 쉬는 동물도 일정 기간은 그 동물의 세포가 필요로 하는 연료 없이도 살아갈 수 있다는 것이다. 2016년, 한 연구에서는 멋쟁이거북이 장기간의 무산소 상태를 더 잘 견디도록 훈련될 수 있는지 실험했다.[5] 마라톤을 앞두고 훈련하는 것과 마찬가지로, 반복해서 무산소 상태에 노출되면 그들의 몸이 이후의 스트레스에 더 잘 대비할 수 있을까? 대니얼 워런Daniel Warren은 이틀에 한 번 2시간씩 자기 실험실에 있는 멋쟁이거북 몇 마리를 무산소 상태의 물 안에 집어넣은 뒤 19일째 되는 날 실험을 중단했다. 포유류와 조류의 경우, 그처럼 반복해서 무산소 상태에 노출되면 몸이 혹한이나 극심한 열, 산소 스트레스 같은 환경적 위험에 더 잘 대비할 수 있다. 그러나 대니얼 워런의 거북들은 이전에 무산소 상태에 노출된 적 없는 거북과 아무 차이를 보이지 않았다. 신진대사 효율성도 똑같았고, 혈액 내 산소 함유량도 똑같았으며, 무산소 상태에서의 회복 속도도 똑같았다. 그의 결론은 이랬다. "무산소 상태에서의 잠수 스트레스를 견디고 회복하는 데 관여하는 멋쟁이거북의 생리 시스템은 반복적인 무산소 스트레스에 대응해 계속 변하는 것이 아니라, 아예 날 때부터 장기적인 무산소 상태에서도 살아남게끔 적응되어 있다." 멋쟁이거북이 된다는 것은 곧 산소 없이 살아갈 수 있는 능력을 갖고 태어난다는 뜻이다.

거북은 약 2억 3,000만 년 전 트라이아스기 때 진화했으며, 가장 초기 조상들이 세대를 거듭하면서 갈비뼈를 점점 확장해 결국 오늘날과 같은 등껍질을 형성하게 됐다.[6] 그러나 산소 없이 오랜 기간 버티는 능력은 훨씬 더 최근에 생겼다. 겨울잠을 자려면 계절에 따른 극단적인 변화가 필요하므로, 번식 가능한 여름 뒤에 꽁꽁 얼어붙는 겨울이 와야 한다. 약 250만 년 전 플라이스토세기 때 기온이 급강하하며 북반구가 계절성 빙하로 얼어붙기 시작하면서,[7] 비로소 이들은 거의 모든 동물이 죽어나가는 겨울을 견뎌내기 시작했다. 이는 얼어붙듯 추운 캐나다 동쪽 노바스코샤 해안에서부터 보다 따뜻한 캐나다 서쪽 브리티시컬럼비아주의 온대 우림에 이르기까지, 그야말로 얼음과 불 사이를 오간 거북의 선사시대 이야기다.[8]

과학계가 북쪽 위도에 사는 민물 거북들에게 뭔가 특별한 점이 있다는 사실을 알게 된 결정적인 순간이 있었다면, 그건 플로리다에서 활동 중이던 생리학자 다니엘 벨킨Daniel Belkin이 학술지 〈사이언스〉에 논문을 발표한 1963년일 것이다. 논문 제목이 〈무산소증:

파충류의 내성 Anoxia: Tolerance in Reptiles〉으로 아주 직설적이었다. 벨킨은 스킨크, 이구아나, 보아뱀, 독사, 도마뱀붙이, 악어 등 다양한 파충류 집단에 속한 70종 대상으로 실험을 하면서, 그들의 첫 번째 호흡과 마지막 호흡 사이의 기간을 측정했다(실험 후 소생시켰다). 실험 결과, 모든 종이 산소 없이도 30분에서 1시간 정도는 버틸 수 있었다. 실험용 쥐들이 몇 분밖에 버티지 못하는 것에 비하면 매우 인상적인 시간이었다. 그러나 벨킨이 밝혀낸 바에 따르면 거북들은 차원 자체가 달랐다. 바다거북을 측정한 결과 최저 기록이 2시간이었다. 멋쟁이거북이 속한 거북 집단의 한 이름 없는 거북종이 세운 최고 기록은 무려 33시간이었다. 벨킨은 이렇게 적었다. "같은 조건에서 거북은 다른 파충류보다 몇 배 더 잘 버틴다."[9]

왜일까? 벨킨도 몰랐고 그의 동료들도 몰랐다. 이후 1960년대에 당시 듀크대학교 대학원생이던 도널드 잭슨이 진행한 연구에 따르면, 거북들은 산소 공급이 끊긴 무산소 상태에서 몸이 필요로 하는 에너지나 산소를 줄여 신진대사를 90퍼센트 넘게 낮춘다. 그러나 그것이 거북만의 특징은 아니었다. 대부분의 파충류도 그렇게 한다. 정도의 차이는 있지만, 겨울잠을 자는 포유동물들 역시 그렇게 할 수 있다. 신진대사가 거의 꺼질 듯 약해진 상태에서도, 거북은 무산소 신진대사 방식, 즉 근육이 한계까지 내몰릴 때 인간이 사용하는 신진대사 방식을 사용하는 게 분명했다. 거북들은 간 속에 포도당이 가득 들어 있어서 무산소 상태에서도 세포가 계속 살아 있을 수 있었다.[10] 그런데 그 후유증을 어떻게 감당할 수 있었을까? 무산소 신진대사가 진행되면 그 부산물로 젖산이 배출되며, 그 경우 우리는 근육이 무감각해지는 느낌을 받는다.[11] 젖산이라는 산성 물질이 몇 달간 계속 축적되면 동물의 몸이 중독되고 신경이 교란되며 근육이 마비될 텐데, 거북은 어떻게 이 모든 것을 감당할 수 있는 걸까?

비밀의 해답은 이미 벨킨 같은 과학자들의 눈에 뻔히 보였다. 거북을 바라보면 무엇이 보이는가? 등껍질이다. 뼈로 된 이 장갑판은 갈비뼈가 확장하고 피부가 뼈로 변하면서 만들어진 것으로, 포식자로부터뿐만 아니라 산소 없는 삶이 가져오는 내부 손상으로부터도 거북을 지켜준다. 1990년대 후반에 잭슨은 거북들이 뼈로 된 자신의 등껍질을 칼슘, 마그네슘, 탄산염 등의 구성 성분으로 분해한다는 사실을 알아냈다.[12] 탄산염은 제산제 역할을 하며, 느리지만 계속되는 신진대사로 인해 축적될 산성을 중화해 준다.[13] 이와 관련해 덴마크 오르후스대학교의 생리학자 요하네스 오버고르Johannes Overgaard는 이런 말을 한다. "우리는 거북의 등껍질이 외부의 적에게서 지켜주는 역할을 한다고 생각합니다. 그런데 그 등껍질이 내부의 적에게서 지켜주는 역할도 합니다."

나는 토론토대학교 실험실에 있는 멋쟁이거북을 관찰하다가 등껍질 끝부분에서 반짝이는 빨간색과 노란색 무늬를 보며, 이제 앞으로 이 동물을 예전의 평범한 거북처럼 볼 수 없겠구나 싶었다. 아름답고 경이로웠다.

나는 무산소 상태에서의 내성에 관한 연구를 좀 더 알아보기 위해 토론토대학교 생리학자 레스 벅Les Buck의 연구실을 찾았다. 이 거북이 신진대사를 거의 꺼져가는 불씨 상태로 억제할 수 있다는 사실은 1960년대부터 알려졌고, 등껍질이 산성을 중화한다는 사실은 2000년대 초부터 알려지기 시작했다. 레스 벅은 그 두 기간 사이인 1980년대에 무산소 상태에 관해 연구를 시작했는데, 거북의 뇌가 어떻게 오랜 무산소 상태를 버틸 수 있는지에 주로 관심이 있었다. 인간의 뇌는 무게가 체중의 2퍼센트밖에 안 되지만, 우리가 호흡하는 산소의 20퍼센트 이상을 소비한다.[14] 산소가 포함된 혈액을 신경세포에 공급하는 동맥이 막히는 증상인 뇌졸중이 그렇게 치명적인 것도 바로 이 때문이다. 우리 뇌는 산소(와 포도당)가 충분히 공급될 때 제대로 기능한다. 그래서 산소 공급이 끊길 경우 비행 중 연료가 떨어진 전투기와 다름없어진다. 실험실에서 각 신경세포가 무산소 상태에서 어떻게 반응하는지를 분석하여, 벅은 세포들이 어떻게 산소 없이도 장시간 살아남는지 그 메커니즘을 하나하나 밝혀내고 있다. 직접 만났을 때도, 처음 영상 통화를 했을 때도 그는 뇌에서 가장 흔한 억제성 신경전달물질인 GABA(Gamma-Aminobutyric Acid의 줄임말로 감마-아미노부티르산이라고도 함-옮긴이)에 대한 얘기를 많이 했다.[15] 세로토닌이나 도파민처럼 잘 알려진 이름은 아니지만, GABA는 대부분의 신경세포가 사용하는 중요한 '억제' 신호로, 뇌에서 가장 흔한 흥분성 경로인 글루타메이트를 차단한다. 생각이나 기억 또는 움직임 등의 신호를 전달하면서 주변 신경세포들을 활성화하는 신경세포의 90퍼센트 이상이 글루타메이트를 사용한다.[16]

"우리는 GABA 분비가 중요하다는 걸 잘 알고 있습니다." 벅의 말이다. "(거북들의 경우) 많은 GABA가 분비됩니다."

이 모든 사실을 이해하기까지 시간이 조금 걸렸다. 생명을 유지하기 위해 신경세포의 활동을 일부 억제한다는 것은 직관에 반하는 얘기처럼 들린다. 왜 그냥 모든 뇌 기능을 멈춰버리지 않는 걸까? 그러다 문득 그런 경우를 죽음이라고 부른다는 사실을 깨달았다. 신경세포 안의 전하 흐름 문제든 근육을 수축시키기 위해 근육 세포 안으로 밀려들어 오는 칼슘 문제든, 생명이란 본질적으로 불균형 상태를 조절하는 존재다. 뇌 기능을 전부 중단해 버릴 수는 없으며, 대기 상태로 계속 유지해야만 한다. 거북들은 몇 달씩이나 그 상태를 유지하는 것이다.

거북의 비법을 혹 인간의 건강에 이용할 수는 없을까? GABA나 다른 억제성 화학물질을 주입해 뇌졸중으로 인한 손상을 줄일 수는 없을까? 심장마비의 경우는? 뇌졸중이나 심장마비 모두 동맥이 막혀 신경세포나 심장 근육이 제대로 기능하는 데 필요한 산소를 공급받지 못하면서 발생한다. 산소가 없으면 필요로 하는 에너지를 공급받지 못한다. 무산소 신진대사로는 충분치 않다. 세포의 경우, 줄어든 산소를 감지하면 당황해서 에너지 생산을 늘리려 한다.[17] 그리고 그 과정에서 자기 파괴가 시작된다. 물론 좋지 않은 일이다.

그런데 상황이 더 나빠진다. 직관에 반하는 일이지만, 뇌졸중이나 심장마비로 인한 가장 큰 타격은 다시 산소가 들어올 때 입는다. 막힌 혈관이 자연스레 뚫리든 외과의사가 스텐트를 삽입해 뚫리든,

다시 산소가 공급된다는 건 신선한 공기를 넣는 게 아니라 점화 스위치를 올리는 일과 같다. 이른바 '재관류 손상'이 일어나는 것이다.[18] 자세히 설명하자면 칼슘이 갑자기 미토콘드리아 안으로 유입되는 것과 관련이 있지만, 그 모든 상황을 아주 깔끔히 요약해 줄 핵심적인 사항이 하나 있다. 민물 거북을 연구하는 심혈관 전문가 지나 갈리Gina Galli는 내게 이렇게 말했다. "이건 좀 복잡하고 어려운 얘기인데, '미토콘드리아 투과성 전이 구멍'이라는 게 활성화됩니다. 기본적으로 죽음의 구멍 같은 거죠. 그리고 그 때문에 모든 것이 죽게 되는 겁니다."[19] 영향받지 않던 그 주변 세포들마저 혈관 막힘의 여파로 파괴될 수 있다. 지나 갈리가 거북을 연구하는 것도 그 때문이다. '거북들은 왜 산소 없이 6개월을 버티고 다시 산소가 들어와도 아무 문제가 없는 걸까?'

과학적 호기심은 곧 의학 분야에서의 기회로 연결될 수 있다. "시간이 지나면서 이런 생각이 들어요. '이걸 정말 인간 사회에 도움이 되도록 활용할 수 있지 않을까?'" 지나 갈리의 말이다. "거북의 생존 방식을 인간에게 적용한다면 특정 기능을 활성화하거나 억제해서 심장 질환 같은 병을 치료할 수 있지 않을까요?" 그러면서 그녀는 말을 덧붙인다. "멋쟁이거북의 놀라운 능력을 응용하는 건 고사하고 그 능력을 이해하는 것조차 걸음마 단계에 불과해요. 아직 갈 길이 멉니다."

각종 여과 장치에서 나오는 일정한 윙윙 소리와 잔잔한 물소리에 둘러싸인 벅의 실험실에서, 나는 맑은 물을 들여다보며 거북 몇 마리가 자쿠지(스파 욕조) 크기의 수조 바닥에서 풀을 뜯어먹는 모습을 지켜봤다. 다른 거북들은 마치 가라앉은 돌처럼 배딱지를 바닥에 댄 채 엎드려서 거의 지질학적 변화만큼이나 느린 속도로 움직이고 있다. 내 앞쪽 바위 위엔 거북 하나가 있는데, 붉은 자외선 전구에서 나오는 따뜻한 빛을 쬐며 의심스럽다는 듯 한쪽 눈으로 나를 보고 있다. 수족관에 사는 물고기들처럼, 이 거북들도 방 안에 들어오는 사람을 따라다니는 경향이 있다. 먹이가 어디서 오는지 알고 있는 것이다. 그러나 내 앞에 있는 거북은 나라는 존재에 별 관심이 없는 듯하다. 거북은 머리를 등껍질 안으로 쏙 집어넣었다. 그 바람에 주름진 목 부분의 피부가 가죽 아코디언처럼 접혔다. 앞다리도 따라 들어가, 뒷다리와 뾰족한 꼬리만 밖으로 나와 있다. 나는 완전히 들어가지도 나오지도 않은 녀석을 보며 망설임의 화신 같다고 생각했다. 두 가지 마음 사이에서 갈등하는 거북. 그러더니 몇 초 후, 녀석은 내가 위협 요소가 아니라는 결론을 내렸는지 무거운 눈꺼풀을 늘어뜨렸다. 아마도 잠든 것 같다. 나는 여전히 몸의 반은 등껍질에 들어가 있고 밖은 나와 있는 이 동물의 유연함에 놀랐다. 단단하지만 움츠러들 수도 있다. 양서류처럼 땅 위에서는 물론 물속에서도 살 수 있다. 공기를 들이마시고 내쉬지만, 공기 없이도 거의 반년, 그러니까 길게 보면 생애의 절반을 살 수 있다.

극단적인 숨 참기 능력 덕분에 거북은 다른 파충류가 꿈에서나 가볼 북쪽 지역까지 서식지를 넓힐 수 있었다. 그리고 바로 그런 능력 덕에 육지의 파충류 조상으로부터 진화한 포유동물이 다시 바다로 돌아갈 수 있었다. 향유고래는 대왕오징어를 사냥할 때 해수면 아래 1,200미터까지 잠수해서 1시간 넘게 숨을 참을 수 있다.[20] 육지에 살면서 큰 덩치와 빈백 소파(몸의 움직임에 따라 변형되는 소파-옮긴이) 같은 느릿한 움직임으로 잘 알려진 코끼리물범은 2시간 동안 숨을 참을 수 있다.[21]

 그러나 포유동물 가운데 숨 참기 챔피언은 이빨이 나 있는 21종의 부리고래과 고래들로, 이들은 워낙 은밀히 움직여 일부 종은 살아 있는 모습이 목격된 적도 없다. 예를 들어 부채이빨부리고래는[22] 2010년, 2017년, 2024년에 뉴질랜드 해안에서 발견된 좌초된 일부 개체와 뼈만 남은 개체 외에는 알려진 바가 없다.[23] 한 논문에 따르면(이조차 아주 절제된 주장이지만), 이들은 '세계에서 가장 은밀히 움직여서 가장 연구하기 힘든 동물 중 하나'다.[24] 데이터 기록 장치를 부착할 경우 부리고래과 고래들은 과학자들을 새로운 심해의 세계로 안내한다. 2020년, 듀크대학교의 해양 생물학자 니콜라 퀵 *Nichola Quick*과 연구진은 3시간 반이라는 최장 잠수 시간을 관찰했다.[25] 당시 과학자들은 이렇게 썼다. "음파 탐지기에 대한 스트레스 반응이었을 수도 있지만, 이 극단적인 잠수 시간은… 어쩌면 이 종이 갖고 있는 잠수 능력의 진짜 한계를 잘 보여주는 것일지도 모른다."[26] (산소통 없이 폐 안에 공기를 품고 잠수하는 인간 프리 다이버와는 달리, 부리고래과 고래들은 어차피 폐가 쪼그라들 것이기 때문에 아예 숨을 내쉰 채 잠수한다. 수면으로 올라올 때마다 다시 폐가 부풀어 오르는 것이다. 폐에 구멍이 나 쪼그라드는 걸 느껴본 적이 있는 사람으로서, 상상하는 것만으로도 믿을 수 없을 만큼 아프다. 그런데 고래들은 하루에도 여러 번 별문제 없이 그렇게 한다.)

비록 잠수 지속 시간이 몇 달이 아닌 몇 분으로 비교적 짧지만, 그렇다고 해서 이들의 잠수 시간이 몇 달간 겨울을 나는 멋쟁이거북에 비해 결코 덜 놀라운 일인 것은 아니다. 이 동물은 상황이 나아지길 기다리며 반쯤 혼수상태로 누워 있는 게 아니라 계속 활발히 움직인다. 그리고 그저 활발히 헤엄만 치는 게 아니라 근육과 감각 기관을 이용해 오징어와 물고기들을 찾아내고 잡아먹으면서 사냥도 한다. 게다가 가장 깊이 잠수할 때는 그 모든 걸 완전한 암흑 속에서 해낸다.

부리고래과 고래들은 초음파 클릭 음을 내보내 그 반향을 듣고 방향을 잡는 데 반해, 잠수 중인 바다표범은 먹잇감의 발광과 같은 시각적 신호를 이용하며 최종 공격을 할 때 촉각 수염(얼굴에 난 매우 민감한 수염)을 이용한다. 한 코끼리물범의 머리에 카메라를 부착한 연구에서, 양팔 끝에 레몬 크기의 발광 기관이 달린 '타닌기아 다나에'라는 길이 2미터의 오징어를 뒤쫓는 순간을 포착한 적이 있다. 그 모습을 보면 이 동물이 그저 해변에나 처박혀 지내는 덩치 큰 동물쯤으로 여겨지는 게 얼마나 모욕적인 일인지 알 수 있다.

펭귄 또한 육지에서는 가장 어설픈 새지만 바다에서는 가장 뛰어난 잠수부다. 남반구에 서식하는 18종의 펭귄[27] 중 하나일 뿐인 황제펭귄은 수심 500미터까지 잠수해 30분간 숨을 참을 수 있다.[28]

이 잠수 동물들은 '생명의 나무'tree of life(지금까지 지구에서 살고 있거나 멸종된 모든 생물 종의 진화 계통을 나타낸 것으로, 진화 계통수라고도 함-옮긴이)에서 서로 멀리 떨어져 있는 다른 종이지만, 잠수할 때 숨을 참는 방식은 놀랍게도 비슷하다. 우선 이들의 몸 안에는 스쿠버다이버의 압축 산소통처럼 쓸 수 있는 커다란 산소 저장소가 있다. 그러나 이들은 산소마스크로 숨을 쉬는 대신, 혈액 속의 산소(헤모글로빈에서 비롯됨)와 근육 속의 산소(미오글로빈에 의해 저장됨)가 산소를 필요로 하는 세포들 속으로 직접 전달된다. 빨리 활성화되는 뇌의 신경세포, 끊임없이 움직이는 시신경, 빨리 수축되는 지느러미나 물갈퀴 또는 날개 근육이 그 예다. 근육 속에는 미오글로빈의 양이 워낙 많아 근육 조직이 거의 검게 보인다. 또한 저장된 산소량이 많아서, 가장 깊이 잠수하는 고래와 바다표범조차 '호기성 한계' 없이, 즉 신진대사가 무산소 상태로 전환될 필요 없이 오래 수영할 수 있다.

코끼리물범은 심지어 숨을 참은 채 잠을 잔다.[29] 2023년 학술지 〈사이언스〉에 발표된 한 연구에 따르면, 이 동물은 빛이 거의 통과하지 못하는 수심 200미터까지 잠수한 뒤 활동을 억제해 에너지 소비를 줄이기 시작한다. 당시 그 연구의 주저자인 제시카 켄달-바Jessica Kendall-Bar는 말했다. "그런 다음 이들은 렘수면 상태로 들어가, 몸을 뒤집은 채 빙빙 돌며 낙엽처럼 떨어진다."[30] 배를 위로 향한 채

빙빙 돌며 가라앉은 코끼리물범은 10분 정도 후 짧은 낮잠에서 깨어나 다시 수면으로 헤엄쳐 올라와서 숨을 쉰다.

포유류와 파충류는 일정 기간 숨쉬기를 멈출 수 있다. 그러나 근육에 저장된 미오글로빈을 통해 여전히 산소에 의존하거나, 봄이 되어 머리 위 얼음이 녹을 때 다시 숨을 쉬기 위해 산소가 필요해진다. 산소는 18세기에 처음 알려진 이후 늘, 그리고 어떤 동물 종이든 적어도 생애 주기 중 일정 시점에선 생명에 꼭 필요한 요소로 여겨져 왔다. 그런데 2010년, 단순하고도 아주 중요한 작은 생명체로 인해 그 통념이 뿌리째 흔들리는 사건이 발생했다.

2008년, 이탈리아 안코나에 있는 마르케폴리테크닉대학교의 로베르토 다노바로 Roberto Danovaro와 동료들은 지중해에서 수심이 가장 깊은 일부 지역, 그러니까 영원한 어둠이 지배하는 수심 3,000미터도 더 되는 지역들에서 채취한 퇴적물 샘플을 분석했다.[31] 그 어둠 속에는 '고염분 무산소 심해 분지' DHABs라 불리는 신기루 같은 지형들이 숨어 있었다. 염수가 해저 아래쪽 고대 소금 퇴적층과 섞여 포화 상태가 되고 무거워지면, 호수의 움푹 파인 곳을 채우듯 담요처럼 넓게 퍼진 염수가 분지 안으로 가라앉는다. 고염분 무산소 심해 분지에는 소금이 너무 많아 사실 수분은 거의 없다. 한 연구에 따르면, 깊은 고염분 무산소 분지는 바닷속에 있으면서도 지구에서 가장 건조한 장소에 속한다.[32] 염수의 위층부터 산소 수치가 급격히 떨어져 곧 무산소 상태가 된다. 그래서 완전히 어둡고 건조하고 산소도 없는 고염분 무산소 심해 분지들은 종종 지구상에서 발견된 가장 혹독한 서식지 중 하나로 불린다. 그럼에도 다노바로 연구진은 이곳에서 세균이나 고세균, 곰팡이처럼 극한 환경에 사는 미생물뿐 아니라 로리키페라Loricifera라 불리는 미세 동물도 발견했다. 이들은 모래알 틈에 붙어 사는 이른바 '중형저서동물'meiofauna로, 완보동물이나 선형동물처럼 현미경으로나 보이는 미세 동물에 속한다. 그러나 로리키페라는 완보동물과 달리 바다 안에서만 발견된다. 그리고 귀여운 모습과는 거리가 멀다. 현미경으로 보면 거꾸로 뒤집힌 가시 달린 오징어처럼 생겼고,[33] 입 주변에는 수백 개의 가느다란 촉수들이 나 있다.[34] 첫 발견은 1983년 프랑스 해안에서 채집된 표본이었으며,[35] 당시 로리키페라라는 학명이 붙여진 이후 지금까지 알려진 종이 서른 가지가 넘는다.[36] 그중 어떤 종도 길이가 1밀리미터를 넘지 않는다.

크레타섬에서 서쪽으로 약 200킬로미터 떨어진 곳이자 고염분 무산소 심해 분지인 라탈란테 분지의 무산소 퇴적물에서 새로운 종이 발견되었다. 2014년 다노바로와 동료들이 다노바로의 아내이자 해양 생물학자인 친치아 코리날데시Cinzia Corinaldesi의 이름을 따 스피놀로리쿠스 친치아이Spinoloricus cinziae라고 명명했다.[37] 지중해에서 수심 3,000미터까지 잠수해서 질식할 듯한 소금 호수로 들어가면, 그곳에서도 여전히 로맨스를 찾을 수 있다.

이전에 흑해의 무산소 수역에서도 생명체의 증거가 발견됐다는 얘기들이 있었으나, 그 생명체들은 위쪽 바다에서 죽은 뒤 심해에 가라앉은 것으로 여겨졌다. 그 과정은 우스갯소리로 '시체 비'라고 불렸다.[38] 그러나 스피놀로리쿠스 친치아이는 고염분 무산소 심해 분지 안에서만 발견되었고 산소가 있는 주변 퇴적물에서는 발견되지 않았다. 그것은 이들이 단순히 얕은 바닷물에서 흘러온 게 아니라 오로지 이 척박한 서식지 안에서만 살고 있는 것이 아닌가 하는 추정을 가능케 했다. 다노바로 연구진은 당시 학술지 〈BMC 바이올로지〉에 이렇게 적었다. "우리는 샘플 채취 당시에 그리고 또 1989년 이후 여러 차례 라탈란테 분지 주변 퇴적물(산소가 있는 해저)도 조사했는데, 로리키페라문[門]에 속하는 개체는 단 1마리도 발견하지 못했다."[39] 게다가 그들은 탈피 중인 종들뿐 아니라 몸 안에 알이 있는 난소도 발견해, 이 생물체가 그 수역에서 성장하고 번식 중이라는 결론을 내렸다.[40] 한때는 이들이 성장 및 번식의 단계에서 산소와 에너지가 필요하다고 믿어졌다. 그러나 로리키페라는 미약한 무산소 신진대사를 활용해 다른 그 어떤 동물도 오래 머물 수 없는 장소 안으로 자신의 작은 몸을 밀고 들어간다.

동물 분류학 분야에 비교적 최근에 이름을 올린 스피놀로리쿠스 친치아이는 지구 어느 곳에서 생명체가 발견될 수 있는지에 관해 기존의 견해를 완전히 뒤집을 만한 잠재력을 갖고 있다. 그래서 한 연구에서는 '교과서 내용을 뜯어고쳐야 할 만큼 획기적인 패러다임 전환이 필요한' 연구 결과라고까지 말하고 있다.[41] 그러나 우주생물학자이자 과학 커뮤니케이터 칼 세이건Carl Sagon은 1979년에 이렇게 썼다. "비범한 주장은 비범한 증거를 필요로 한다."[42]

2014년에 행해진 한 연구에서는 지중해의 라탈란테 분지를 비롯한 다른 고염분 무산소 심해 분지 세 곳에서 살아 있는 로리키페라를 찾기로 했다. 하지만 큰 어려움을 겪었다.[43] 매사추세츠 소재 우즈홀 해양연구소WHOI의 조안 번하드Joan Bernhard가 이끈 그 연구에 따르면, 너비가 0.1밀리미터에 불과한 동물치고 엄청나게 많은 양인 300밀리리터의 퇴적물 샘플 중에서 발견된 로리키페라는 고작 16마리뿐이었다. 살아 있는 조직에 흡수될 경우 빛을 발하는 착색제를 사용했지만, 번하드와 그녀의 동료들은 생명체 특유의 빛을 보지 못했다. 번하드는 이렇게 적었다. "고배율 현미경으로 관찰했지만, 그 어떤 로리키페라에서도 내부 기관은 확인되지 않았다."[44] 그들은 텅 빈 로리키페라 껍질 안에서 부패물을 먹고 사는 세균과 다른 미생물들만 발견했는데, 이는 다노바로 연구진이 발견했다는 '살아 있는' 로리키페라가 실은 살아 있는 것처럼 보이는 사체들이었음을 시사한다. 번하드는 자신의 연구에 덧붙인 별도의 글에서 이 현상을 '사체 탈취'라고 불렀다(미생물이 로리키페라의 사체를 탈취했다는 의미).[45] 번하드와 동료들은 고염분 무산소 심해 분지 밖에서 채취한 퇴적물 샘플에서도 로리키페라 1마리를 발견했다. 이들이 산소가 존재하는 환경에서도 살 수 있다는 사실을 의미한다. 그러나 번하드는 이렇게 덧붙였다. "두 환경 모두에서 살 수 있으려면 아주 높은 수준의 회복력과 창의성이 필요한데, 그건 현실 가능성이 아주 낮아 보인다."

　적어도 동물의 경우 그렇다. 번하드는 20년 넘게 또 다른 무산소 분지인 캘리포니아 해안 근처의 산타바버라 분지를 연구해 왔다. 그곳에는 산소 없는 삶에 적응한 다른 생명체들이 있다. 그 분지에는 소금층이 없지만, 해저에 형성되어 공교롭게도 순환이 아주 안 되는 장소에 위치해 있다. 분지의 물은 정체된 상태이며, 위에서 떨어지는 물질들이 분해되면서 모든 산소를 빨아들인다. 퇴적물 속에서는 세균 활동으로 인해 황화수소가 스며 나온다. 우즈홀 해양연구소 안에 있는 사무실에 함께 앉아 있을 때, 흰색 마스크를 쓰고 있던 번하드는 내게 말했다. "나는 냄새 나는 진흙에서 일해요." 그러면서 그녀는 자신의 연구 대상인 유공충 foraminifera(줄여서 foram이라고 부른다-옮긴이)에 대해 다음과 같은 말을 해줬다. 탄산칼슘 외피에 둘러싸인 단세포 생물인 유공충은 화려한 갑옷을 걸친 아메바 같다. 그러나 이들을 강하게 만들어 주는 건 화학적 창의성이다. 산소가 없을 때, 이들은 질산염을 이용해 신진대사를 하며 그 과정에서 질소 가스가 배출된다. 질산염마저 없을 때, 이들이 세포를 유지하기 위해 쓸 수 있는 다른 화합물로는 망간, 철, 메탄 등이 있다(이와 관련된 연구는 지금도 진행 중이다). 2021년에 발표된 한 연구에서 번하드와 그녀의 동료 파트마 고마 Fatma Gomaa 그리고 다른 연구진은 유공충이 과산화수소를 분해해 그 화학 구조(H_2O_2) 속에 있는 산소를 방출할 수 있다는 사실을 밝혀냈다.[46] 따라서 유공충은 심지어 무산소 수역에서도 산소를 호흡할 수 있을지도 모른다.

유공충은 이런 전략 덕에 살아남을 수 있었다. 번하드는 말한다. "이들은 바다 수면부터 해저에 이르는 모든 층의 물과 진흙 속에 살며, 극지방에서부터 열대지방에 걸쳐 살고, 얕은 바다는 물론 가장 깊은 심연에서도 삽니다. 이들의 생존은 믿을 수 없을 만큼 성공적이에요. 게다가 단단한 탄산칼슘 외피 덕에 화석 기록도 갖고 있어요. 내가 처음 이 생물에 빠져든 것도 바로 이런 이유들 때문이죠. 그리고 지금은 이들이 산소 호흡 외에 무산소 호흡도 할 수 있다는 사실을 알고 있습니다." 번하드는 무산소 상태인 산타바버라 분지에서 설탕 조각 크기의 퇴적물 덩어리 안에 300마리의 유공충이 있을 수 있다는 사실을 알아냈는데, 이는 산소가 풍부한 곳보다 스무 배나 높은 밀도다.[47] 번하드가 좋아하는 유공충인 논이오넬라 스텔라 Nonionella stella는 심지어 주변 수역에 사는 규조류로부터 엽록체라 불리는 광합성 구조를 훔쳐왔다. 이들이 칠흑 같은 어둠 속에서 빛에 민감한 기관들을 가지고 무얼 하고 있는지는 이제 막 밝혀지고 있다.[48] 파트마 고마와 조안 번하드 연구진은 2021년에 이렇게 발표했다. "무산소 퇴적물과 저산소 퇴적물에 사는 유공충의 잠재적 대사 능력은 대체로 미개척 영역으로 남아 있다."[49]

무산소 수역은 오랫동안 정체와 죽음만 존재하는 따분한 장소로 여겨져 왔다. 그런 장소들을 연구한 몇 안 되는 과학자조차 대개 세균이나 고세균 같은 미지의 미생물에 관심을 보였다. 그러나 지난 10여 년간 상황은 달라졌다. 이제 무산소 바다와 그곳에 사는 생물들은 미래를 들여다보는 창이다. 2017년 학술지 〈네이처〉에 발표된 한 획기적인 연구에 따르면, 1960년 이후 우리의 바다는 전체 산소의 2퍼센트를 잃었다.[50] 2퍼센트라고 하면 별것 아닌 것처럼 느껴질 수도 있겠지만, 탈산소화로 가장 큰 타격을 받는 지역들은 생물 다양성과 어업 생산성이 가장 높은 지역인 경우가 많다.[51] 그래서 한 연구에선 이런 지적도 했다. "이렇게 생태학적으로 중요한 환경 변수가… 이토록 짧은 시간 안에 이처럼 극적으로 변화된 적은 없다."[52] 따뜻해진 물은 이전만큼 많은 산소를 품을 수 없기에(더 빠르게 움직이는 물 분자들이 산소를 대기 중으로 밀어낸다), 기후 변화는 광범위한 '탈산소화'에 아주 중요한 역할을 해왔다. 지구에서 그 어느 곳보다 빠른 속도로 따뜻해지고 있는 북극 지역에서 특히 그렇다. 그러나 이것이 유일한 요인은 아니다. 농지 유출수나 하수 방류로 인해 영양분이 풍부한 물이 해안 지역으로 유입되었고, 그 결과 일시적인 영양 과잉 공급으로 조류와 플랑크톤 생물이 대규모로 증식했다. 그 생물들이 영양분을 다 소비하고 죽으면, 산소를 대량으로 소모하는 다른 미생물이 사체를 분해하며 활동을 시작한다. 이렇게 주변 환경의 산소를 급격히 고갈시키는 과정을 부영양화라고 하며, 결국 '죽은 지대'dead zone를 만드는 전조가 된다.[53]

아마 가장 유명한 죽은 지대는 미국 남부 루이지애나와 테네시 해안 앞바다에 불길하게 떠다니는 정체된 물의 띠일 것이다.[54] 이 띠는 계절에 따른 미시시피강의 유출에 따라 그 깊이와 길이가 늘었다 줄었다 한다. 미국의 48개 인접 '하부' 주들 가운데 31개 주의 물이 이 거대한 미시시피강 유역으로 모여들며,[55] 현재 이 유역의 물에는 1950년대 이전에 비해 질소가 세 배,[56] 인이 두 배 더 많아졌다.[57] 소와 닭의 먹이로 쓰이거나 차량 엔진용 바이오 연료로 쓰이는 엄청난 양의 단일 작물 콩과 옥수수에 뿌려대는 비료 때문이다. 농지에서 흘러나오는 영양분 가득한 유출수는 처리되지 않은 가축 분뇨와 합쳐져 멕시코만으로 흘러 들어가 부영양화를 일으킨다. 과학 논문들에서는 이곳을 죽은 지대라 불렀고, 다른 사례들과 비교하는 기준이 됐다. 이 죽은 지대는 최대 규모일 때 그 크기가 영국의 웨일스(또는 미국의 뉴저지)만 하다. 숨 막히는 물 덩어리는 눈에 보이지 않는 치명적인 구름처럼 물고기들을 내몰거나 질식사시킨다. 또한 움직임이 느려서 이 물 덩어리가 가라앉기 전에 피할 수 없는 벌레들과 갑각류를 죽음으로 내몬다.[58]

그러나 죽은 지대도 다시 살아날 수 있다. 멕시코만에 자리 잡은 죽은 지대조차 고정된 상태는 아니어서 영양분 유출이 가장 적은 겨울에는 그 크기가 줄어든다. 그리고 이 질소 유출의 주요 원인이 소 농장과 닭 농장이라는 사실을 알면 회복의 길이 보인다.[59] 소비자들이 육류를 덜 먹으면 질소 유출이 줄어들 뿐 아니라 우리가 이용해야 할 물에 끼치는 영향도 줄어든다. 게다가 우리의 주요 단백질 공급원 사이에 존재하는 예상치 못한 연관성 때문에, 우리가 먹는 쇠고기와 닭고기 양을 줄이면 해안가에서 잡을 수 있는 새우와 물고기 개체 수가 늘어날 수도 있다.

자연에 대한 일반적인 시각에서 과감히 벗어나 죽은 지대를 생명체들의 생태계라는 그 본연의 모습으로 볼 수도 있다. 물론 이 무산소 수역은 몸집이 크고 산소에 의존하는 동물이라면 질식해서 사라질 장소지만, 유공충 같은 단세포 원생동물에게는 비옥한 곳이다. 번하드와 직접 만나거나 화상 통화를 통해 얘기를 나누면, 이 생명체들에 대한 그녀의 열정이 워낙 강해 전염이 될 정도다. 대화 중에 '정말 놀라워요', '아주 귀여워요', '그냥 경이로워요' 같은 말들이 여러 번 나왔다. 20년 넘게 이 미생물을 연구해 오면서 그녀는 유공충에 점점 더 푹 빠졌다. 뇌가 없다는 걸 감안하면 이들의 독창성과 적응력은 더욱더 놀랍다고 했다. 이들은 화학적 기교가 차고 넘치는 세포와 거의 인간처럼 세상을 감지하는 능력을 갖고 있다. 그리고 아메바와 마찬가지로 유공충은 세포 일부를 주변으로 뻗는데, 이는 자신을 한곳에서 다른 곳으로 끌어당기는 방법이며 주변 환경을 맛보는 감각 탐험이기도 하다. '위족'pseudopod으로 알려진 팔 모양의 이 돌기는 껍질에서 멀리까지 뻗칠 수 있으며, 무산소 지역에서 위로 올라가 산소가 풍부한 물을 흡수하기도 한다. 나는 숨 막히는 분지 안에 잔뜩 모인 논이오넬라 스텔라들이 일제히 위로 팔을 뻗는 모습을 상상해 본다. 팔을 들어 올리며 "우리 여기 있어요. 늘 그럴 거예요!"라고 외치는 듯한 유공충들 말이다.

거북의 등껍질은 산소 없이 살아가는 데 맞춰 진화된 것으로, 포식자로부터 자신을 보호하는 용도로 쓰이던 특징이 무산소 환경을 견디는 데에도 쓰이게 된 경우다. 그러나 이는 꼭 필요한 전제조건은 아니다. 산소 없이 살아가는 삶에 관한 한, 멋쟁이거북에 맞설 수 있는 동물이 하나 더 있다. 그 동물은 북유럽의 민물 호수와 연못에 살며, 겨울이 올 때마다 얼음과 눈에 맞서 싸운다. 어쩌면 여러분의 집에도 그 동물의 후손이 있을지 모른다.[60]

금붕어의 조상이자 칙칙한 올리브빛 초록색을 띠는 붕어는 산소 없이도 몇 달 동안 살아남을 수 있는데, 거북과 비슷한 마법의 생존 방식이지만 방법은 아주 다르다. 우선, 붕어는 공기를 들이마시지 않는다. 아가미를 통해 물을 흘려보내며 그 안에 함유된 산소를 뽑아낸다. 이런 메커니즘은 거북의 항문낭이나 피부와 비교해 아주 효율적이다. 그 덕에 붕어는 산소가 있을 때 활발히 움직일 수 있다. 그러나 눈이 내리고 햇빛이 사라질 때는 무산소 신진대사에서 생겨나는 산성 물질로부터 자신을 지켜줄 뼈로 된 껍질이 없다. 그래서 붕어는 젖산을 에탄올로 바꾸는 독특한 능력을 진화시켰는데, 에탄올은 확산이 잘되는 분자로 아가미를 통해 배출될 수 있다.[61] 이는 거북의 등껍질에 숨겨진 비밀만큼 신비스럽게 들리진 않겠지만, 생화학자에게는 경이로운 진화 형태다. 오슬로대학교 연구자인 샤니 레페브르 Sjannie Lefevre 는 내게 이런 말을 했다. "실제로 에탄올을 만들어 낼 수 있는 물고기가 있다는 건 정말 놀라운 일이에요!"

영국 남부에서 연못 복원 작업을 하는 과학자 칼 세이어 Carl Sayer 역시 마찬가지로 붕어들에게 경탄하고 있다. 한때 석회질 점토를 채취하며 농지 관개용으로 쓰이던 한 연못이 이제는 세균들이 서식하는 침전물 지역으로 변했는데, 그는 그곳에 가기 위해 수년간 가시덤불과 버드나무를 헤치고 다녔다.[62] 그 과정에서 생명체가 살 수 없어 보이더라도 늘 깔때기 모양의 통발형 그물을 물속에 넣어봐야 한다는 사실을 깨달았다. 아침에 그물을 끌어올리면서 그는 내게 말했다. "모두가 서로를 쳐다보며 '말도 안 돼'라고 생각합니다. 거의 불가능한 일이라고 생각하는 거죠." 그러나 보라. 이게 웬일인가. 그의 그물 안에는 몇 마리의 붕어가 퍼덕이고 있다. 이런 일이 기억에 남을 만큼 많았느냐고 내가 묻자, 그는 굳이 더 설명할 필요도 없다는 듯 "그럼요, 많았죠"라고 답한다.

이 잊혀진 연못들에 남아 있는 몇 안 되는 물고기를 그는 '생존자들'이라 부른다. 생존자들은 빛과 산소 그리고 생명으로 가득한 생산적인 연못에서 자란 개체보다 훨씬 더 크다. 세이어는 후자의 크기가 손가락만 하다면 생존자들은 손바닥만 하다고 말한다. 그러면서 그는 물이 범람해도 서로 연결되지 않고 물이 들어오거나 나가지도 않는, 고립된 연못 중 일부에 살아남은 생존자들이 수십 년 전에 낚시 혹은 식용 목적으로 풀어놓은 붕어들의 마지막 남은 후손일지도 모른다고 생각한다.

붕어는 무산소 연못에서도 생존할 수 있지만, 그렇다고 해서 그런 곳이 이들이 선호하는 서식지는 아니다. 큰 생존자들은 번식할 자원이 없다. 그래서 더 좋은 때를 기다리며 버티는 중이다. 연못을 복원한다면 이러한 생산적인 연못들을 되살릴 수 있다. 빛이 있는 곳에서는 식물이 광합성 작용을 해서 주변의 물에 산소를 방출할 수 있다. 굴착기로 퇴적물을 많이 제거한 연못에서는 산소를 빨아들이고 묻는 분해 세균이 줄어든다. 그런 서식지에는 보다 작은 붕어들이 수백 마리 있을 수도 있다. 그 경우, 이들의 생존을 가로막는 유일한 제약은 어떤 물고기들이 이웃인가 하는 것이다. "이들은 포식자한테 너무 약해요." 세이어의 말이다. "그러니까 피할 줄도 몰라요." 그건 아주 특이한 일이라고 그는 덧붙인다. 공존은 제대로 기능하는 생태계의 필수적인 부분이니까. 그러나 붕어들은 이웃 물고기들이 자신과 같은 먹이를 먹기만 해도 버티지 못한다. "다른 종들과 제대로 경쟁이 안 되는 거예요."63

생물이 살기 힘든 극한 환경에서 살아남는 능력에서 붕어는 강자 중의 강자다. 그러나 생물적 요인, 즉 경쟁과 포식에 한해서는 믿기 어려울 만큼 취약하다. 이는 '극한 환경 생존 생물'extremophile이라 불리는 동물들에게서 반복해서 나타나는 현상이다. 6장에서 우리는 뜨거운 열을 견디는 개미들을 만나게 되는데, 그들 또한 포식자든 경쟁자든 다른 종에 비슷한 취약성을 보인다. 곤충 연구를 하는 곤충학자들은 이런 종을 '하위종'이라 부른다(붕어 연구자들은 이들을 '패자들'이라 부른다64). 이런 종은 다른 곤충들에게 치명적인 온도의 환경에 넣으면 살아남지만, 다른 개미종 하나와 함께 페트리 접시에 넣으면 바로 살육당한다. 결국 생존 불가능한 조건에서 살아남는다는 건 평범한 조건에 취약하다는 뜻이다.

붕어의 경우 산소 없이 생존할 때 즉각적인 대가가 따른다. 에탄올, 즉 C_2H_5OH는 탄소 원자가 2개인데 반해, 산소가 있을 때 일반적으로 배출되는 이산화탄소, 즉 CO_2는 탄소 원자가 하나다. 탄소는 우리가 섭취하는 당분 형태의 음식에서 나오기 때문에, 이는 앉아서 음식을 먹기 전에 아예 절반을 버리는 것과 같다. 그래서 한 논문에서는 이러한 젖산 처리 방식이 '탄소 낭비적인' 방식이라고 했다.[65] 그럼에도, 그 연구자들은 이렇게 덧붙였다. "이는 산소 없이 살아가는 척추동물에게 비교적 사소한 문제일 수 있다."

적어도 붕어의 경우 산소 없는 삶의 또 다른 문제는 뇌 손상 문제다. 죽은 세포들을 드러내 보여주는 염색 기법을 통해, 샤니 레페브르는 무산소 상태를 경험한 물고기들이 훨씬 높은 수준의 세포 자살, 즉 계획된 세포의 죽음을 보인다는 사실을 발견했다. 이들은 먹이를 찾기 위해 간단한 미로를 통과하는 방법도 잊어버렸다.[66] 인간의 경우 기억을 잃는다는 건 상상만 해도 고통스러운 일이다. 알츠하이머병 같은 퇴행성 신경질환이나 심각한 정신질환 치료에서 사용하는 일부 강력한 약물의 부작용에서도 기억 상실은 가장 파괴적인 증상 가운데 하나다. 그러나 차가운 호수 안에서 살아가는 붕어의 입장에서, 어쩌면 이는 그리 큰 문제가 아닌지도 모른다. 이들은 고통을 느끼며 의식을 지닌 존재로 존중받아야 마땅하지만, 인간과 같은 인지 능력을 갖고 있는 건 아니다. 붕어는 자신의 어린 시절이나 수천 마리의 자손이 태어난 순간의 기억을 소중히 여기진 않는다. 1년의 절반 내내 이들의 주요 관심사는 위쪽 세상이 얼어붙을 때 등지느러미를 위로 향하게 버티는 것이다. 게다가 이들은 손상된 신경세포를 다시 자라나게 할 수 있는 능력을 지녔다. 이는 신경과학 분야에서 논란이 되고 있는 주제다. 인류가 성인이 된 뒤에도 뇌세포를 다시 자라나게 할 수 있는지에 대해선 전문가들 사이에서도 찬반 주장이 팽팽히 맞서지만, 주변 환경에 따라 체온이 변하는 변온동물이나 물고기는 뇌세포를 다시 자라나게 할 수 있다. 이들은 무산소 상태의 겨울에 관한 기억은 잃어버릴지 모르지만, 다시 회복하고 학습할 수 있다.

봄은 모든 것이 다시 자라나는 때다. 수선화, 사과꽃, 엽록소로 가득한 탐스러운 초록 잎들이 자라고, 붕어의 뇌세포도 다시 자란다.

토론토에 있는 사무실을 떠나기(그리고 그의 거북들과 작별하기) 전, 벅은 내게 다음 날 아침 일찍 알람을 맞추라고 했다. 나는 오타와대학교에 연구실을 차린 그의 옛 제자 맷 파멘터Matt Pamenter를 만나러 차를 몰고 갈 예정이었다. 벅은 아침 출근 시간대 교통 체증에 걸리면 4시간짜리 여정이 바로 6시간이나 7시간으로 늘어날 수도 있다고 경고했다. 간단히 식사를 한 뒤, 나는 하룻밤 빌린 방에서 그날 있었던 일들을 메모한 후 알람을 아침 5시 30분에 맞췄다.

온타리오 407번 고속도로를 타고 퀘벡이 있는 북동쪽으로 향하는 중에, 이미 붉은색과 흰색 불빛들이 줄지어 도로를 메운 모습을 보니 교통 정체가 예견됐다. 도시의 스카이라인과 그 유명한 CN 타워는 여전히 어둠에 싸여 있었다. 차의 앞 유리에 빗방울이 흩어졌다. 해가 지평선 위로 올라오기 시작하면서, 나는 내가 지나고 있는 그 모든 호수와 연못이 궁금해졌다. 옥수수를 수확하고 난 뒤 남은 마른 줄기들 사이에 숨겨진 호수와 연못 말이다. 스쿠고그 호수, 크로 호수, 모이라 호수 그리고 지도 위에 빼곡히 들어 있는 이름 없는 수천 개의 푸른 점들. 농가의 바깥쪽 도로에는 며칠 안 남은 핼러윈 준비용인 듯, 호박이 길게 늘어서 있었다. 날씨가 서늘해지고 낮 시간이 짧아진 것을 감지해, 간에 이미 포도당을 잔뜩 저장한 채 다가올 겨울에 대비할 마지막 비축을 하기 위해 느릿느릿 움직이는 멋쟁이거북의 모습을 상상했다. 온타리오 호수 북쪽 해안을 지날 때 나는 멋쟁이거북이 서식하는 북쪽 한계선에서 불과 몇 시간 거리에 있었다. 보이지 않는 그 한계선은 동쪽 노바스코샤주에서부터 서쪽 브리티시컬럼비아주까지 북아메리카를 가로지른다. 멋쟁이거북이 서식하는 북쪽 한계선은 큰무늬거북과 홍귀거북이 서식하는 북쪽 한계선보다 더 위쪽이며, 캐나다 국경 위를 따라 굵은 점선으로 뱀처럼 구불구불 이어진다. 학명이 크리세미스 픽타Chrysemys picta인 멋쟁이거북이 세상의 가장 북쪽에 서식하는 거북인 것이다.[67]

도심의 교통 체증을 피해 나는 여유 있게 파멘터의 사무실에 도착했다. 젊은 얼굴에 머리가 희끗희끗한 그는 자주색 후드티에 반바지 그리고 끈 없는 운동화를 신고 있었다. 오늘날의 학자들이 흔히 입는 편하고도 세련된 운동복 스타일로, 비공식적인 화상회의 자리는 물론 즉흥적인 공원 달리기에도 이상적인 복장이다. 2003년에 박사 과정을 시작한 이래 파멘터는 많은 프로젝트에서 벅과 협력하며 거북의 뇌가 무산소 상태에 어떻게 대처하는지를 연구해 왔다. 그러나 최근 10여 년간 그는 겨울을 견디는 북아메리카 파충류 연구에서 벗어나 건조한 '아프리카의 뿔'Horn of Africa(아프리카 대륙의 북동쪽 끝에 있는 뿔 모양의 지역-옮긴이)에 사는 기이한 포유동물 쪽으로 관심을 돌렸다. 사무실에서 잠시 얘기를 나눈 뒤 그는 그 동물들이 있는 방으로 나를 안내했다. 파멘터의 방은 거북들이 있던 테라리움에 비해 훨씬 더 따뜻하고 냄새도 더 심하게 났다. 그 방을 가득 채우고 있는 건 졸졸 흐르는 물소리나 여과 장치들의 웅웅거리는 소리가 아니라 끊임없이 긁는 소리와 찍찍거리는 소리였다. 몇몇 연구 결과 벌거숭이두더지쥐가 저산소 상태에 강하다는 사실이 밝혀지면서 그 쭈글쭈글한 마즈Mars 초콜릿바 크기의 설치류를 연구하는 과학자가 점점 늘어났다. 파멘터 또한 그 대열에 합류했다. 벌거숭이두더지쥐는 우스꽝스럽게 큰 앞니를 가진 보기 흉한 포유동물로, '이빨 달린 성기' 또는 '이빨 달린 소시지'에 비유되기도 한다.

사진으로 보니 벌거숭이두더지쥐는 분명 비유 그대로였다. 그런데 직접 만나보니, 이빨이 유난히 크고 태어난 지 하루 된 강아지처럼 사랑스러웠다. 파멘터는 후드티를 벗고 옅은 파란색 수술용 장갑을 낀 뒤 플라스틱 우리 중 하나를 열었는데, 그 우리는 원래 실험실 쥐들을 위해 만들어졌으나 그보다 훨씬 더 작고 더 사회적인 벌거숭이두더지쥐를 위해 개조된 것이었다. 짧은 플라스틱 관으로 방이 서로 연결되어 있었는데, 그건 이 설치류가 소말리아와 에티오피아 그리고 케냐의 건조한 흙 속에 파내는 굴을 흉내 낸 것이었다.[68] 최대 300마리까지 군집을 이루는 벌거숭이두더지쥐는[69] 진사회성eusociality(동물 세계에서 가장 높은 수준의 사회성-옮긴이)을 가진 동물로,[70] 흰개미와 꿀벌, 말벌 그리고 개미처럼 우두머리 암컷인 여왕이 통치하며, 선택받은 소수의 수컷이 번식을 담당하고, 둥지를 관리하거나 새끼들을 돌보는 건 나머지 개체가 담당한다.[71]

  6장에서 열에 강한 개미에 대해 다룰 때 좀 더 자세히 살펴보겠지만, 진사회성을 가진 동물 종은 가장 혹독하고 예측 불가능한 환경을 정복하는 경우가 많다. 집단 내 수많은 먹이 채집꾼은 희귀한 먹이 자원을 찾아낼 수 있다.[72] 진화 측면에서 볼 때, 번식을 하지 않는 채집꾼은 번식하는 암컷보다 덜 중요하다. 예를 들어 개미 1마리가 도마뱀에 삼아먹히거나 벌거숭이두더지쥐 1마리가 뱀이나 맹금류에게 잡아먹혀도 번식의 미래에는 별 영향이 없다. 아주 건조한 동아프리카의 흙에서는 거의 1년 내내 굴을 파는 게 불가능하며, 바짝 마른 흙은 아무리 날카로운 앞니로도 뚫을 수 없다. 그러나 비가 내릴 때마다, 열대 식물 카사바처럼 생긴 피레나 칸타의 커다란 덩이뿌리나 매크로틸로마 콩의 작은 뿌리를 찾기 위해 미로 같은 굴을 확장할 수 있는 기회가 잠시 생긴다. 수십 마리의 일꾼이 동시에 땅을 파는 행위가 먹이를 찾을 수 있느냐 없느냐, 사느냐 죽느냐를 결정지을 수 있다. 한 연구 결과에 따르면, "이 동물은 먹이가 있는 곳을 찾기 위해 협력해야 하며 미친 듯이 땅을 파야 한다."[73] 일단 먹이를 찾으면, 벌거숭이두더지쥐는 '모집 신호'라 불리는 반복적인 찍찍 소리로 동료들에게 알린다. 이는 이 종이 사용하는 다양한 소리 중 하나에 불과하다.[74] 이들이 내는 다양한 소리로는 고음의 접촉 및 공격 신호, 짝짓기 신호, 화장실 집합 신호, 새끼들 특유의 울음소리(예를 들어 밟혔을 때 내는 소리), 배설물 요청 신호(네 배설물 좀 먹어도 돼?) 등이 있다. 종합적으로, 이렇게 대담한 주장을 하는 또 다른 논문도 있다. "현재의 데이터에 따르면 벌거숭이두더지쥐는 가장 다양한 소리를 내는 설치류 중 하나로, 그 레퍼토리가 영장류와 맞먹을 정도다."[75]

특히 풍부한 먹이 자원을 최대한 끌어모으기 위해서 개미들은 동료들이 남긴 가장 진한 페로몬 경로를 따라간다. 꿀벌들은 돌아온 채집꾼의 '엉덩이춤' waggle dance(꿀벌이 먹이를 발견한 뒤 벌집에 돌아와 추는 춤-옮긴이)을 해석해 벌집까지의 거리와 방향을 파악한다. 벌거숭이두더지쥐들은 완전한 어둠 속에서 서로 신나게 노래를 부른다.

밝혀진 바로는, 진사회성은 아프리카 전역에서 머지않은 미래에 아주 유익한 생존 전략이 될 수도 있을 듯하다. "모든 것이 더 뜨거워지고 더 건조해질 거예요. 어쩌면 지금은 존재하지 않는 초건조 상황을 맞을 수도 있죠." 박사 과정에서 일반적인 두더지쥐들(사회성이 덜하다)을 연구한 하나 머천트 Hana Merchant의 말이다. 일반 두더지쥐는 중앙아프리카에서 푸른 지중해 스타일에 가까운 서식지에 산다.

기후 변화로 인해 토양이 더 뜨거워지고 건조해져 구할 수 있는 먹이의 양도 줄어드는 상황에서, 벌거숭이두더지쥐는 적어도 두더지쥐들에게 미래를 내다보는 창인지도 모른다. 진사회성은 다마랄란드두더지쥐에서도 발견되는데, 이 종은 무리 규모가 더 작고(약 40마리) 여왕이 아닌 왕에 의해 지배되며 상황이(그리고 토양 환경이) 혹독해질 때 서로 협력하려는 성향이 있다.[76]

환경이 혹독해지면 거주자들이 강인해지는 경우가 많다. 그리고 벌거숭이두더지쥐야말로 분명 그 대표적인 예다.

파멘터의 방에는 벌거숭이두더지쥐 300마리가 6개 집단으로 나뉘어져 있고, 각 집단은 산업용 선반처럼 생긴 선반 한 칸을 차지하고 있다. 각 방은 그야말로 정신없이 분주하다. 어느 한 칸에서 파멘터는 서로 뒤엉켜 있는 벌거숭이두더지쥐 사이에 있는 여왕을 가리킨다. 다른 개체들보다 몸도 눈에 띄게 크지만, 가장 뚜렷한 특징은 그 몸매다 여왕은 한 번에 20마리의 새끼를 낳을 수 있으며,[77] 그녀의 배는 짐이 꽉 찬 일반 자전거 양옆의 짐바구니처럼 볼록 튀어나와 있다. 그 모든 무게를 견디기 위해 그녀는 척추뼈를 늘린 뒤 이어 붙인다. 이는 여왕이 된 모든 암컷에게 일어나는 변화다. 이 포유류 사회에서 여왕이 된다는 건 왕관을 쓰고 궁전에 산다는 의미가 아니다. 왕족이 된다는 건 뼈 구조까지 달라진다는 의미다.

인간 세계의 군주와 비교하자면, 벌거숭이두더지쥐 여왕은 추종자들에게 손 흔들어 인사하는 인자한 군주가 아니라 철권통치를 하는 중세 시대의 전제 군주에 가깝다. 수십 년간 벌거숭이두더지쥐 여왕은 알 수 없는 페로몬으로, 그러니까 화학 작용을 통해 다른 쥐들을 지배한다고 여겨졌다. 실제로 여왕은 다른 쥐들을 물고 밀치고 짓누르며 자신의 지배력을 과시한다.[78] 만일 집단 내에 특히 붐비는 굴이 있다면, 여왕은 늘 그 무리 위로 걸어갈 것이다.

파멘터는 여왕을 그대로 내버려 둔다. 그녀를 집어 든다면 무리 전체에 혼란을 줄 수도 있는 데다, 이 방 안에 있는 여러 여왕이 임신 중이기 때문이다. 게다가 그들의 세계에서 가장 강력한 존재를 갑자기 낚아채는 것은 엄청나게 무례한 일 같기도 하다. 대신 그는 두 번째로 큰 개체, 그러니까 번식 담당 수컷 중 하나를 집어 올린다. 이들은 설치류지만 쥐보다 훨씬 온순해 보이며 어쩌면 반려 햄스터보다 훨씬 더 얌전해 보인다. 10년째 이 동물들을 연구하고 있는 파멘터는 내게 딱 한 번 물린 적이 있다고 말했다. 나는 창백하고 주름진 피부, 감정 없는 양귀비 씨앗 같은 눈을 가진 이 동물이 얼마나 섬세해 보이는지 놀랐다. 그러나 강아지 같은 외모에 속아선 안 된다. 벌거숭이두더지쥐는 의심할 여지 없이 지구상에서 가장 강인한 동물 중 하나다. 이들은 암에 저항력이 있다. 통증을 전달하는 많은 수용체도 잃어버렸다. 그리고 비슷한 크기의 생쥐가 2~3년밖에 살지 못하는 데 반해, 벌거숭이두더지쥐는 30대를 훌쩍 넘길 때까지도 산다.

이러한 회복력과 놀라운 수명 덕에 이 동물은 최근 노화와 암 연구를 위한 생의학적 모델이 되었다.[79] 캘리포니아에서 연구 중이던 파멘터의 관심은 2009년 무렵 멋쟁이거북에서 벌거숭이두더지쥐로 옮겨가게 된다. 그리고 바로 그해, 저산소 상태에 있을 때 벌거숭이두더지쥐의 반응을 실험한 두 편의 논문이 발표되었다. 이 설치류에서 떼어낸 뇌 조직은 산소 농도를 10퍼센트로 줄여도 영향을 받지 않는 듯했다.[80] 이들의 신경세포는 마치 대기 중 산소 농도 21퍼센트에 있는 것처럼 여전히 정상적인 기능을 했다. 그러나 생쥐에서 떼어낸 뇌 조직은 활동량이 절반으로 줄었다. 기능도 제대로 하지 못했다. 산소 농도를 10퍼센트로 줄이든 완전히 0퍼센트로 만들든, 벌거숭이두더지쥐의 뇌 조직은 더 오랫동안 활동량을 유지했고 산소가 다시 공급되자 기능을 회복했다. 당시 논문의 저자들은 이렇게 썼다. "그에 비해 생쥐의 조직은 전혀 회복되지 못했다."[81] 그러다 2017년에 나온 또 다른 연구에 따르면, 벌거숭이두더지쥐는 완전한 무산소 상태에서 18~20분간 살아남을 수 있었는데, 이는 비슷한 크기의 생쥐보다 다섯 배나 긴 시간이었다.[82] 그 시간이 지난 뒤 벌거숭이두더지쥐들은 자기 동료들에게 돌아갔는데, 기분은 좀 언짢았을지 몰라도 문제는 전혀 없었다.

 벌거숭이두더지쥐는 무산소 상태에서도 왜 그렇게 멀쩡한 걸까? 가장 논리적이면서도 유력한 이론은 이들의 지하 생활 방식에 근거를 두고 있다. 예로부터 이들이 모든 시간을, 특히 습한 흙이 환기를 막아 벽처럼 작용하는 우기에 지하 굴속에서 지낸다는 사실 때문에 산소가 부족한 환경에서 생존할 수 있다고 여겨졌다. 게다가 벌거숭이두더지쥐는 질식 위험을 높이는 또 다른 요인을 가지고 있다. 이들이 큰 사회 집단을 이루고 있다는 것이다. 일부 집단은 약 300마리에 이르며, 각 개체가 산소를 흡수하고 이산화탄소를 내뿜기 때문에 둥지 속 산소 농도가 매우 낮을 것이라는 가정은 타당했다. 단 한 가지 문제는 그게 정말 사실이라는 증거가 없다는 것이다. 그간 그 누구도 동아프리카에 있는 그들의 굴에서 산소 농도를 신뢰할 만한 방법으로 측정한 적이 없었기 때문이다. 나는 정말 의외라고 생각했다. 각종 실험을 통해 신경세포 내 수용체의 움직임이나 나트륨 및 칼륨의 특정한 이온 방출까지 측정해 내는 세상인데, 굴속의 산소 농도 하나를 측정하기가 그렇게 어렵단 말인가? 가족사진과 벌거숭이두더지쥐 그림 시계가 걸린 벽을 마주한 사무실 책상에 앉아, 파멘터는 내게 말했다. "그건 아주 어려운 일입니다. 벌거숭이두더지쥐들은 믿을 수 없을 만큼 소리에 민감하거든요." 아무 해도 끼치지 않는 과학자의 발소리조차 경계 대상인 것이다. 과학자가 벌거숭이두더지쥐 굴 안으로 산소 탐침기를 넣는 일 자체는 문제가 아니다. 다만 그 근처에 벌거숭이두더지쥐가 없을 거라는 사실이 문제. 알려진 바에 의하면 어떤 굴은 그 길이가 무려 4킬로미터나 되며, 그들은 미로 같은 굴속을 돌아다니고 때론 다시 돌아오지도 않는다.[83] 독일에서 활동 중인 벌거숭이두더지쥐 연구자 제인 레즈닉Jane Reznick이 내게 들려준 얘기에 따르면, 1960년대나 1970년대에 어느 과학자는 굴에 탐침기들을 넣어둔 채 자리를 떴다. 자신이 떠난 뒤 벌거숭이두더지쥐들이 돌아오길 기대하면서 말이다. 실제로 그들이 돌아왔다. 그러나 탐침기를 보자마자 다 물어뜯어 망가뜨려 버렸다.

야생 상태에서의 정확한 산소 측정치는 없지만, 레즈닉은 벌거숭이두더지쥐들이 적어도 가끔은 아주 낮은 산소 농도를 경험하고 있다고 확신한다. 쾰른에 있는 그녀의 연구실에는 벌거숭이두더지쥐가 살고, 각각 지름이 다른 여러 둥지의 방과 굴이 있다. 그런데 예외 없이 그녀의 벌거숭이두더지쥐들은 늘 쭈글쭈글한 몸이 서로 포개지듯 뒤엉켜 잠을 자며 가장 작은 방을 택한다. 그녀는 말한다. "너무 귀여워요. 하지만 맨 아래쪽 아이들의 경우 분명 산소가 아주 적을 거예요."

파멘터는 벌거숭이두더지쥐가 저산소 상태를 놀랄 만큼 잘 견디는 이유를 더 자세히 알아보기 위해 2019년에 남아프리카를 찾았다. 벌거숭이두더지쥐들은 건조한 '아프리카의 뿔' 지역에 살지만, 이들의 친척뻘인 종들은 더 온화한 지역에 산다. 그들은 몸집도 더 크고 털도 많지만, 벌거숭이두더지쥐만큼 사회적이진 못하다. 대부분의 두더지쥐종은 단독 생활을 한다. 파멘터는 이처럼 단독 생활하는 동물도 있고 수백 마리씩 함께 모여 사는 동물도 있는 자연의 다양성을 활용하고자 했다. 저산소 상태에서 견디는 능력을 테스트해 보면, 단독 생활을 하는 동물과 사회생활을 하는 동물 가운데 어느 쪽이 저산소 환경에서 더 잘 살아남을 수 있는지 그 차이를 알 수 있으리라. 2021년에 발표된 한 연구에서 그는 그런 차이가 없음을 발견했다. 벌거숭이두더지쥐가 분명 저산소 상태에 가장 강한 챔피언이었지만, 테스트한 모든 종이 실험실 쥐보다 회복력이 훨씬 더 좋았다.[84] 단독 생활이든 사회생활이든, 두더지쥐의 경우 저산소 상태에서 사는 건 큰 문제가 아닌 듯했다.

잠잘 때 서로 포개지듯 뭉쳐서 자는 것이 벌거숭이두더지쥐의 뛰어난 저산소 내성에 도움이 될 수도 있겠지만, 그것이 이들이 그렇게 진화한 주된 이유는 아니다. 게다가 지하 생활 방식은 두더지와 황금두더지(실제로는 코끼리와 더 가까운 친척이다), 토끼, 텐렉 등 포유류 전반에서 발견된다. 생활 방식은 비슷하지만, 이 동물 중에 벌거숭이두더지쥐만큼 저산소 상태에서 잘 견디는 동물은 없다. 그러나 자세히 살펴보면, 이 동물 중에 벌거숭이두더지쥐처럼 땅을 파는 동물도 없다. 다른 동물이 강력한 앞발로 땅을 파는 반면 벌거숭이두더지쥐는 입으로 땅을 판다(과학자들은 '이빨과 머리 들기로 땅을 파는 동물'이란 표현을 쓴다). 벌거숭이두더지쥐의 전체 근육량 중 4분의 1이 턱을 벌리고 다무는 데 쓰인다. 자연적으로 날카로워지는 커다란 앞니를 이용해 이들은 하수도 쥐가 배수관을 갉듯 단단히 다져진 흙을 갉고 들어간다. 이들의 이름 '두더지쥐'mole-rat에서 강조되는 건 '쥐'다. '두더지'는 이들의 생활 방식, 즉 지하 생활을 나타내고, 쥐는 이들의 생리학적 특성을 나타낸다. 이들이 땅을 팔 땐 얼굴 전체에 흙먼지가 묻는다. 사육 환경에서는 앞니 뒤쪽에 나무 조각을 물어 흙이 목구멍 안으로 들어갔을 때 질식하는 것을 막는다.[85] 아마 이것이 모든 벌거숭이두더지쥐가 저산소 환경에서 잘 견디는 이유일지도 모른다. 얼굴로 땅을 팔 때는 숨을 쉴 수가 없으니 말이다.

벌거숭이두더지쥐는 무산소 상태에서도 한동안 생존할 수 있지만, 생태학적으로 더 중요한 어느 연구에서는 이들이 어떻게 약 7퍼센트라는 저산소 상태에서 행복하게 살 수 있는지 파고들었다. 파멘터는 이렇듯 만성적인 산소 부족 상태를 잘 연구하면, 만성 폐쇄성 폐질환과 같은 특정 질병이 어떻게 그 상태로 여러 해 동안 살아가며 완화될 수 있는지 밝혀낼 수 있을지도 모른다고 기대한다. 한편으로 그는 이들의 능력이 어떻게 의학적 치료에 응용될 수 있을지는 자신도 모른다고 인정한다. 희망적인 점은 각종 발견이 가장 예상치 못한 곳에서 나온다는 사실이다. 예를 들어 벌거숭이두더지쥐의 암에 대한 내성은 세포들이 서로 달라붙는 현상을 막아주는 단백질에서 비롯된다.[86] 그 단백질은 이 쭈글쭈글한 포유동물의 피부에서 대량 생성되며, 그 덕에 미로 같은 굴 안에서도 몸이 걸리거나 끼지 않는다. 몸을 뒤로 젖혀 책상 의자에 기대앉으며 파멘터는 이렇게 요약한다. "결국 지하 생활을 위해 늘어나는 피부가 암에 대한 내성으로 이어지며 장수에도 도움이 되는 겁니다. 그걸 누가 예싱이니 했겠어요."

눈은 곤죽처럼 녹아내리고 이후 얼음이 녹아서 물로 흘러 들어간다. 연못 바닥 얕은 곳에 자리 잡은 거북은 그 변화를 감지한다. '빛.' 두꺼운 피부에 느껴지는 약간의 따스함. 심장은 더 빨리 뛰기 시작해, 10분에 한 번이 아니라 1분에 한 번 뛴다.[87] 개구리밥과 조류가 다시 자라기 시작하며 물에 뽀글뽀글 산소를 배출한다. 11월에 눈이 내린 이후 처음 생기는 신선한 기포들이다. 며칠 후 태양열에 얼음이 녹아 얇은 유리막처럼 변하고, 지난해에 난 식물 줄기 여기저기에 구멍이 생겨난다. 거북의 다리는 움직이지 않아 뻣뻣하고 추위로 인해 무겁다. 폐는 휴면 기간 내내 쪼그라들어 부력을 만들어내지도 못한다. 거북은 힘들여 자기 몸을 수면 쪽으로 밀어 올려야 하고, 그러느라 간에 남아 있던 마지막 포도당까지 다 소모한다. 왼쪽 발톱으로 한 번 차고 다시 오른쪽 발톱으로 한 번 차면서, 마치 줄에 매달린 꼭두각시처럼 흔들거리며 위로 올라간다, 지칠 대로 지친 거북의 튜브형 콧구멍이 겨울 내내 갇혀 있던 울퉁불퉁한 얼음 천장을 뚫고 나와, 몇 달 만에 처음 산소를 들이마신다.

처음 산소를 들이마시는 이 순간은 생명 그 자체를 맛보는 순간과 같으며, 무산소 상태의 미생물이 복잡한 다세포 동물로 진화하던 시절을 떠올리게 하는 순간이기도 하다. 가연성 기체인 산소가 다시 들어오면서 거북의 근육과 신경 그리고 온 존재가 에너지로 차고 넘치게 되며, 다양한 항산화제 덕에 손상된 세포들이 치유되고 혈류가 재공급될 때 생기는 심각한 손상이 예방된다. 그리고 이 과정은 훨씬 더 큰 이야기, 즉 다른 동물이라면 죽었을 곳에서 살아남는 이 동물의 이야기에서 작은 부분을 차지한다. 특별한 동물, 멋쟁이거북은 산소 없이도 몇 개월을 견딜 수 있어 다가오는 봄을 가장 먼저 누릴 수 있다. 그리고 주변 세상이 따뜻해지면서, 경쟁 없이 식물을 찾을 수 있고 포식자에 대한 두려움 없이 마음껏 먹을 수 있다. 토론토에서 레스 벅은 내게 이렇게 말했다. "얼음 덮개 안에서 겨울 4개월만 버틸 수 있다면, 그 모든 게 온전히 자신들의 것이 되는 겁니다."

우리는 대개 자연을 '이빨과 발톱에 붉은 피가 묻는' 끝없는 포식과 경쟁의 소용돌이로 생각한다. 그러나 때로는 홀로 있을 수 있는 공간과 시간 속 한 장소를 찾는 일이기도 하다. 이제 막 얼음이 녹은 연못 속의 멋쟁이거북, 땅속의 고인 웅덩이 속 붕어, 염수로 가득 찬 분지 속의 로리키페라. 이 동물들은 다른 동물이 접근하지 못하는 장소에서 가장 잘 살아남는다. 생존을 위해서, 아주 과감하고 적극적이다.

3장

단식의 달인들
먹이 없이 생존하기

1946년 12월 29일, 에드먼드 예거Edmund Jaeger는 캘리포니아 척 왈라에 있는 한 좁은 협곡을 따라 하이킹을 하던 중 새 1마리를 발견했다. 적어도 그는 그렇게 생각했다. 찌르레기만큼 작고 얼룩덜룩한 회색 깃털이 난 야행성 새 '커먼 푸어윌'common poorwill이었다.[1] 그러나 그 새는 머리 위 하늘을 날고 있지도 않았고 가파른 암벽에 뿌리내린 관목 위에 앉아 있지도 않았으며 분명 노래를 부르고 있지도 않았다. 새는 차갑고 단단한 화강암 틈새에 몸을 파묻고 있어, 마치 산이 이 생명체를 자신의 일부 지형으로 받아들인 듯 보였다.[2] 얼룩덜룩한 깃털은 새가 매달린 바위와 거의 구분이 되지 않았다. 해변의 바위에 달라붙은 삿갓조개처럼 바위에 단단히 붙어 움직이지 않았다. 캘리포니아 리버사이드 칼리지의 제자 두 명과 함께 있던 예거는 그 새를 좀 더 자세히 들여다보다가 살짝 건드려 보기로 했다. 그리고 나중에 이렇게 적었다. "등 쪽 깃털을 쓰다듬기까지 했지만, 아무런 움직임도 느낄 수 없었다."[3] 머릿속에서는 계속 '이 새 지금 여기서 뭘 하고 있는 거지? 죽었나? 얼어붙었나? 아픈가? 길을 잃은 건가?' 하는 의문들이 떠올랐지만, 어쨌든 그는 산길을 따라 계속 정상을 향해 올라갔다.

단식의 달인들

두어 시간 후 예거와 학생들은 다시 그 자리로 돌아왔다. 새는 여전히 그 자리에 있었다. 여전히 같은 자세로 아무 반응도 없이. 마치 껍질 안에 들어 있는 피스타치오를 꺼내듯, 예거는 바위 틈새에 끼어 있는 그 새를 조심스레 꺼내서 집어 들기로 마음먹었다. 그는 두 손으로 새를 든 채 이리저리 살펴보았고 커먼 푸어윌이라는 사실을 확인했지만, 과거에 손으로 쥐어본 다른 커먼 푸어윌보다 가볍게 느껴졌다. 두 발과 눈꺼풀을 만져보니 차가웠다. 생명의 징후가 전혀 없고 잠든 듯한 숨결조차 안 느껴지자, 그는 더 이상 조심하거나 조용히 할 필요는 없겠다고 결론지었다. 당시 그는 이렇게 기록했다. "우리는 더 이상 조용히 하려 하지 않았으며, 심지어 '잠든' 새를 깨울 수 있는지 보려고 소리까지 질렀다."[4] 그런데 예거가 그 새를 바위 틈새에 되돌려 놓자, 새가 느릿느릿 한쪽 눈을 떴다. 예거는 이렇게 썼다. "그것이 살아 있는 새라는 유일한 징후였다."

학명이 팔레이노프틸루스 누탈리이 Phalaenoptilus nuttallii인 커먼 푸어윌은 북아메리카의 건조 지역 및 반건조 지역에서 흔히 볼 수 있는 종이다. 어둠 속을 날아다니며 딱정벌레와 파리, 나방 같은 곤충들을 잡아먹는 야행성 새로, 이 새의 울음소리는 현지 사람들에게 잘 알려져 있었다. '푸어윌입', '푸어윌입' 하고 운다는 커먼 푸어윌. 미국 조류학자 아서 클리블랜드 벤트 Arthur Cleveland Bent는 1940년에 발표한 《북아메리카 뻐꾸기, 쏙독새, 벌새 등의 생활사 Life Histories of North American Cuckoos, Goatsuckers, Hummingbirds and Their Allie》에서 이렇게 말했다. "이 새들의 소리는… 밤 그 자체의 일부처럼 느껴지는 음색 때문에 훨씬 더 매혹적이다. 이들의 몸은 살과 깃털로 이루어진 생명체라기보다는 어둠에서 떨어져 나와 살아 움직이는 입자들 같으며… 전혀 새 같지 않고 그저 '떠도는 소리' 같다." 양치기의 오두막에 몰래 들어가 가축의 젖을 훔쳐 먹는다는 잘못된 믿음 때문에 '염소 젖 빠는 새'goatsucker로 불리기도 한 커먼 푸어윌은 겨울이면 남쪽으로 이동한다고 알려져 있었다.[5] 먹잇감을 따라 남부 텍사스와 멕시코로 내려간다는 것이다.[6] 사막에서 곤충들이 사라지면, 밤의 떠도는 소리 역시 사라진다.

그 새는 거기서 무얼 하고 있었던 걸까? 여름의 추억을 너무 오래 붙잡고 있었던 걸까, 아니면 마지막 곤충 1마리를 잡으려고 너무 기대했던 걸까? 예거는 열흘 뒤에 되돌아와, 잿빛 하늘 아래 산을 올랐다. 그 새는 여전히 그 자리에 있었을 뿐 아니라 '깃털 하나조차' 움직이지 않고 있었다.[7] 그러나 이번에는 숨 쉬는 모습이 감지됐고 쥐처럼 찍찍거리는 소리도 냈다. 그리고 하품 같은 것을 하고 난 뒤 다시 '고요한 상태로 돌아갔다'. 예거는 자신이 쓴 글에서 그 고요 상태를 '혼수상태'라 불렀으며, 커먼 푸어윌은 겨울에 보다 따뜻한 지역으로 이동하지 않는 듯하다고 주장했다. 대신 겨울잠을 잔다는 것이다. 겨울잠 자체는 과학자들에게 아주 익숙한 것이지만, 그의 주장은 놀라웠다. 불곰, 땅다람쥐, 마멋 같은 동물은 모두 겨울의 고난을 겨울잠을 자면서 버틴다. 그러나 이 동물들은 모두 포유류다. 겨울잠을 잔다고 알려진 새는 없었다. 6,000종 이상의 조류 가운데 커먼 푸어윌이 겨울잠을 잔다고 알려진 최초의 새라는 것이다.

단식의 달인들

예거는 1년 뒤인 1947년 11월에 다시 척왈라산맥으로 향했다.[8] 예전의 그 바위 틈새를 찾았는데, 같은 새로 보이는 새가 틀어박혀 있었다. 겨울잠은 하루 이상 지속되는 무기력 상태여서, 그는 이후 4개월간 새의 체온과 움직임을 관찰했다. 거의 주말마다 그곳으로 가서 연구를 지속했다. 심지어 낮 기온이 섭씨 24도까지 올라가는 경우에도 새의 체온은 18도에서 20도 사이를 오가는 등 거의 변화가 없었다.[9] 의료용 청진기를 갖다 대도 심장 박동이 감지되지 않았다. 콧구멍 앞에 거울을 갖다 대도 수분이나 숨결이 잡히지 않았다. 당시 예거는 학술지 〈콘도르Condor〉에 이렇게 썼다. "가슴의 움직임도 감지되지 않았다. 나는 이 모든 사실과 낮은 체온이 이 새가 극도로 낮은 신진대사 중이라는 증거라고 본다. 포유동물의 겨울잠과 똑같진 않더라도 그 비슷한 상태에서 말이다."[10]

그런 다음 그는 새의 눈꺼풀 하나를 들어 올린 채 작은 손전등을 동공에 직접 비추었다. "그 강한 자극에도 전혀 반응이 없었고, 심지어 눈을 감으려는 시도조차 없었다. 그건 그 새가 자기 주변에서 일어나는 일들을 전혀 의식 못 한다는 놀라운 증거였다." 12월 7일, 거센 폭풍우가 산을 휩쓸고 우박과 진눈깨비가 쏟아져 꼬리 깃털이 찢겨 나가는데도 여전히 새는 전혀 의식하지 못했다. 폭풍우가 지나간 뒤에는 땅이 얇은 얼음으로 뒤덮였다. 그 와중에도 새는 그대로 그곳에 있었고, 상처까지 입었는데도 '맹렬한 폭풍우'를 의식하지 못했다.[11]

과학계에는 새로 밝혀진 사실이었지만, 커먼 푸어윌이 겨울잠을 잔다는 사실은 다른 사람들에겐 수 세기 전부터 알려진 일이었다. 현지의 호피족은 이 새를 '잠자는 자'라는 뜻의 '홀츠코'Hölchko라 부른다.[12] 예거가 나바호족 학생 한 명에게 이 새가 겨울엔 어디로 가느냐고 물었을 때, 그 학생은 주저 없이 "바위 위요"라고 대답했다. 이 대답을 자신의 관찰을 뒷받침하는 증거로 본 예거는 이렇게 적었다. "커먼 푸어윌은 겨울에 바위를 찾아 겨울잠을 자는 새이며… 이렇게 겨울잠을 자는 새들이 누릴 수 있는 이점은 명백하다. 먹이를 구하기 힘든 기간 동안 밤에 곤충을 잡아먹을 수 있는 지역으로 이동하지 않고 비활동 상태로 들어가는 것이다."[13] 12월 밤의 추위를 견디기 위해 모닥불을 피웠을 때, 예거는 야영지 근처에서 나방과 다른 곤충이 날아다니는 모습을 전혀 보지 못했다.[14] 그곳은 차가운 굶주림의 땅이었다.

앞으로 살펴보게 되겠지만, 다른 새들은 좋아하는 먹이를 맘껏 먹기 위해 아주 먼 거리를 이동한다. 그러니까 며칠 만에 여름에서 또 다른 여름으로 날아가는 전략을 택하는 것이다. 그런 새 중 하나인 큰뒷부리도요는 단 일주일 만에 북극에서 뉴질랜드까지 태평양을 건너 논스톱으로 날아간다. 대양을 건너고 반구를 횡단하는 이 장거리 이동을 가능하게 만들어 주는 목표는 따뜻한 갯벌에서 번식하는 벌레와 조개류다.

장거리 이동은 살기 힘든 환경을 피하는 행동이지만, 겨울잠은 그런 환경에 맞서는 방법이다.

커먼 푸어윌의 겨울잠을 결정짓는 것은 기온 하강이 아니라 먹이 부족이었다. 이를 가장 설득력 있게 증명한 사람은 동물학자이자 조류학자이며 재능 있는 수채화 화가이자 하프시코드 애호가인 조 마셜 주니어Joe Marshall Jr.로, 그는 사이판섬(1944년 7월까지 일본 제국의 일부였다)에서 기생충학자로 복무하기도 했다.15 마셜 주니어가 생물학에 진심이었다는 것은 그가 전쟁터에 나가 있던 시기에도 분명히 입증됐다. 한 해병대 하사가 저격수를 찾기 위해 사이판 절벽을 수색하던 중 아주 큰 그물을 든 동료와 마주쳤다.16 사이판에 배치된 마셜 주니어가 그곳 해안 지역에 '식용 둥지'를 짓는 칼새 몇 마리를 채집할 좋은 기회라 생각해 새 잡이용 그물을 준비했던 것이다. 미국으로 돌아온 그는 캘리포니아에서 박사 과정을 마쳤으며, 현지 포유류와 조류에 대한 논문들을 발표했다. 그리고 1950년 가을에, 그는 몇 마리의 커먼 푸어윌을 구해 자신의 창고 안에서 키웠다.

투명한 아크릴 유리 벽을 통해 들어온 햇빛이 모래로 덮인 바닥과 몇 개의 선반 그리고 구석에 놓인 닭 사료 자루를 밝게 비췄다.17 마셜 주니어는 이 단출한 환경에서 커먼 푸어윌에게 줄 먹이의 종류와 시기를 조절하는 실험에 착수했다.

10월부터 12월까지 그는 손전등으로 끌어모은 나방들을 직접 새에게 먹였다. 그러다 그해 처음으로 서리가 심하게 내린 12월 28일,

그는 새들 중 1마리에게 완전히 먹이를 끊었다. 먹이를 못 먹은 새는 부리를 가슴에 묻고 예거가 야생 상태에서 보았던 '혼수상태'에 빠지는 등 무기력해졌지만, 먹이를 먹은 새 2마리는 날씨가 아무리 추워도 활발히 움직였다.[18] 따라서 낮은 기온이 직접 무기력 상태를 초래하진 않는 걸로 보였지만, 일단 무기력 상태가 시작되면 그 상태를 계속 유지하는 데는 도움이 되는 듯했다. 먹이를 못 먹은 새는 체중의 약 20퍼센트를 잃고 나서야 비로소 겨울잠 상태에 들어갔다.[19] 3월이 되어 무기력 상태에서 깨어난 새들은 바로 정반대의 모습을 보였다. 마치 굶주려 죽는 것을 막기 위해 더 활발히 움직이려는 듯 깨어나자마자 미친 듯이 날뛴 것이다.[20]

조류의 경우 동면이 드물지만 포유류에서는 흔하다. 그래서 보레오유테리아 boreoeutheria ('북쪽의 진짜 짐승들'의 뜻)는 계절에 따라 추워졌다 따뜻해졌다 하는 북반구 위도 지역으로 이동했다.[21] 날씨가 추워져 먹이가 부족해지면, 이들은 신진대사를 억제해 에너지를 아끼면서 더 나은 때를 위해 대비할 수 있다. 모든 것이 얼어붙는 시기를 다룰 다음 장에서 살펴보겠지만, 북극에 사는 땅다람쥐들은 포유동물이 어떻게 동면하는지 잘 보여주는 모델이 되었다. 그러나 그 때문에 우리는 동면의 본질을 제대로 보지 못하기도 한다. 심지어 추위를 전혀 경험하지 않는 열대 지방의 포유동물도 잘 조정된 낮은 신진대사 상태에 들어갈 수 있기 때문이다. 예를 들어 2004년에는 체온이 섭씨 9도에서 35도 사이를 오르내리는 상태로 둥지 구멍 안에서 몇 달을 보내는 한 여우원숭이가 발견됐다.[22] 원래 나무 위에서 사는 여우원숭이들 아래쪽에서는 텐렉tenrec(고슴도치 비슷한 동물-옮긴이)이 1년 중 9개월간 땅굴 속에서 동면하는데, 포유류의 동면을 연구하는 네바다대학교 라스베이거스 캠퍼스의 프랑크 반 브뢰컬런Frank van Breukelen은 그것이 포식자들에게 잡아먹힐 위험이 큰 특정 시기의 생존 전략이라고 생각한다.[23] 그와 관련해 브뢰컬런은 내게 이런 말을 했다. "텐렉 연구를 하지 않았다면, 난 아마 이 모든 게 온도 때문이라고 말했을 거예요. 동물들이 이처럼 신진대사를 억제하고 에너지를 아끼는 건 순전히 낮은 온도 때문이라고 믿었거든요." 그러면서 그는 이렇게 덧붙였다. "그런데 이 녀석들 때문에 정말 큰 혼란에 빠졌어요. 이젠 이 녀석들이 대체 뭘 하고 있는 건지 모르겠어요."

심지어 '동면'을 뜻하는 영어 hibernation도 '겨울'을 뜻하는 라틴어 hibernātus에서 온 것이다. 이해할 만한 일이다. '북방 진정포유류'라고도 불리는 보레오유테리아는 오늘날 살아 있는 포유류 가운데 흔한 포유류 집단으로 총 6,400종 가운데 6,000종이나 된다.[24] 포유류 계통도에서 이 집단을 빼면 몇몇 아르마딜로와 코끼리, 바다소, 유대류 그리고 단공류(오리너구리와 바늘두더지) 정도만 남는다. 게다가 인류의 과학이 주로 북반구 중위도 지역인 유럽과 북아메리카에서 시작됐다는 데서 오는 편견도 있다. 동면하는 땅다람쥐를 동면의 전형적인 모델로 보는 것은 일견 이해되지만 잘못된 일이기도 했다. 포유동물은 애초에 빙하도 극지방의 얼음도 없는 열대 지역에서 진화했기 때문에, 동면을 처음 시작한 동물들의 조상은 아마 땅다람쥐보다는 텐렉에 가까울 것이다.

포유동물이 공룡들의 세상에서 살아남을 수 있었던 건 어쩌면 따뜻한 기후에서 동면을 했기 때문인지도 모른다. 그 시절에는 기온이 영하로 떨어지는 일이 거의 없었지만, 포식자들에게 잡아먹힐 위험은 아주 높았다. 그러다 오늘날의 멕시코 지역에 거대한 소행성이 충돌해 땅 위로 불길이 치솟는 상황이 되자, 신진대사를 억제하는 능력이 생존 비결이 되었을 수도 있다. 공룡의 종말은 포유류 시대를 열었고, 이는 결국 두 발로 걷는 슈퍼 지능 영장류인 인간을 탄생시킨 지구 역사상의 전환점이 되었다.

대량 멸종이란 말 그대로 대개 대규모 죽음이다. 그리고 그건 단순한 개체들의 죽음이 아니라 동물 집단 전체의 죽음을 뜻한다. 지구상에서 얼마나 오래 존재해 왔든, 다양한 모양과 다양한 크기와 다양한 생활 방식의 생명체들이 순식간에 사라질 수 있다. 한 동물에게 수백만 년간 도움이 되어온 적응 방법도 소행성 충돌이나 광범위한 화산 폭발 또는 기후 변화 같은 극적인 환경 변화 앞에서 무용지물이 되기도 한다. 예측 불가능한 재앙들로 인해 지구상에 거주하는 모든 생명체의 판도가 완전히 뒤바뀌기도 한다. 예를 들어 백악기 대멸종보다 오래전인 2억 5,200만 년 전에는 페름기 대멸종이 있었는데, 그 당시에는 오늘날의 시베리아 지역에서 발생한 대규모 화산 활동으로 인해 바다에 광범위한 산소 부족 사태가 발생해서 생명체의 96퍼센트가 죽었다.[25] 육지에서도 모든 생명체의 70퍼센트(대규모로 사라지는 경우가 드문 몇몇 곤충 집단도 포함)가 멸종됐고, 그래서 페름기 말기의 멸종을 '대멸종'이라고 부른다.[26]

    1841년 화석 기록을 통해 처음 확인된 이 시기를[27] 현대 고생물학자들은 '놀라운 재생 및 새로움의 시기'라고 정의한다.[28] 해저에 붙어 먹이를 걸러 먹는 동물들이 지배하던 바다는 더 포식성이 강하고 더 활발하며 헤엄을 칠 줄 알고 감각적으로 세상을 인지할 수 있는 동물군으로 대체됐다. 또한 바다를 지배하던 사방산호, 완족류, 삼엽충, 바다나리 등이 사라지고 포식성이 강한 두족류, 게, 달팽이, 상어, 경골어류, 해양 파충류 등이 새로 등장했다. 2022년에 발표된 한 논문에 따르면, 이 동물들은 페름기의 생명체보다 더 빠르고 더 사나웠다.[29] 이것이 지금도 우리가 살고 있는 세계다. 조개껍질도 꿰뚫는 원뿔달팽이, 지각 능력이 있는 문어, 길이가 8미터나 되는 백상아리, 어둠 속에서 거대 오징어를 사냥하는 이빨 달린 고래 등, 놀라울 만큼 다양한 우리 주변의 동물들은 모두 지구 생명체가 겪은 최대 규모의 재앙에 그 뿌리를 두고 있다.

    먹이 부족 때문이든 아니면 단순히 생태계에서 포식자들이 사라졌기 때문이든, 대량 멸종 시기는 엄청난 기회의 시기다. 깨끗이 지워지진 않았지만 새로운 그림을 그릴 여지가 많은 점판암과 같다. 약 6,600만 년 전인 백악기 말에 공룡들의 지배를 끝낸 원인은 생명체가 살기 힘든 일련의 상황이었다. 소행성 충돌로 인해 활활 타듯 뜨거운 유리 및 암석 소나기가 쏟아졌고, 그 결과 대기 온도가 급상승해 침엽수와 은행나무 숲에서 저절로 화재가 발생했다. 거대한 충돌 구덩이에서 피어오른 먼지구름이 태양을 가려 식물들이 광합성을 하지 못하게 되면서 생태계의 토대가 무너졌다. 광합성이 중단되자 바다와 호수는 산소를 잃었다. 햇빛이 사라지자 타오르던 열기는 바로 얼어붙을 듯한 추위로 바뀌었다. 공룡과 익룡, 폴리오사우루스 및 어룡과 같은 해양 파충류, 껍데기가 있는 암모나이트가 모두 멸종했다. 그들이 사라지자, 지배받던 동물들이 지배하는 동물로 바뀌었다. 땅속에 살던 털뭉치 동물이 네 발로 빠르게 뛰는 포식자들로 진화했으며, 거대한 고래가 다른 공룡보다도 더 거대해졌고, 한때 익룡이 날던 하늘을 이제는 피부 날개를 가진 박쥐가 날고 있다.

살아 있는 세계를 완전한 죽음의 세계로 만드는 건 거의 불가능하다. 지질학적 시간의 관점에서 볼 때, 생명의 파괴는 새로운 무언가의 창조일 뿐이다.

공룡의 발밑에서든 오늘날 마다가스카르의 따뜻한 흙 속에서든, 동면하는 모든 포유류는 한동안 보다 파충류에 가까운 생활 방식으로 되돌아간다. 거북이 눈 덮인 연못 밑 무산소 상태의 물속에서 버티듯, 신진대사를 억제하며 풍요롭던 이전 계절에 비축한 자원을 아껴 쓰는 것이다. 결국 온혈동물이었던 동물의 몸이 차가워진다. 이런 전략 덕에 땅다람쥐는 매년 수개월씩 체온을 섭씨 영하 3도까지 낮춰 더없이 혹독한 알래스카의 겨울을 견딜 수 있다.[30] 추위에서 살아남기 위해 냉혈동물이 된다. 이는 먹이 구하는 일이 예측 불가하거나 견디기 힘든 곳에서 살아남는 데 도움이 되는 검증된 해결책이다. 그러나 포유류가 북쪽 기후를 정복하기 훨씬 이전부터, 뱀과 악어 그리고 도마뱀은 더 큰 동물도 견딜 수 없는 곳에서 살아남기 위해 이런 식으로 신진대사를 억제해 왔다.

면적이 1제곱킬로미터도 안 되는 셰다오섬은 중국 동북부 랴오둥반도 해안 앞의 보하이해에 솟아 있는 작은 사암 섬이다.[31] 셰다오섬은 너무 작은 데다 먹이도 부족해 대부분의 동물이 먹고 살기 힘들다. 그러나 셰다오섬이라는 이 섬의 이름이 '뱀 섬'을 뜻하는 데는 그만한 이유가 있다. 이 섬에는 무려 2만 마리의 뱀이 있는데, 전부 글로이디우스 셰다오엔시스 $Gloydius\ shedaoensis$, 즉 '셰다오 살무사'이다.[32] 이 섬에 사는 다른 척추동물은 박쥐 1종, 바닷새 2종 그리고 북방흰허리칼새뿐인데,[33] 이들은 모두 먹이가 부족할 경우 11킬로미터를 날아 육지로 갈 수 있다.[34] 그러나 밝고 어두운 회색 비늘을 나뭇잎 그림자 속에 숨긴 채 나뭇가지에 또아리를 틀고 있는 길이 1미터쯤 되는 이곳의 뱀들은 그럴 수가 없다. 그들은 이 섬의 거주자다. 그리고 설사 떠날 수 있다 해도 떠나지 않을 것이다. 매년 봄과 가을이면 6주 동안 철새 떼가 섬에 내려앉아 덤불과 나무 사이에서 쉬며 먹이를 찾기 때문이다. 사암 협곡의 굴과 틈새에서 기어 나온 셰다오 살무사들은 자신이 좋아하는 나뭇가지로 스르르 올라가 몸 앞부분을 스프링 모양으로 휘감고 머리를 뒤로 제친 채 새가 내려앉기를 기다린다. 이 뱀은 한입에 먹기 좋은 휘파람새나 멧새를 선호하지만, 기회만 주어진다면 메추라기도 삼킬 수 있다.[35]

몇 주간의 매복 사냥을 마치면, 뱀들은 다시 굴로 돌아가 반년 동안 꼼짝 않고 지낸다. 놀랄 만큼 긴 단식 기간이지만, 뱀에게는 특별한 일도 아니다. 알을 잔뜩 품은 암컷 비단뱀은 18개월 동안 단식을 하기도 한다. 그리고 사육 환경에서는 배가 너무 고파 주인한테 화가 난 게 아닌가 싶을 정도로 2년 넘게 아무것도 먹지 않는 뱀들도 있다. 전혀 꼼짝 않는 상황에서도 생리적인 변화는 일어난다.

뱀이 단식을 할 수 있는 것은 단지 신진대사량이 낮기 때문만이 아니라 소화기관을 활용하는 독특한 방식 때문이기도 하다. 장은 뇌나 심장처럼 산소를 많이 쓰는 기관은 아니지만, 그래도 여전히 에너지를 많이 쓰는 기관이다. 음식으로부터 영양분을 흡수하는 우리의 세포들은 늘 끊임없이 교체된다. 그런데 산이 잔뜩 들어 있는 위 안에서 음식이 분해되고 구불구불한 장까지 끊임없이 움직이는 인간의 소화에 반해, 뱀은 소화 활동을 완전히 멈춘다. 뱀의 경우 '쓰지 않으면 잃는다'는 말은 문자 그대로 장에서 일어나는 반응이다. 장이 수축되고 영양분 이동이 멈추면서, 뱀은 혈류를 몸의 다른 부위로 돌린다.

뱀이 다음 먹잇감을 잡으면, 소화기관은 재건되고 다시 활성화되어야 한다. 그런 변화를 일으키기 위해 버마 비단뱀은 신진대사율을 무려 40배까지 늘릴 수 있으며, 그런 고도의 활성 상태를 2주간 유지할 수 있다.[36] (인간은 음식을 많이 먹으면 신진대사율이 식사 전에 비해 절반 정도 늘어난다.[37]) 심지어 이는 비단뱀이 아직 먹이로부터 당이나 지방을 흡수하기 전의 일이다. 먹이는 여전히 목 안에 있을 뿐이다. 이 같은 에너지 폭증은 저장된 에너지에서 나오고, 그 덕에 소화기관은 단 12시간 만에 재건된다.[38] (뱀들은 몇 달간 거의 꼼짝도 않다가 심장을 재건하기도 한다.) 장기 전체를 재가동하려면 많은 에너지가 필요하다. 뱀이 먹이에서 얻는 전체 에너지의 약 4분의 1은 사용된 지방 및 단백질 에너지의 비축분을 보충하는 데 쓰인다. 뱀의 단식에 관한 반응을 연구한 과학자들에 따르면, '몇 달간 쓸모없는 장을 유지하는 것'보다는 이런 전략이 훨씬 효율적이다.[39]

세다오 살무사든 사육 중인 비단뱀이든, 뱀이 된다는 것은 곧 굶는 삶을 산다는 뜻이다. 2016년에 발표된 한 리뷰 논문에 따르면, 다리 없는 이 파충류는 '대개 단식 상태로 존재한다'.[40] 배고픈 상태가 정상이고, 배부른 포식이 예외다.

북극곰은 아마 당신이 생각해 낼 수 있는, 뱀과는 가장 다른 동물일 것이다. 동글동글하고 털이 많으며 팔다리는 강력하고 발은 파티용 접시만 하다. 그럼에도 이들은 매년 4개월에서 8개월간 거의 파충류처럼 단식 기간을 견뎌낸다. 그 기간 내내 수컷은 활동량을 그대로 유지하며 매년 수천 킬로미터를 돌아다니는 한편, 암컷은 새끼들을 위해 굴을 파고 지방이 30퍼센트인 젖을 먹인다.[41] 암컷 북극곰은 또 체액 균형을 유지하기 위해 눈을 먹으며 매년 체중의 절반이 빠지기도 한다. 그러니까 체중 300킬로그램의 임신한 암컷이 160킬로그램짜리 2마리 새끼의 엄마가 되는 것이다.[42] 긴 겨울이 끝나고 봄이 오면, 굶주린 엄마 곰은 물개처럼 지방이 가장 많은 먹이를 실컷 먹어야 하며, 그래야 지상에서 가장 큰 이 포식자가 얼음과 바위뿐인 척박한 세계에서 살아남을 수 있다.[43]

오늘날 생존하고 있는 곰은 8종인데,[44] 북극곰은 아마 그중에서 가장 이례적인 종인지도 모른다(대나무를 먹는 초식동물 판다도 강력한 후보다). 곰과에 속하는 다른 종들은 모두 육상 동물인데 반해, 학명이 우루수스 마리티무스 Ursus maritimus 인 북극곰은 해양 포유류로 삶의 대부분을 떠다니는 부빙 위에서 보내며 사냥을 하기 위해 먼 거리를 헤엄친다. 가장 큰 북극곰은 가장 큰 회색곰과 비슷해 보일 수도 있는데, 체중 차이도 몇 킬로그램밖에 안 나는 데다 북극곰의 경우 털 색깔만 조상들의 갈색에서 지금의 흰색으로 바뀌었기 때문이다. 그러나 이 2종은 사는 곳과 먹는 것이 달라 아예 서로 비교 대상이 되지 못한다. 40년 넘게 북극곰을 연구해 온 앤드루 드로셰 Andrew Derocher는 이렇게 말한다. "완전히 새로운 서식 환경이 만들어진 거예요. 북극곰의 주요 먹이인 고리무늬물범은 북극곰보다 훨씬 오래전부터 여기 있었고, 그래서 북극곰이 나타나 자기들을 잡아먹기 전까지만 해도 정말 행복한 날들을 보냈을 겁니다." 그전에는 범고래가 이 물범들을 사냥했을 텐데, 이제 부빙 위에 북극곰까지 올라와 버렸으니 정말 운도 참 없는 것 같다.

진화 관점에서 볼 때, 몸에 5센티미터 두께의 지방층을 두른다면 그렇게 운 없는 신세가 된다. 비교적 추운 기후에 사는 물범은 아마 바다에서 가장 큰 포식자의 눈에 맛있는 소시지처럼 보일지도 모른다. 북극에 사는 물개는 북극곰의 관점에서 볼 때 '담요에 싸인 돼지고기'와 같다. 북극곰들이 살을 에는 겨울 추위와 매년 4개월씩 지속되는 암흑 그리고 오랫동안 아무것도 먹지 않고 견딜 수 있는 이유가 있다면, 그건 그들이 상상할 수 없을 만큼 칼로리가 높은 뷔페를 발견했기 때문이다. 지방에 대한 엄청난 집착이다.

북극곰은 원래 순록을 잡아먹고 열매를 찾아다니던 동물이었으나, 이제는 물개를 잡아먹는 데 특화된 동물이 되었다. 그들이 물개가 숨 쉬는 구멍을 향해 몰래 다가갈 때, 눈처럼 흰 털 덕분에 큰 몸을 위장할 수 있다. 또한 납작한 두개골과 위쪽을 향한 눈 덕에 수영을 하면서 숨을 쉬고 주위를 살필 수 있다. 그러나 가장 특화된 부분은 북극곰의 몸 안에 있다. 뱀이 이른바 '동화 효율'을 통해 집어삼킨 먹이의 80퍼센트를 자기 몸의 조직으로 바꾸는 데 비해,[45] 북극곰은 물개 지방의 무려 90퍼센트를 자기 몸의 지방으로 바꾼다.[46] 드로셰는 말한다. "북극곰이 존재할 수 있는 게 바로 이 때문이에요. 그들은 돌아다니면서 물개를 죽이고 껍질을 벗겨 지방을 먹고 그걸 자기 몸에 저장한 뒤 다시 물개를 잡으러 다녀요. 이들은 정말 상상을 초월하는 에너지 섭취 능력을 갖고 있어요." 그는 대중 강연에서 북극곰을 '지방 청소기'라고 부른다.

북극곰이 계속 살아갈 수 있는 것은 고리무늬물범 덕이다. 그러나 기회가 된다면 턱수염바다물범이나 부빙 사이에 갇힌 흰돌고래, 바다코끼리처럼 더 큰 먹잇감도 사냥한다. 북극곰은 매번 한 번에 자기 체중의 20퍼센트 가까이 먹어 치울 수 있다.[47] 다시 말해 체중이 500킬로그램인 북극곰은 턱수염바다물범 1마리에서 100킬로그램의 지방을 흡수할 수 있으며, 그중 90킬로그램은 곧장 자기 몸에 저장된다. "어느 해 가을에 체중이 98킬로그램이었는데 그다음 해엔 425킬로그램이 넘은 북극곰도 있었어요." 드로셰는 말한다. "북극곰은 몸 상태가 어마어마하게 변하는 동물이에요."

지방은 탄수화물, 단백질과 함께 지구 생명체의 몸을 구성하는 주요 성분이다. 그러나 인간 문화에서는 지방에 대한 인식이 대개 부정적이다. 군살이 많다거나 과체중 또는 비만이 되면 낙인이 찍히고, 군살이 없고 근육이 많으면 이상적인 상태로 여겨진다. 순전히 의학적인 관점에서 볼 때, 비만과 고지방 식단은 심장 질환과 당뇨병, 생식 능력 저하 같은 건강 문제로 이어질 수 있다. 그러나 야생동물은 아무리 살이 찐다 해도 그런 문제들을 겪는 것 같지 않다. 물개나 수염고래와 같은 해양 포유류의 경우, 그것은 부분적으로 지방세포들의 위치 덕분이다. 즉, 지방이 피부 아래층에 저장되어 각종 장기와 근육이 자유롭게 신축 작용을 하고 상호작용할 수 있는 것이다. 지방이 안전하게 저장되는 한, 지방 축적은 문제가 되지 않는다. 반면 비만인 인간의 경우, 지방은 온몸에 저장되며(이를 내장

지방이라 한다), 심장과 폐, 혈관 등을 억누르는 방식으로 에워싸서 각 장기가 더 죽어라 일을 하게 만든다. 걷기 같은 움직임 역시 방해받는다. 그러나 20~40센티미터 두께의 지방층을 가진 북극고래의 경우[48] 매년 1,500킬로미터를 이동하며[49] 200년 넘게 산다.[50]

  자연 상태에서 비만은 먹이가 항상 존재하지 않는 곳에서 살아남는 데 더없이 중요한 수단이 되기도 한다. 예를 들어 심지어 1년 내내 먹이가 풍부한 열대 지역 근처에서도, 동물들 간에 경쟁이 너무 치열할 경우 먹을 수 있을 때 최대한 많이 먹어두는 것이 적절한 전략이다. 또한 과식을 하면 충분한 에너지를 비축할 수 있어, 불가피하게 먹이가 부족한 시기에도 견딜 수 있다. 북극곰의 경우 같은 곳에서도 계절 변화에 따라 극심한 단식기를 갖는다. 마찬가지로, 남극의 황제펭귄도 바다로 되돌아가 다시 먹이를 먹을 수 있을 때까지 거의 꼼짝하지 않고 몇 개월씩 단식한다. 포유류든 조류든, 단식 과정은 세 단계를 거친다.[51] 첫 번째 단계인 아무것도 먹지 않는 처음 며칠간은 비축했던 지방이 쓰이기 시작하면서 처음으로 체중이 줄어든다. 두 번째 단계는 몇 주 동안 지속되기도 하는데, 이때는 지방과 단백질 비축분이 대거 쓰이면서 포도당으로 전환되어 몸의 세포들에 에너지를 제공한다(왕펭귄의 새끼는 이 단식 단계를 무려 4개월간 유지할 수 있다[52]). 세 번째 단계에서는 지방 비축분이 거의 다 사라지고, 몸이 근육과 장기처럼 지방이 없는 조직까지 소모하기 시작한다. 이 마지막 단계에서 체중은 급감하고 영양분은 고갈된다. 학술 문헌에 공식적으로 쓰이고 있진 않지만, 네 번째 단계는 먹이를 다시 먹거나 굶어 죽거나 둘 중에 하나다.

몸이 자기 자신을 태워 에너지로 쓰는 동안에는 에너지 소비를 줄이는 것이 생존에 유리하다. 그래서 계절 단위의 단식 기간에 부빙 위를 뒤뚱거리며 돌아다니기로 마음먹은 왕펭귄보다는 가만히 서 있는 왕펭귄이 훨씬 더 오래 살아남는다. 마찬가지로, 4개월간의 겨울 암흑기 동안 끝없이 걸어 다니는 북극곰보다는 수시로 낮잠을 자는 북극곰이 더 오래 살아남는다. 그렇다고 해서 단식이 곧 '꼼짝하지 않음'을 뜻한다는 건 아니다. 캘리포니아 해안으로 기어 올라오는 코끼리물범의 경우, 수컷은 자신의 암컷을 지키고 짝짓기를 하면서 최대 9주 동안 아무것도 먹지 않으며,[53] 암컷은 4주 동안 자신의 지방 비축분을 지방이 많은 젖으로 바꾼다.[54] 9주 동안 아무것도 먹지 못하는 상태에서 이들을 버티게 해주는 생명줄은 지방이다. 물개의 지방이 이 동물들의 생리 현상에 미치는 영향을 연구 중인 스코틀랜드 애버테이대학교의 킴벌리 베넷 Kimberley Bennett 교수는 이렇게 말한다. "그동안 지방은 그저 동물들의 몸을 따뜻하게 해주는 역할만 한다고 추정되어 왔어요. 그런데 대부분의 해양 포유류는 번식 등 다른 일을 하느라 오래 먹이를 구하지 못하는 때가 있어요. 아니면 아예 먹이 공급이 제대로 안 되는 해도 있죠. 그래서 일종의 에너지 비축분이 필요한 거예요." 수컷 코끼리물범은 적극적으로 자기 암컷을 지키느라 체중이 3분의 1 넘게 빠지기도 한다 (체중이 3톤까지 나가는 동물이니 말 그대로 1톤 가까이 빠질 수도 있는 것이다).[55] 번식기가 끝나면, 성체들은 바다로 돌아가 다시 지방 비축분을 채운다. 그러나 어린 새끼들은 젖을 떼고 난 뒤 먹이를 전혀 얻지 못하는 상태로 남겨지며, 이후 4개월간은 먹이를 먹지 못할 수도 있다.[56] 코끼리물범은 아마 그 어떤 동물보다 더 먹을 게 없는 세상에 내던져지는 동물일 것이다.

동아프리카 리프트 계곡에서 시작된 우리의 기원을 되짚어 보든 초기 인류가 지구 곳곳을 떠돌던 먼 옛날을 되짚어 보든, 호모 사피엔스는 오랫동안 식량이 부족한 시기를 겪어야 했다. 영양을 사냥하든 열매를 찾아다니든, 먹잇감이나 꽃피는 식물의 계절적 변화로 인해 단식이 불가피한 시기가 오곤 했다. 우리 조상들이 북쪽으로 더 올라갈수록 겨울은 더 혹독해졌다. 2019년 〈뉴잉글랜드 의학저널New England Journal of Medicine〉에 실린 한 논문에서 저자들은 이렇게 말한다. "인류의 조상들은 지금의 우리처럼 매일 규칙적으로 세 번 푸짐한 식사를 하고 간식까지 먹지 않았고 앉아서 지내는 생활을 하지도 않았다."[57] 저자들은 단식이 인류의 과거와 다시 연결되는 행위라고 주장한다.

그러나 단식은 단순히 과거와 연결되는 행위 그 이상의 것이다. 단식은 대부분의 동물이 공유하는 현실에 대한 생물학적 반응이다. 2장에서 만났던 벌거숭이두더지쥐는 먹이가 제한적임에도 불구하고 암에 걸리지 않고 놀랄 만큼 오래 산다. 유럽 남동부의 디나릭 알프스산맥 아래에 사는 한 동굴 도롱뇽은 10년간 먹지 않아도 되지만 무려 100년 넘게 산다.[58] 실험실의 다른 동료 원숭이들보다 칼로리를 30퍼센트 덜 섭취한 40살 난 붉은털원숭이는 자기 나이의 반밖에 안 되는 동료 원숭이만큼이나 젊어 보이고, 털은 여전히 많고 붉으며, 피부도 처지지 않고, 암이나 다른 노화 관련 질병의 징후도 없다.[59] 인간과 생쥐, 붉은털원숭이 등의 동물 모델에서 이루어진 연구들에 따르면, 칼로리 섭취를 줄이거나 식사 간격을 늘리면 수명은 늘고 암, 당뇨병, 치매 같은 노화 관련 질병은 줄어든다.[60]

일주일에 이틀간 단식을 하든 칼로리 섭취를 20~40퍼센트 줄이든, 인간을 비롯한 동물의 몸속에서는 동일한 생물학적 과정이 나타난다. 단식을 시작하고 몇 시간 후면, 신진대사가 간에서 분비된 포도당을 태우는 과정에서 지방 조직으로부터 중성지방을 운반하는 과정으로 바뀌는 것이다. 그 중성지방은 간에서 다시 케톤체로 전환되어, 고갈된 포도당 대신 몸의 세포들에 에너지를 공급한다. 케톤체는 연료일 뿐 아니라 신호 분자이기도 해서, 각 세포에 현재 영양 결핍 상태임을 알려 몸이 보다 효율적으로 움직이도록 한다.[61] 항산화 방어도 강화된다. DNA도 복구된다. 오래된 단백질은 분해되어 재활용된다. 생명체는 먹을 것이 없을 때 회복력이 더 높아진다.

북극곰이나 코끼리물범이 아무것도 먹지 않고 수개월을 버티는 것 자체도 놀라운 일이지만, 그런 다음 바로 먹이를 실컷 먹는 행위는 우리가 아직도 제대로 이해 못 하는 진화의 경이로움이다. 인간의 경우, 굶주리고 있다가 바로 평상시처럼 식사를 하면 이른바 '재급식 증후군' 상태에 빠지게 된다.[62] 이는 며칠 또는 몇 주 동안 아무것도 먹지 않다가 갑자기 평상시의 식사로 돌아갈 때 빠질 수 있는 치명적인 상태로, 사망에 이를 수도 있는 현상이라고 오랜 기간 알려져 왔다. 한때 기근 후나 전쟁 포로 석방 후에 다시 음식을 먹고 미스터리한 죽음을 맞는 경우가 많았다. 그러나 제2차 세계대전이 끝난 뒤(그리고 일본군 포로수용소나 강제수용소에서 많은 사람이 석방된 뒤), 그 같은 죽음을 설명해 줄 생화학적 이유가 소상히 밝혀졌다. 재급식 증후군 상태에 빠지면 많은 합병증이 나타나 결국 죽음에 이를 수 있다. 그 주요 원인은 인의 부족이다.[63] 인은 세포막을 온전히 지키고 세포 내에 에너지를 공급하며 몸 전체에 산소를 운반하는 데 꼭 필요한 미네랄이다.[64] 음식에서 인을 섭취하지 못해 이미 인이 고갈된 몸에 다시 음식이 들어오면 남아 있던 마지막 소량의 인마저 소모되며, 그 결과 심장마비 등의 문제로 죽음에 이를 수 있다. 재급식 증후군은 오늘날에도 흔하지만, 위험성을 간과해 제대로 치료되지 못하는 경우가 많다. 우울증이나 알코올 중독 또는 거식증에 걸린 사람들의 경우, 5일 동안 음식을 먹지 않다가 다시 음식을 먹을 때 문제가 생길 수 있다.[65]

지방은 힘든 시기에 생명을 유지하고 에너지를 한껏 충전해 준다. 그런데 최근 수십 년간 에너지 풍부한 이 자원이 오염되고 있다.

그것은 우리 주변에서 가장 흔히 볼 수 있는 오염물질 중 하나이자 '영영 사라지지 않는 화학물질'로 알려진 폴리-플루오로-알킬 물질PFAS의 지용성, 즉 '지방 친화성' 때문이다. 북극곰은 먹이사슬의 맨 꼭대기에 있기 때문에, 아래쪽에 있는 먹잇감들로부터 쌓여온 오염물질이 계속 몸 안에 축적된다. 광합성을 하는 바닷속 조류는 갑각류의 먹이가 되고 그 갑각류는 다시 물개의 먹이가 되는 식으로, 영영 사라지지 않는 화학물질과 수은이 몽땅 먹잇감과 포식자 간의 먹이사슬을 통해 북극곰까지 전해지는 것이다. 앤드루 드로셰는 이 모든 상황을 이렇게 요약한다. "북극곰은 심하게 오염되어 있습니다."

곰의 세포 조직에서 수백 종의 다양한 산업 오염물질이 발견되는 것은 드문 일이 아니다. 최근에 진행된 한 연구에서, 유기 화학자들은 자신들의 샘플에 포함된 많은 화학물질을 식별할 수조차 없었다. 산업 제조 과정에서 환경으로 방출되는 폴리-플루오로-알킬 물질은 우리 주변에서도 흔히 발견된다. 우비든 장화든 텐트든, 방수 코팅이 된 물건은 서서히 그 보호막이 벗겨진다. 그 보호막은 얼룩을 막고 물을 튕겨내는 폴리-플루오로-알킬 물질로 만들어진다. 게다가 더 심각한 문제는 바람의 패턴과 해류가 이런 화학물질을 극지방 쪽으로 밀어붙이는 경향이 있다는 것이다. 우리가 뭔가를 구입하면서 버튼을 클릭하거나 화면을 터치해 선택하는 것들이 지구상의 가장 외진 곳들에까지 지대한 영향을 미칠 수 있는 것이다.

화학물질이 실제 북극곰들에게 해를 끼치느냐 아니냐 하는 것은 또 다른 문제다. 헬리 루티Heli Routti와 사브리나 타르투Sabrina Tartu 연구진이 진행한 연구에 따르면, 영영 사라지지 않는 일부 화학물질은 암컷 북극곰의 지방 생성(그리고 그 이후의 저장) 속도를 떨어뜨린다.[66] 또한 그들은 그 화학물이 지방의 합성, 동원 및 분해에 관여하는 갑상선 호르몬에 영향을 준다는 증거도 발견했다. 루티와 그녀의 동료들은 노르웨이 스발바르드 제도에서 119마리의 북극곰을 연구했는데, 그 당시 떠다니는 부빙의 면적이 그 이전 해에 비해 12.5퍼센트밖에 되지 않았다. 대부분의 스발바르 제도에는 얼음이 없는 상태였다. 암컷 북극곰은 1년에 4~8개월간 단식하며 새끼들에게 젖을 먹이기 때문에, 상당수의 건강 상태가 안 좋았고 혈액 샘플에서 '영양 부족으로 인한 생리적 스트레스' 징후들이 보였다.

암컷 북극곰은 아무것도 먹지 않을 때 매일 체중이 약 1킬로그램씩 빠진다. 8개월간의 단식 중에 240킬로그램이 빠지는데, 이는 몸을 따뜻하게 하고 제 기능을 할 수 있도록 하기 위해 지방을 태우는 데다 젖이 새끼들에게 흘러가기 때문이다. 부글부글 끓는 스튜에서 나오는 김처럼 지방세포는 사라지지만 그 안에 들어 있는 영영 사라지지 않는 화학물질은 암컷의 혈류 속에 농축된다. 체중이 1킬로그램도 안 되는 작은 솜뭉치 같은 새끼들이 태어날 무렵, 어미의 젖은 자신의 오염된 세포 조직으로부터 직접 지방을 끌어와 생성된다. 드로셰는 이렇게 말한다. "이제 새끼들이 엄마로부터 아주 심한 오염물질을 받게 되는 겁니다." 루티의 북극곰 연구 외에 인간을 대상으로 한 연구들에서는 이런 식의 오염이 학습 능력에 악영향을 끼칠 수 있다는 사실이 드러났다. 드로셰는 이렇게 말한다. "북극에서는 학습 능력이 떨어지면 죽는 겁니다."

그럼에도, 내가 얘기를 나눠본 북극곰 연구자들은 자신들이 연구하는 북극곰의 끈질긴 생존력에 놀라고 또 희망을 얻는다고 말한다. 캐나다의 처칠에서도, 그린란드 동부에서도 그리고 스발바르 제도에서도 전부 마찬가지였다. 북극곰들은 심하게 오염되어 있고, 그들의 사냥터인 얼음은 매년 늦게 형성되고 일찍 사라지지만, 그들은 계속 존재한다. "북극곰들은 똑똑해요"라고 워싱턴대학교의 극지방 전문 과학자 크리스틴 라이드레 Kristin Laidre는 말한다. "해변에 그냥 멀뚱히 서 있기만 하는 게 아니라… 살아남으려고 애쓰는 거예요." 북극곰들에게 바다새 알과 고래 사체는 얼음 없는 긴 기간을 버틸 수 있게 해주는 생명줄이 되어준다. 스발바르 제도의 일부 북극곰은 얼음이 사라지면 순록을 사냥하기 시작하는데, 그럴 때면 순록을 자신들이 가장 자신 있는 장소인 물속으로 몰아넣고 공격한다.[67] 라이드레가 북극곰을 연구하는 그린란드에서는(헬리콥터의 도움을 받는다), 고립된 북극곰 개체들이 빙하 위로 기어 올라오는 물개를 사냥함으로써 짧은 사냥철을 조금 더 늘리기도 한다.[68] 그러나 얼음이 녹아 더 이상 먹잇감들이 기어 올라올 수 없는 곳에서는 북극곰의 서식지가 더 북쪽으로 옮겨가기도 한다. 한때는 북극곰 자신들조차 살 수 없었던 척박한 곳으로 말이다.

북극은 두 가지 종류의 얼음, 즉 일년생 얼음과 다년생 얼음으로 이루어져 있다. 전자는 북극곰이 사냥하는 곳으로, 계절에 따라 해양 표면을 덮는 얼음 층이다. 다년생 얼음은 이름 그대로 여러 해에 걸쳐 형성되기 때문에 훨씬 두껍다. 우리의 발아래 놓인 지층처럼, 다년생 얼음 또한 여러 층이 쌓여 그 두께가 몇 미터에 이른다. 지구를 식히고 해수면을 낮게 유지하는 데 중요한 역할을 하는 이 다년생 얼음에 대해 라이드레는 이렇게 말한다. "다년생 얼음은 생산적인 생태계는 못 됩니다. 너무 두꺼워서 햇빛이 통과할 수 없거든요. 그러나 그 얼음이 얇아지면 상황은 나아집니다. 실제로 더 많은 종이 나타나고 생산성도 더 높아지는 거죠." 물개들은 숨 쉬는 데 필요한 구멍들을 계속 확보하게 되고, 햇빛 덕에 먹이사슬의 맨 밑에 떠다니는 조류와 기타 다른 플랑크톤의 성장이 촉진된다. 북극의 얼음이 녹으면서 새로운 생태계가 등장하고 있다. 물개와 그 새끼들 그리고 굶주리고 과도하게 지방이 축적된 북극곰이 끊임없이 변화하는 생태계다.

그러나 이는 일시적인 이점에 지나지 않는다고 라이드레는 경고한다. 북극 생태계의 생산성은 북극점 쪽으로 옮겨가겠지만, 지구에는 이 생태계가 옮겨갈 수 있는 공간이 그리 많지 않다. 다년생 얼음이 매년 생겨나는 일년생 얼음으로 바뀌고 나면, 그다음 단계는 지구 꼭대기의 북극 지역이 매년 생겨나는 액체 수역, 즉 바다로 변하는 단계다. 이와 관련해 라이드레는 이렇게 말한다. "여러 가지 시나리오를 예측해 볼 수 있지만, 그 결과는 우리가 어떤 모델을 사용하는가, 그리고 인간의 행동, 인간의 이산화탄소 배출에 관해 어떤 입력값을 넣는가에 따라 크게 달라집니다. 앞으로 10년 내지 20년 안에 여름에 얼음 없는 북극을 보게 될 거라는 확실한 증거가 많습니다."

얼음 없는 북극 생태계가 점점 북쪽으로 이동하고 있다는 것은 지금이 이산화탄소 배출을 억제할 마지막 기회라는 의미이기도 하다. 녹아서 물이 되어 뚝뚝 떨어지는 얼음 모래시계를 상상해 보라. 라이드레는 말한다. "북극 서식지가 얼마나 빨리 사라질지는 전 세계적인 우리의 행동에, 그리고 우리가 얼마나 빨리 지구를 데우는지에 달렸습니다." 현재의 예측이 암울한 그림을 보여준다는 데는 의심의 여지가 없다. 북극의 해빙은 지금 북극곰의 서식지뿐 아니라 계절적인 얼음 세계에 맞춰 진화해 온 다른 모든 생명체의 삶까지 변화시키고 있다. 물개는 어디에서 새끼를 키우게 될까? 일각고래는 어디에서 포식자인 범고래로부터 피신할 수 있을까? 매년 주기적으로 형성되는 얼음 층에 의존해 생계를 이어온 이누이트족의 문화는 어찌 될까? 오늘날 극지방 과학자가 된다는 건 마치 암 전문가가 되는 것과 아주 비슷하다면서 그는 내게 이렇게 말한다. "매일 자신이 하는 일이 얼마나 우울한지, 또 자신이 전해야 할 소식이 얼마나 서글픈 일인지만 생각한다면 정말 끔찍한 일일 거예요. 그래서 어느 정도 그런 감정들을 멀리하고 사실을 있는 그대로 받아들여야 해요." 물론 지금 얼음이 녹고 있다. 일부 북극곰은 굶주리고 있다. 그러나 아직 회복할 가능성은 있다. 매년 형성되는 단단한 얼음 층 위에서 계속 물개 사냥을 할 수 있는 북극곰이 아직은 많기 때문이다.

"스발바르 제도에는 부빙의 상태가 달라지고 있는데도 떠나지 않는 현지 북극곰들이 있습니다." 노르웨이 극지연구소의 과학자 욘 오르스Jon Aars는 내게 말한다. 이 지역들에서는 지난 20여 년간 얼음이 녹는 봄과 다시 얼어붙는 가을까지의 기간이 두 달 늘어났다. 다음은 오르스의 말이다. "여기 북극곰들은 괜찮아요. 건강 상태도 나빠지지 않았고요. 번식도 하며 살아남았습니다. 그러나 이후 어느 시점이 되면 점점 더 힘들어지기 시작할 겁니다. 바다 얼음이 계속 줄어들 것으로 예측되니까요. 한계가 있는 것 같아요. 이들이 살아남으려면 1년 중 일정 기간에 바다 얼음 위에서 물개들을 사냥할 수 있어야 하거든요."

먹이가 다 떨어지면 커먼 푸어윌은 동면을 하지만, 대부분의 새는 자신의 놀라운 능력을 이용해 한 장소에서 다른 장소로 이동한다. 깃털로 된 단단한 날개를 이용해, 새들은 하늘로 날아올라 날개를 퍼덕여 솟구쳤다가 미끄러지듯 내려와 새로운 장소로 옮겨간다. 커먼 푸어윌처럼 먹잇감이 돌아오길 기다리는 게 아니라 계절에 따른 먹잇감의 이동을 따라가는 것이다. 한때 새들은 힘겨운 시기가 와도 장소를 거의 옮기지 않는 집순이, 집돌이로 여겨졌으나, 이제 조류의 이동은 지방세포를 동력 삼아 끊임없이 날갯짓하며 날아가는 전 세계적인 움직임으로 알려져 있다.[69] 큰부리도요는 정원에서 흔히 볼 수 있는 검은지빠귀만 한 크기에 흰색 가슴을 가진 작은 도요새로, 겨울을 나기 위해 북극 번식지를 떠나 남반구로 날아간다. 1만 킬로미터에 달하는 장거리를 이동하며 에너지 보충을 위해 여러 장소를 경유한다. 북극제비갈매기는 매년 극지에서 극지로 날아가는데, 이는 무려 8만 킬로미터에 달하는 긴 여정이다.[70] 영국의 여름 하늘을 가르며 날아가는 제비들은 사하라 이남 아프리카의 겨울 서식지에서부터 9,500킬로미터 이상을 이동한다.

경로도 다르고 거리도 다르지만, 목적은 모두 비슷하다. 먼 거리를 이동하여 생존에 유리한 시기를 늘리고 혹독한 시기를 피하려는 것이다. 철새들은 이처럼 계절에 따른 기근이나 얼어붙을 듯한 추운 북쪽 겨울의 어둠을 견디는 대신 며칠간의 놀라운 몸놀림으로 고된 시기를 빨리 끝내버린다.

이런 특성이 가장 뚜렷이 드러나는 새가 큰뒷부리도요인데, 평범하게 생긴 이 도요새는 알래스카 북부에서 뉴질랜드까지 태평양을 가로질러 1만 1,000킬로미터 넘는 여정을 멈추지 않고 날아간다. 2007년, E7으로 알려진 한 암컷 큰뒷부리도요는 이 긴 여정을 9일 만에 완주했다.[71] 그 어떤 먹이도 물도 못 먹고 잠도 못 잔 상태에서 그녀의 신진대사율은 쉬고 있을 때보다 무려 열 배나 높았고 긴 여정 내내 계속 날개를 퍼득인 것으로 추정된다. 2009년에 발표된 한 논문에선 이런 말이 나온다. "이러한 논스톱 비행에서 우리는 척추동물의 비행 능력에 있어 새로운 한계를 봤다."[72] 그 논문 저자들은 이런 말도 덧붙였다. "오늘날의 동물에너지학 관련 문헌을 통틀어,

단식의 달인들

9일간 아무것도 못 먹고 쉬지도 못한 상태에서 이렇게 높은 신진대사율을 유지한 동물은 전례가 없다."

이 새의 지구력을 이해한다는 것은 거의 불가능에 가깝다. 세계 최고의 마라톤 선수조차 아무것도 못 먹고 끊임없이 달릴 수 있는 한계가 2시간에 불과하다는 사실을 떠올리면 도움이 될지 모르겠다. 2022년, 한 수컷 큰뒷부리도요는 무려 237시간(거의 열흘) 동안 비행한 것으로 기록됐다.[73] 큰뒷부리도요가 매년 이런 장거리 이동에 필요한 에너지를 비축하려면 믿을 수 없을 만큼 살이 쪄야 한다. 그래서 이들은 알래스카의 갯벌, 특히 무척추동물이 풍부하면서 포식자가 적은 모래와 진흙으로 이루어진 피난처인 유콘-쿠스코킴 삼각주에서 조개와 지렁이를 잔뜩 잡아먹는다.[74] 얕은 물에서 약간 위로 휘어진 긴 부리를 이용해 마치 재봉틀 바늘처럼 위아래로 쉴 새 없이 찔러대며 북극의 여름에 필요한 칼로리를 섭취한다. 단백질이든 탄수화물이든 일단 소화가 되면, 남는 칼로리는 지방으로 전환되어 체내 곳곳에 위치한 '지방세포' 안에 저장된다. "지방세포는 기본적으로 얇은 세포막과 세포핵으로 둘러싸인 기름방울 같은 것입니다." 웨스턴온타리오대학교 연구자인 크리스 구글리엘모Chris Guglielmo의 말이다. "지방세포는 부풀기도 하고 줄어들기도 합니다. 그래서 새들이 살이 찌면 이 지방세포 또한 실제로 커집니다." 지방세포는 주로 복부 지방층과 피부 아래쪽에 저장되지만, 새의 장을 따라 늘어서 있기도 하다. 다시 말해 큰뒷부리도요는 내장지방과 피하지방을 다 갖고 있는 것이다. 북극의 여름이 끝날 때쯤,

일부 새들의 지방은 체중의 50퍼센트가 넘는다.[75] "8월 알래스카의 큰뒷부리도요는 마치 날아다니는 소프트볼 같습니다. 지방으로 잔뜩 부풀어 올라 몸이 아주 둥글고, 조그만 머리가 빼죽 튀어나와 있으며, 가슴과 배가 심하게 부풀어 있고, 그 아래쪽에는 두터운 지방층이 있습니다." 은퇴한 북극 현장 생물학자로 지금도 계속 큰뒷부리도요의 이동에 관한 연구를 발표하고 있는 있는 밥 길$^{Bob\ Gill}$의 말이다. 그는 바람이 도와주지 않을 때 이 새들이 날아오르는 데 아주 애먹는다는 사실도 알아냈다. 2018년에 발표한 한 논문에서 구글리엘모는 이 새를 '비만한 슈퍼 운동선수'라고 불렀다.[76]

지방과 운동 지구력은 보통 잘 연결이 되지 않지만, 철새의 입장에서 비만은 단연코 최선의 선택이다. 같은 무게일 경우, 지방은 포도당보다 여덟 배나 더 많은 에너지를 낼 수 있다.[77] 이는 지방의 화학 구조 때문이다. 동물이 세포에 에너지를 공급하기 위해 쓸 수 있는 지방 형태를 지방산이라 하는데, 지방산은 탄소 원자들과 수소 원자들이 연결된 긴 사슬 형태로 되어 있으며 그 끝에는 작은 산 작용기가 붙어 있다. 그리고 끝부분의 산 작용기에만 산소 원자가 두어 개 포함돼 있다. 화학식은 $C_{16}H_{32}O_2$이다. 이제 이걸 포도당의 화학식 $C_6H_{12}O_6$과 비교해 보자. 탄소 원자와 산소 원자의 비율이 훨씬 높아, 포도당은 1대 1인 데 반해 지방산은 8대 1이다. 그리고 이 비율은 분자가 산소와 함께 연소될 때 중요하다. 포도당은 화학 구조에서 산소 비율이 높기 때문에, 무게의 상당 부분이 더 이상의 에너지를 방출할 수 없는 원자의 무게다. 대신 산소는 수소와 결합해 물이 된다. 그러나 지방산은 거의 전적으로 탄소와 수소 원자들로 이루어지는데, 이는 우리가 도로 위를 달리는 차량이나 하늘을 나는 비행기에 에너지를 공급하는 탄화수소의 연결 구조와 같다. "지방산은 휘발유에 더 가깝습니다." 구글리엘모의 말이다.

또한 지방은 물에 녹지 않기 때문에, 단백질이나 탄수화물과는 달리 건조한 상태로 저장할 수 있어 무게를 줄일 수 있다. 구글리엘모는 말한다. "지방은 아주 적은 무게로 많은 에너지를 저장하려 할 때 합리적인 선택이고, 하늘을 나는 동물들에게는 가장 중요해서 아껴 써야 할 자원이기도 하죠."

그런데 여기에 문제가 있다. 포도당과는 달리, 지방산은 단순히 혈액 속으로 분비된다고 해서 꼭 하늘을 나는 데 필요한 근육까지 도달하는 건 아니기 때문이다. 지방은 물에 안 녹는 특성이 있어서 가볍기도 하지만 몸무게의 60퍼센트가 물인 동물의 몸 안에서 제대로 퍼져 나가지도 못한다. 지방이 물에 녹지 않는 문제를 해결하기 위해 큰뒷부리도요 같은 철새들은 몸속에 '분자 가이드'를 잔뜩 집어넣는다. 그 가이드들이 지방세포에서 분비된 지방산에 달라붙어 필요한 곳, 즉 주로 비행 근육과 폐로 운반한다.[78] 구글리엘모는 말한다. "그리고 바로 그런 점에서 포유동물은 뒤처집니다. 우리는 지방산 신진대사의 운반 단계부터 형편없어요. 마라톤을 할 때조차 우리는 글리코겐과 포도당에 의존해야 하고… 지방은 제대로 활용하지 못하거든요."

그러나 큰뒷부리도요 같은 철새들은 장거리 이동 직전에 이러한 운반 단백질에 많은 투자를 함으로써 동물의 왕국에서 가장 풍부한 에너지를 바로 손쉽게 활용할 수 있다. 이들은 뉴질랜드에 도착해서도 바로 푸짐한 식사를 시작하지 않는다. 잠을 자야 해서다. 일부 새의 경우 대양을 건너는 장거리 비행 중에도 잠에 들었다 깼다를 반복한다는 증거도 있지만, 큰뒷부리도요의 경우 분명 여전히 재충전을 필요로 한다.[79] "이들은 도착하는 대로 등에 난 깃털 밑에 머리를 쑤셔 넣고 하루 종일 기절하듯 잠을 잡니다." 밥 길의 말이다. 열흘간의 논스톱 비행을 끝내고 온종일 잠을 잔 뒤에야, 큰뒷부리도요는 비로소 남반구 여름의 먹이를 먹기 시작한다. 3월이 되면 이들은 다시 북반구로 돌아가며, 중국의 황해에 잠시 들른 뒤 5,000킬로미터를 더 날아 북극 툰드라 지역으로 돌아가 다시 번식하고 실컷 먹는다.[80] 가장 혹독한 겨울에 그야말로 꼼짝도 하지 않는 식으로 진화에 성공한 커먼 푸어윌과 달리, 큰뒷부리도요는 순전히 그 겨울을 피하기 위해 평생 50만 킬로미터 이상을 날아간다. 달까지도 거뜬히 갈 수 있는 거리다.[81] 적어도 큰뒷부리도요에게 가장 힘든 시기를 피하는 일이란 몸을 완전한 탈진 상태까지 몰아붙인다는 의미다. 아주 정교한 지방 운반 시스템을 지닌 새만 쓸 수 있는 극단적인 생존 방식이다.

2부

극한 환경과 진화

그럼에도
살아남은
동물들

4장

얼어야 산다

극저온

역사상 대부분의 시간 동안 남극은 따뜻한 곳이었다. 남반구에 모여 있던 남극과 남아메리카, 호주, 아프리카 그리고 인도가 '곤드와나'Gondwana라는 대체로 따뜻한 남부 초대륙을 형성했다.[1] 그 북쪽의 상당 부분은 '판탈라시아'Pantalassia라는 거대한 바다였다. 그런데 2억 년 전부터 이 초대륙의 결속력이 지구 내부의 격동으로 인해 깨지기 시작하면서 오늘날 우리에게 친숙한 대륙이 형성됐다. 아프리카는 적도 쪽으로 이동했다. 인도는 빠른 속도로 바다를 가로질러 아시아 아대륙과 충돌했으며, 그 충돌로 인해 오늘날 세계에서 가장 높은 산맥인 히말라야가 생겨났다. 호주와 그 남동쪽의 섬 태즈메이니아는 오세아니아 지역에 고립됐다. 지구에서 탯줄처럼 뻗어 나온 남극반도는 초대륙 해체 시기의 대부분을 남아메리카의 남쪽 끝에 붙어 있었다. 그러나 약 3,000만 년 전, 그러니까 포유동물이 놀랍도록 다양한 크기와 모양의 동물(예를 들어 거대한 나무늘보와 자동차만큼 큰 아르마딜로)로 자라나던 시기에, 이 탯줄 같은 남극반도가 끊어졌다.[2] 그 틈새로 대서양과 태평양이 몰려들면서 충돌했고, 그 결과 전혀 다른 새로운 바다가 탄생했다. 그리고 남극해의 소용돌이에 에워싸인 남극은 서서히 깊은 냉각 상태에 빠졌다.

얼어야 산다

어떤 육지도 이 흐름을 막지 못하게 되자, 남극해는 아무 방해 없이 새로 고립된 대륙을 에워싼 채 소용돌이쳤다. 그리고 더 이상 북쪽 열대 기후의 영향을 받지 않게 되자, 남극은 오직 자기만의 요동치는 순환 해류 속에 잠겼다. 그 해류는 이제 거의 모든 외부 생명체에게 장벽이나 다름없었다.[3] 온기도 그 안으로 침투할 수 없었다. 이 경계선을 넘어갈 수 있는 동물들도 거의 없었다. 이동 중인 고래들처럼 가장 막강한 수영 실력을 가진 동물들에게도 기온이 수 킬로미터 내에서 갑자기 3~4도씩 떨어지는 것처럼 느껴졌다.[4] 그야말로 전혀 다른 세계로 넘어가는 순간이었던 것이다.

남극은 남아메리카에서 분리된 이후 꾸준히 냉각되어 왔다. 최초의 빙상 ice sheet(대륙의 넓은 지역을 덮은 빙하-옮긴이)은 지질학적 측면에서 볼 때 아주 일찍, 약 3,000만 년 전에 형성된 것으로 추정된다.[5] 그러나 두꺼운 빙상과 총빙 pack ice(바다에 떠다니는 얼음들이 모여서 언덕처럼 얼어붙은 것-옮긴이)이 가득한 연안 해역으로 이루어진 대륙이 형성된 것은 1,400만 년 전의 일이다.[6] 남극은 가파른 산맥으로 인해 훨씬 작은 서쪽 지역과 끝없이 펼쳐진 동쪽 얼음 평원 지역으로 나뉘며 바람이 많이 분다. 산꼭대기에서부터 중력에 의해 끌려 내려오는 아주 차갑고 밀도 높은 공기로 인해 이른바 '카타바틱' Katabatic 바람이 생겨나기도 한다. 이 바람은 얼음 결정들과 눈을 끌어 모으면서 아래로 내려오며, 연이어 몇 주 동안 시속 130킬로미터의 속도로 거칠게 몰아친다.[7] 또한 남극은 1년 중 8개월간 완전히 어둡거나 끝없이 밝다.

이곳의 기온은 지구의 그 어느 곳과도 다르다. 1983년 7월 21일, 동부 남극 대륙 남쪽에선 작업 중이던 러시아 과학자들에 의해 섭씨 영하 89도가 기록되기도 했다.[8] 이는 지상에서 관측된 지구상 최저 기온이다. 그 이후 위성 기반의 관측에서는 섭씨 영하 98도까지 기록됐다.[9]

결국 이 모든 사실로 미루어볼 때 남극은 아주 고립되고 혹독한 곳이다. 그러니 상상해 보라. 1902년 RRS 디스커버리호를 타고 험한 남극해에서 몇 주를 고군분투한 3등 항해사 레지널드 스켈턴 Reginald Skelton이 세계에서 가장 높은 파도를 헤쳐나간 끝에, 남극 해안의 총빙 위에서 새들이 살고 있는 데다 그들이 갓 부화된 새끼까지 키우고 있는 모습을 봤을 때 얼마나 놀랐겠는가.[10] 솜털이 난 황제펭귄 새끼들이 어미의 발 위쪽 접힌 피부 덮개 아래 옹기종기 모여서 있는 장면은 마치 대자연이 만들어 낸 농담 같았을 것이다. '당신의 여정이 힘들었다고 생각하나? 이 새들은 당신이 지나온 빙산 사이를 유유히 헤엄쳐 다닌다. 그리고 그들이 처음 느낀 단단한 땅은 흙이 아니라 얼음이다.'

이후의 탐험가들은 또 다른 펭귄종인 아델리펭귄을 발견했다. 아델리 Adelie라는 이름은 탐험가 쥘 뒤몽 뒤르빌 Jules Dumont d'Urville이 이끄는 탐험대가 이 펭귄의 표본을 처음 채집한 지역인 아델리 랜드 Adelie Land에서 따온 것이다(아델리 랜드라는 지명은 뒤르빌의 아내 아델 Adèle에서 따왔다). 황제펭귄보다 작고, 화려한 주황색 뺨도 없는 아델리펭귄은 그들이 좋아하는 미끄러운 암석 돌출부 위에서 미끄러지지 않게 해줄 굵고 뻣뻣한 꼬리를 갖고 있으며, 어깨와 날개, 머리 그리고 부리 대부분에 칠흑같이 검은 깃털이 나 있고, 검은 눈 주위에 옅은 파란색 원이 그려져 있다. 그야말로 귀여운 펭귄 이미지에 딱 들어맞는다. 1776년, 윌리엄 클레이턴 William Clayton은 런던 왕립학회지에 이렇게 적었다. "아델리펭귄은 얼핏 보면 마치 턱받이와 앞치마를 두른 채 뒤뚱뒤뚱 걷는 어린아이 같다."[11] (어린아이 같은 외모도 탐험가들이 이들의 알과 살을 먹는 걸 막진 못했다. 곧이어 클레이턴은 이렇게 덧붙였다. "이들의 알은 모두 영양가 있는 음식으로, 선원들에게 활력을 안겨준다. 그러나 살은 거칠고 비릿해 먹기에 적합하지 않다.")

그러나 어린아이 같은 이들의 모습에 속아선 안 된다. 이 펭귄의 이름에 아델리 부인의 이름이 붙은 것에는 최대한의 존경을 표하지만, 이 펭귄은 초기 과학자들이 일반 대중에게 심어주려 한 순진무구한 어린아이 이미지와는 거리가 멀다. 척박한 곳에서의 삶은 생명의 순환에 냉혹한 면을 더한다. 바다 얼음 위에서의 번식기가 짧기 때문에, 수컷 아델리펭귄의 몸은 번식 성공률을 극대화하기 위해 호르몬을 잔뜩 분출한다. 방송인 루시 쿡 Lucy Cooke는 이렇게 말했다. "그 때문에 이들은 움직이는 것뿐 아니라 심지어 죽은 펭귄처럼 움직이지 않는 것들과도 교미를 하려 합니다."[12] 강간, 시체 성애, 자갈과의 교미 등, 이 사실은 빅토리아 시대의 탐험가들이 영국으로 돌아간 뒤에도 입 밖에 낼 수 없던 현실이었다. 쿡에 따르면, 아델리펭귄을 주제로 한 책이 집필될 경우 내키지 않는 이러한 얘기들은 제외되거나 따로 은밀히 출간되었다.

극한 생존

소형 비행선처럼 생긴 물개, 거친 눈보라에 맞서 서로 몸을 기대고 서 있는 펭귄, 영하의 공기 속으로 숨을 내쉬는 범고래. 이 모습이 우리 마음속에 존재하는 남극의 이미지다. 그러나 종종 간과되는 이 대륙의 경이로운 모습은 계절에 따라 늘었다 줄었다 하는 바다 얼음 아래쪽 깊은 곳에 숨겨져 있다. 남극해에는 약 2만 종의 해양 동물이 서식하고 있는 것으로 추정된다. 이는 열대 지역의 다채로운 산호초를 제외한 다른 모든 해양 생태계와 비슷한 수준의 생물 다양성이다. "그러나 우리는 그중 8,000종에만 이름을 붙였습니다." 영국 남극 조사단의 분자생물학자 멜로디 클라크Melody Clark의 말이다. "그 8,000종 중에서도 생애 주기나 다른 동물과의 생태적 관계가 밝혀진 것은 연구 기지 근처에서 보는 극소수의 종뿐입니다. 그러니 아직 미지의 영역이 엄청나게 많은 거죠."

    각 종은 얼음의 역사를 통해 탄생해 왔다. 수백만 년에 걸친 기온 변화로 인해, 남극을 둘러싼 얼음은 늘어났다 줄어들었다 했고 또 해저를 따라 전진했다 후퇴했다를 반복했다. 이러한 분리 및 재결합 과정은 진화적 변화의 기본 요소 중 하나다. 서로 고립된 동물들은 다른 진화 경로를 따르기도 한다. 이런 이유로, 남극의 얼음은 '진화의 펌프', 즉 종의 다양성 발전기라 불려왔다.[13] 게다가 차가운 물에 더 많은 산소가 담길 수 있다는 사실 덕에, 바닷속 생명체들은 정말 놀라운 형태로 진화될 수 있었다. 양동이만 한 말미잘, 산악자

전거 바퀴만 한 크기로 자라는 광선 모양의 팔 40개가 달린 불가사리, 몸통이 너무 작아 생식기관과 소화기관이 다리 속까지 뻗어 있는 바다거미(육지 거미류와 연관은 없다). 그 외에도 남극에는 영하 1.9도의 물에서 사는 노토테니오이드nototherioid아목의 '아이스피시'icefish 16종처럼 특이한 물고기도 있다. 케임브리지대학교의 로이드 펙Lloyd Peck에 따르면 이들은 '다른 형태의 삶'을 산다. 4만 종에 달하는 척추동물, 즉 모든 물고기와 도롱뇽, 개구리, 도마뱀, 뱀, 새 그리고 포유류 가운데 오로지 아이스피시 16종만 동물의 신진대사를 가능케 하는 산소 운반 단백질인 헤모글로빈이 없다.[14]

남극을 둘러싼 바다는 다른 바다와는 다른 예외적인 면도 있다. 북극과는 달리 이곳엔 상어가 없고, 홍어류는 몇 안 되며, 대구류는 1종뿐이고, 게와 바닷가재도 없다.[15] 게와 바닷가재가 살 수 없는 건 이곳의 추위 때문이다. 게와 바닷가재가 속한 집단인 '보행성 십각류'reptant decapod(바닥을 기어 다니는 다리 10개짜리 갑각류-옮긴이)는 혈액 내 마그네슘 수치가 높다. 이 금속 원소는 얼어붙을 듯 추운 환경에서 마취제 역할을 하므로, 조심성 많은 갑각류를 무기력하게 만든다.[16] 북극에 사는 게는 해저에서 몇 개월간 진정제를 맞은 것처럼 무기력하게 지내며, 그 바람에 껍질을 깨며 사냥하는 포식자들의 손쉬운 먹잇감이 된다. 그래서 이 게는 제대로 기능할 수 있는 비교적 따뜻한 계절에 번식을 한다. 사실상 남극은 늘 춥기 때문에 생명체들이 필요한 일을 할 수 있는 계절 자체가 없다.

평범한 동물 집단이 살 수 없는 환경이다 보니, 남극은 새로운 생명체들이 파고들 여지가 생겨난 틈새 서식지가 됐다. 경쟁이 없는 데다 수백만 년간 지리적으로 고립되면서 남극에는 다양하면서도 독특한 해양 동물이 존재해 왔다. 국가든 대륙이든 한 장소에서만 발견되는 종을 '고유종'이라 부르는데, 남극 바다는 그런 고유종으로 가득하다. 모든 해면동물의 절반, 연체동물의 4분의 3, 그리고 바다거미종의 90퍼센트 이상이 고유종이다.[17] 앞서 언급한 헤모글로빈 없는 물고기 16종을 포함해 가장 많은 물고기 집단인 노토테니오이드아목의 경우,[18] 현재까지 알려진 139종 가운데 97퍼센트가 남극해에서만 발견된다.[19] 이들이 남극해를 지배하고 있다는 사실은 전체 비율을 보면 더 잘 알 수 있다. 남극해에 존재하는 모든 물고기 생물량의 90퍼센트가 바로 이 노토테니오이드아목이다.[20] 한 남극 연구자의 말처럼, 남극은 '세계에서 가장 독특한 해양 생물군이 있는 곳'이다.[21] 동물학에 문외한인 사람들의 마음을 끄는 것은 산호초일지 모르나, 동물학 전문가들의 마음을 끄는 건 남극을 둘러싼 깊은 바다일 것이다.

아이스피시는 19세기에 영국 포경업자들이 이름 붙인 물고기다. 물처럼 맑은 혈액을 가진 데다 주로 남극 연안의 얼음 많은 곳에서 발견됐기 때문에 생겨난 이름이다.[22] 큰 머리에 긴 주둥이 그리고 줄지어 나 있는 날카로운 이빨 때문에 '악어 아이스피시'라 불리기도 한다. 생긴 게 워낙 무서워서 이들의 라틴어 이름에는 종종 '용'을 뜻하는 말이 들어간다. 어느 종은 '다코드라코'Dacodraco속에 속하는데, 이는 '무는 행동'과 '용'의 합성어다.[23] 악어니 용이니 하면 큰 동물을 떠올릴 수도 있지만, 대부분의 아이시피시종은 그 크기가 사람의 발 정도에 불과하다. 가장 큰 종은 길이 0.5미터까지 자라기도 한다. 자신보다 작은 물고기들은 다 먹잇감이다. 이들은 문자 그대로 냉혈 살인자들이다.

악어와 마찬가지로, 아이스피시 역시 매복형 포식자이기에 에너지를 아껴가며 공격해야 할 순간까지 기다린다. 다코드라코는 자기 몸 길이의 절반쯤 되는 물고기이자 평소 떼 지어 다니는 남극 대구 1마리를 한입에 해치울 수 있다. 그리고 턱이 살짝 굽어 있어 앞쪽과 뒤쪽만 맞물려 있다. 그 덕에 입이 완벽한 집게 형태를 이뤄 비교적 크고 힘센 먹잇감도 단단히 물 수 있다. 줄지어 나 있는 날카로운 송곳니들이 사방에서 몸통을 꿰뚫어, 먹잇감은 반항할 새도 없이 바로 죽는다. 영하의 바닷속에서는 이처럼 모든 것이 효율적이어야 한다.

매복형 포식자조차 먹이를 잡을 땐 폭발적인 에너지가 필요하다. 예리한 감각과 활발한 두뇌 활동 그리고 강력한 근육을 위해서는 연료, 즉 산소의 연소가 필요하다. 그렇다면 아이스피시는 어떻게 헤모글로빈 없이 사냥을 할까? 이 의문은 이 물고기가 처음 발견된 이래 생물학자들의 관심을 계속 끌어왔다. 한 가지 답은, 이들이 온난한 지역의 바다보다 용존 산소 dissolved oxygen(물에 녹아 있는 산소-옮긴이)가 더 많은 차가운 바다에 살아서 자신의 세포에 열심히 산소를 공급할 필요가 없다는 것이다.[24] 아이스피시는 적혈구도 없고 그 안의 헤모글로빈도 없어서 산소 공급이 더 천천히 확산하며 이루어진다. 이는 마치 이 물고기들이 주변 환경의 일부, 즉 남극해의 강한 해류가 들어오고 나가는 하나의 매개가 된 듯하다. 또 다른 답은, 이들이 그런 문제를 보완하기 위해 상대적으로 큰 심장과 넓은 혈관을 진화시켰으며, 그 결과 큰 심혈관계를 움직이는 데 많은 에너지를 쓴다는 것이다.[25] 운동 능력이 뛰어난 공해상의 단거리 주자인 가다랑어는 심장박동에 자기 에너지의 2퍼센트를 쓰는 데 반해, 남극해의 아이스피시는 20퍼센트 이상을 쓴다.[26] 적혈구와 헤모글로빈을 가진 노토테니오이드 친척들과 비교해 봐도, 아이스피시의 심장은 혈액을 온몸으로 보내는데 두 배나 열심히 뛴다. 아이스피시가 총빙 아래에서 한가롭게 떠다니거나 해저의 진흙 바닥에서 쉬고 있을 때에도 그들의 심장은 계속 과로 중이다.

이쯤에서 우리는 아이스피시가 애초에 왜 헤모글로빈을 잃게 되었는지 의문을 갖게 된다. 오랫동안 가장 널리 받아들여졌던 이론은 아이스피시의 묽은 혈액이 점성이 약해서 더 쉽게 몸 전체로 공급될 수 있다는 주장이었다.[27] 얼어붙을 듯한 기온이 산소 순환에 필요한 노력을 줄이는 데 도움이 될 수 있다. 그러나 이들의 심혈관계가 쉬지 않고 죽어라 일한다는 사실을 감안할 때 이 이론에는 의문의 여지가 있는 듯하다. 보다 최근 들어 몇몇 과학자는 헤모글로빈을 잃은 것이 아무 이점도 없다는 주장을 내놓고 있다. 이른바 '탈적응' disaptation의 한 예로, 아이스피시가 자신의 조상에 비해 환경에 덜 적응했다는 뜻이다.[28] 다시 말해, 환경에 덜 적응한 개체들이 살아남았다는 것이다.

탈적응이란 개념은 자연선택에 의한 진화라는 일반적인 개념에 반하는 것처럼 보인다. 그러나 생태적 틈새라는 개념 안에서 본다면 설명이 가능하다. 아이스피시는 다른 물고기가 거의 살아남을 수 없는 혹독한 환경 안에서 진화했다. 경쟁이 덜하기 때문에 이곳은 '느슨한 틈새'다. 말하자면 남극해가 형성된 덕에 아이스피시의 조상은 거대한 가능성의 섬 위를 떠돌 수 있었던 것이다. 이렇듯 느슨한 진화 상태에서는 붉은 피가 투명해지는 것처럼 기이한 일이 일어날 수 있다. 그 점이 아이스피시에게 조금 불리했을 수도 있지만, 생존에 영향을 줄 만큼은 아니었을 것이다.

"그 부분은 아직 결론이 나지 않았습니다." 2023년 최초로 아이스피시의 유전체 일부의 염기서열을 분석한 독일 프랑크푸르트 젠켄베르크 연구소 유전학자 일리아나 비스타Iliana Bista의 말이다. "그런 가능성을 배제하진 않습니다. 그렇다고 지지할 수도 없어요."

아이스피시는 적혈구와 헤모글로빈은 없지만, 이들의 혈액에는 얼어붙은 바다에서 생존하는 데 의심의 여지 없이 결정적으로 중요한 다른 단백질이 들어 있다. 그 단백질은 '항동결 단백질'로 알려져 있는데, 그 덕에 많은 노토테니오이드종이(아이스피시뿐 아니라) 주변 세계가 얼기 시작해도 혈액을 액체 상태로 유지할 수 있다. 항동결 단백질은 자동차 앞유리 성에 제거제에 쓰이는 에틸렌글리콜보다 그 효과가 열 배는 높다.[29] 이 생물학적 항동결제의 메커니즘은 최근 들어서야 면밀히 연구되고 있다. 단백질이 이미 형성된 얼음 결정에 들러붙어 그 구조를 뒤틀어서 더 자라지 못하게 하는 것으로 보인다.[30] 그 과정에서 미세한 얼음 입자가 작은 결정으로 자라는 데 필요한 에너지의 양 또한 증가한다. 이 단백질이 없다면, 남극 연안의 얕은 바닷속을 끝없이 떠다니는 얼음 결정을 들이마신 물고기들은 몸 안쪽부터 찢겨 나가게 될 것이다. 그러면 해저에서 물고기가 사라지게 될 것이고, 그들을 먹이로 삼는 물개와 고래 역시 사라질 것이다. 아이스피시를 연구하는 생물학자 아서 드브리스Arthur DeVries가 말하는 이 같은 '생화학적 생존 전략'이 없다면, 남극은 아마 지금과는 아주 다른 곳이 되었을 것이다.[31]

영하의 온도에서도 살아갈 수 있는 능력 덕에 아이스피시는 남극 해안에서 단순히 살아남은 게 아니라 번성하기까지 했다. 트롤망 어업이나 스쿠버다이빙을 통해 바다 얼음 인근 바닷속을 살짝 엿볼수는 있지만, 이들의 삶에 관한 가장 최근의 발견은 원격조종 무인 잠수정ROV을 통해 이루어져 왔다. 일부 무인 잠수정은 무선 조종 자동차나 드론처럼 배 갑판에서 조종할 수 있다. 그러나 연구선 뒤에 많은 카메라와 센서를 매달고 가는 것이 비용 대비 가장 효율적인 접근 방식인 경우가 많다. 이는 오툰 퍼서Autun Purser와 동료들이 독일 연구선 폴라스턴호에 올라 웨델해 일부 지역을 탐사할 때 택한 방식이었다. 2021년 초반의 몇 개월간, 겨울의 혹한으로 탐사선이 얼음에 갇히기 직전 그들은 얼어붙을 듯 찬 바닷물 속으로 무거운 금속 케이지를 하나 내려보냈다. OFOBS로 알려진 그 잠수정은[32] 무게가 1톤이고 겉모습은 그저 그렇다.[33] 다른 잠수정처럼 색도 화려하지 않고 어뢰 같은 모양도 아니다. 그보다는 공사장 비계 덩어리를 용접해서 붙인 철골 구조물 같다. 그러나 이 잠수정이 이렇게 투박하고 튼튼한 데는 그럴 만한 이유가 있다. 배 뒤에 매달고 끌고 가야 하기에 울퉁불퉁한 해저나 보이지 않는 돌출된 바위에 부딪힐 위험이 있기 때문이다. 이 철골 구조물에는 정지 화면용 카메라 한 대와 동영상 카메라 한 대로 이루어진 아주 값비싼 카메라 한 세트, 온도 및 해류의 움직임과 수심을 측정하는 센서들 그리고 소나를 이용해 사방 50미터까지 해저를 스캔할 수 있는 음향 카메라 몇 대가 달려 있다.

퍼서와 그의 팀은 시속 0.5노트(시속 약 1킬로미터)의 느린 속도로 움직이면서 노트북 화면을 통해 실시간으로 들어오는 영상을 지켜봤다. OFOBS가 해수면 아래 500미터 지점에 있는 필흐너 해구 위 1미터 정도를 떠다닐 때 이상한 장면이 나타났다. OFOBS의 불빛 아래 동그란 둥지들이 연이어 나타났고, 각 둥지에는 차가운 푸른빛 물고기 1마리가 둥지 테두리를 감싸듯 웅크리고 있거나 잔잔한 해류 위에 떠 있었다. 그렇게 학명 네오파게토프시스 아이오나, 즉 '요나의 아이스피시'Jonah's icefish 대규모 번식지를 발견했다.[34] 이어진 세 차례의 힘겨운 조사(각 12시간씩 소요) 끝에, 그들은 그곳에 6,000만 개의 둥지가 있다고 추정했다. 심지어 배의 속도를 높여 OFOBS의 탐사 범위를 늘렸지만 번식지 전체를 관찰할 수는 없었다. 별다른 특징이 없는 평평한 해저에서는 한 장의 사진이나 동영상으로 둥지와 물고기 규모를 포착하기 어렵다. 각 둥지는 크기와 깊이가 대형 파에야(스페인의 전통적인 쌀 요리-옮긴이) 팬이나 드럼 세트의 크래시 심벌만 했다. 이 물고기는 0.5미터 길이까지도 자란다. 그리고 암컷 1마리가 2,000개 이상의 알을 낳을 수 있다(일부 아이스피시종은 알을 1만 5,000개까지 낳기도 하지만, 평균치는 1,500개 정도다[35]). 부모처럼 차가운 푸른빛이 나는 큰 알(직경 4~5밀리미터)은 그릇 모양을 한 둥지 중앙의 거친 자갈 층에 붙어 있다.[36]

남극 물고기의 둥지 짓기가 목격된 적은 그때가 처음은 아니었다. 1970년대에 또 다른 종(적혈구가 들어 있어서 피가 붉은 일반 물고기)이 날카로운 아가미덮개와 가슴지느러미를 수시로 드러내 보이며 둥지를 지키는 모습이 관찰됐다.[37] 그러나 이 얕은 바다에 사는 종은 큰 바위 옆에 둥지를 지었으며, 무리를 이루는 일은 거의 없었다. 그러나 네오파게토프시스 아이오나의 번식지는 위쪽 바위 급경사면 위에서 번식하는 새들과 비슷하게, 각 둥지가 이웃 둥지와 거의 닿을 만큼 가까웠다. 전체적으로 보면 그 둥지들은 마치 체커판 위의 체커 말처럼 해저에 촘촘히 늘어서 있었다. 둥지들이 이처럼 밀집 대형을 이루는 것은 부비새나 아델리펭귄의 경우처럼 포식자에게 잡아먹힐 위험을 피하거나 줄이기 위함이다. 두 경우 모두 위협은 위쪽으로부터 온다. 퍼서와 동료들은 이전 연구에서 알아낸 자료와 새로운 조사 결과를 취합해서 연구하다가 새로운 사실을 깨달았다. 웨델물범에 부착한 위성 추적기를 추적한 결과, 바다 깊이 잠수하는 그 물범들이 아이스피시 번식지가 관찰된 바로 그 장소에 출현했던 것이다.

길이가 0.5미터인 이 물고기의 '대규모 번식지' 사례를 통해 우리는 눈에 보이지 않는 바닷속에 관해 우리가 아는 게 얼마나 적은지 깨닫는다. 지난 수십 년간 심해를 조사하는 주요 방법은 저인망 어업이었다. 이제는 OFOBS와 같은 잠수정에서 보내오는 영상을 통해, 심해의 생태계를 교란하기 전에 그것을 이해하는 일이 얼마나 중요한지 알 수 있게 됐다. 다른 노토테니오이드종은 알을 유리 해면에 붙이는 것으로 알려져 있는데, 유리 해면은 남극 일대의 해저에 붙어서 사는 중요한 동물 중 하나다.[38] 둥지 안에서든 유리 해면 위에서든, 아이스피시의 투명한 혈액도 경이롭고 항동결 단백질도 경이롭지만, 무엇보다 수정란 시절에 부모의 품 안에서 보호받는다는 사실도 무척 경이롭다.

극저온의 파괴적인 영향력으로부터 세포와 기관을 지키는 데 쓰이는 비교적 낯익은 방법도 있다. 예를 들어 북아메리카의 송장개구리 wood frog는 가정용 냉동고 온도와 같은 영하 18도까지 떨어지는 겨울 기온에서도 살아남는데, 그때 자신들이 잡아먹는 먹이의 긴 전분 분자에서 나오는 단당 분자인 포도당을 이용한다.[39] '동결 보호제'로 알려진 이 포도당은 얼음 형성 과정에서 세포 내부의 수분을 다 빨아들여 세포가 터지는 걸 막아줘서, 세포가 얼 때 그 구조를 잘 보존한다. 동결은 근본적으로 일종의 스트레스다. 물이 얼음 형성 과정에서 빠져나가든 외부 환경에 의해 빠져나가든 결과는 같다. 세포가 수축되고 세포막이 서로 들러붙기 시작하며 단백질이 자신들의 가장 중요한 형태를 잃게 된다. 동상이 생기는 것이 바로 이 때문이다. 손가락이나 발가락 세포들이 주변의 얼음 때문에 지나치게 수분을 잃어 파열되는 것이다.

송장개구리는 동상을 걱정할 필요가 없다. 이들은 자신이 태어난 웅덩이 근처에 쌓인 낙엽 더미 아래에 동면할 방을 만든다. 또한 자신의 세포 안에 아주 많은 포도당을 집어넣어, 세포 사이에 형성되는 얼음 결정 속으로 물이 빠져 나가도 세포가 터지지 않는다. 피부 위로 얼음 층이 형성되기 시작하면, 이들은 간에서 포도당을 방출하기 시작하고 그 포도당은 혈류를 통해 몸의 모든 기관과 세포에 공급된다. 얼음이 어는 밤과 녹는 낮이 이어지는 동안 이 과정은 계속된다. 그러다 드디어 겨울이 닥치면, 낮 기온은 더 이상 얼음을 녹일 만큼 따뜻하지 않다. 알래스카의 겨울과 강인한 양서류가 만나서 만들어 낸 가장 놀라운 결과물은 무엇일까? 그것은 바로 근육 섬유와 척수액의 윤곽을 따라 흘러서 마지막으로 송장개구리의 심장을 에워싸는 정교한 얼음덩어리다.[40] 전체적으로, 개구리 몸 안쪽에 있는 물의 65퍼센트 이상은 단단히 얼어붙은 상태가 된다.[41]

봄이 와서 얼음이 녹기 전까지는 각 기관계가 교신 및 기능 측면에서 서로 단절된 채 계속 생명을 유지한다. 심장과 뇌, 폐 그리고 소화계가 더 이상 커다란 전체의 일부가 아니다. 말하자면, 개구리는 더 이상 존재하지 않는 것이다. "이제 더 이상 유기체가 아닌 겁니다." 알래스카 페어뱅크스에서 송장개구리와 그 기생충을 연구하는 돈 라슨Don Larson의 말이다. "되살아나서 살아 움직일 수 있는 유기체의 일부인 거죠." 각 장기가 서로 다른 개체에서 온 건 아니지만, 그는 이 동물에게 프랑켄슈타인의 괴물 같은 면이 있다고 덧붙인다. 장기 손상은 피할 수 없지만, 해동되면서 복구되는 과정은 묘하게도 안쪽에서 시작해 바깥쪽으로 진행된다.[42] 가장 마지막으로 얼어붙고 가장 먼저 동결으로부터 자유로워지는 장기는 심장이다. 그런 다음 온몸에 다시 혈액이 흐르기 시작한다. 호흡이 돌아온다. 다리 근육이 수축한다.

　무산소 상태에 관한 장에서 살펴봤듯, 포도당은 모든 세포의 기본적인 신진대사 연료다. 그리고 한 동물의 일상적인 기능에 필수적인 요소다. 동결에 강한 이 개구리가 과도한 양의 포도당을 생산하는 것뿐이다. 송장개구리로부터 채취한 샘플에서 혈액 100밀리리터당 9그램의 당이 검출됐다. 극단적인 고혈당 수준이다.[43] 인간의 경우 총 4그램 정도일 것이다.[44] 라슨은 말한다. "만일 송장개구리의 혈액 샘플을 당신 몸에 주입한다면 아주 빨리 죽을 겁니다. 믿을 수 없을 만큼 높은 당 수치거든요."

　겨울마다 무려 7개월(무려 7개월!)까지 꽁꽁 얼어붙은 상태로 지낼 수 있다는 사실 덕에, 송장개구리는 북아메리카에서 다른 그 어떤 양서류도 견딜 수 없는 위도 지역에서 살 수 있게 되었다. 그러면서도 또 오하이오주처럼 동결 상태가 이틀 정도만 지속되고 영하 10도 이하로 떨어지는 일이 없는 남쪽 지역에서도 살아간다. 송장개구리는 적응력이 뛰어난 양서류로, 물속과 땅 위에서 그리고 얼어붙은 상태와 액체 상태에서도 살 수 있다. 멋쟁이거북과 자석이 그렇듯, 이 동물 역시 서로 반대되는 것에 끌린다.

얼음으로 뒤덮인 연못 밑에서 살아남는 것도 장점이지만, 봄을 가장 먼저 차지할 수 있다는 것도 겨울 내내 꽁꽁 언 상태로 지내는 삶의 장점이다. "북쪽 지역에서 송장개구리는 다른 개구리들과 경쟁할 필요도 없고 뱀을 비롯한 다른 포식자에게 잡아먹힐 위험도 적습니다." 알래스카 페어뱅크스에서 활동 중인 북극 생물학자 브라이언 반스Brian Barnes가 말했다. "그래서 동결 상태에서도 살아남는 능력을 진화시켜 북반구로 침투해 살아갈 수 있게 된 겁니다. 이들은 캐나다에서는 북극해까지 진출했고 최북단의 땅에서도 살고 있습니다. 알래스카의 경우 북쪽 지역에 브룩스산맥이 휜 상태로 뻗어 있어, 지금까진 송장개구리가 알래스카 북부 지역으로는 퍼지지 못하고 있습니다." 산맥 정도는 되어야 송장개구리의 침투와 번성을 막을 수 있다. 그럼에도 반스는 그 북부 지역에서도 송장개구리가 발견됐다는 미확인 보고들이 있다고 덧붙였다.

이들의 성공 비결은 즉흥적인 대응 능력에 있는지도 모른다. 이들은 여름에 포도당을 몸 안에 비축하지만, 실제로 그것을 사용할 필요가 있다고 확신할 때 비로소 혈류로 방출하기 시작한다. "다른 동물들은 동결방지 단백질과 동결 보호제를 미리 만들어 놓습니다." 라슨의 말이다. "그러나 송장개구리는 상황 변화에 따라 즉흥적으로 만들지요. 그게 독특합니다." 마치 겨울을 무생물 얼음덩어리 상태로 보내지 않아도 되길 바라는 듯, 계속 따뜻한 겨울이 오길 기다리는 것처럼 말이다. 그러나 서리가 처음 몸에 닿는 순간 아드레날린(우리 신경계가 도피 또는 투쟁 반응을 시작할 때 사용하는 바로 그 신경전달물질)이 분비되고, 또한 간 안에 저장된 포도당이 방출되는 이른바 '해당 과정'이 시작된다.⁴⁵ 낙엽 더미와 눈 더미 아래 숨은 개구리들은 도망갈 수도 싸울 수도 없다. 그들은 순순히 받아들인다. 주변 세상이 얼어붙을 때 함께 얼어붙는다.

어떤 생물학적 시스템이 섬세한 세포와 복잡한 장기로 이루어져 있다면, 얼음은 대체로 나쁜 것이다. 고체 상태의 물은 암처럼 자라나는 결정체로, 유리 파편처럼 세포 조직을 찢는다. 송장개구리는 그 얼음 형성 과정을 조절해 피해를 최소화한다. 아이스피시는 아예 얼음의 확산을 막으려 한다. 인간과 얼음의 관계는 빙판길 위의 자동차 사고, 총빙과의 충돌로 인한 탐사선 난파, 타이타닉호의 침몰 등 비극으로 끝나는 경우가 많다. 그러나 얼음 형성을 적극적으로 유도해 이득을 보는 생명체도 있다. 그들에게 얼음은 해로운 것이 아니라 꼭 필요한 요소다.

사과나무, 올리브, 야생 체리 같은 농작물에서 처음 발견된 슈도

모나스 시링게Pseudomonas syringae는 세균의 한 종류로, 아이스피시의 항동결 단백질과는 반대 방향으로 물을 유도한다.[46] 이 세균의 세포막에는 물 분자를 얼음 결정 형태로 정렬시키는 특정한 배열의 단백질이 산재해 있다. 그 단백질은 일종의 '얼음핵 형성체'ice nucleator로, 물이 얼음 결정으로 변하는 데 중심적인 역할을 한다. 다른 종류의 얼음핵 형성체로는 침식된 암석에서 나오는 먼지, 사막 모래, 곰팡이 포자, 꽃가루 등을 꼽을 수 있다.[47] 이런 '불순물'은 영하의 온도에서 얼음이 형성되는 데 꼭 필요하다. 이 불순물이 없다면, 순수한 물 샘플은 영하 38도가 되기 전까지는 얼지 않는다.[48] 이처럼 0도 이하의 온도에서도 물이 얼지 않는 현상은 '과냉각'이라고 알려져 있다. 이 온도 구간에서는 물이 액체 상태를 유지하다가도 언제든 바로 고체로 바뀔 수 있다.

과냉각 상태의 물이라고 하면, 화학 실험실에서 살균된 유리 기구를 이용해서 만들어지는 인위적인 산물처럼 느껴질지도 모르겠다. 그러나 사실 과냉각된 물은 60퍼센트 이상의 지구 표면에서 언제든 찾아볼 수 있다.[49] 어쩌면 지금 이 순간 당신 머리 위에도 있을 수 있다. 구름 속의 물이 바로 과냉각 상태의 물인 것이다.[50] 구름을 이루는 물은 액체와 수증기가 합쳐진 것으로, 영하 20도 밑으로 떨어질 수도 있다.

얼음핵 형성체는 그 모든 걸 바꿀 수 있다. 예를 들어 슈도모나스 시링게 세균은 지상 수천 미터 위의 구름에서 채집되어 왔으며,[51] 혼자 혹은 곰팡이 포자에 올라탄 채 상승 기류를 타고 하늘로 올라가 대류권 안에서 살아가며 번식할 수 있다.[52] 또한 단 며칠 만에 수백(수천까지는 아니더라도) 킬로미터를 이동할 수 있다.[53] 이 세균은 그 수가 충분히 많을 경우 액체나 기체 상태의 물을 붙잡아 두며, 각 물 분자를 얼음 결정 구조로 배열해 고체로의 전환을 시작한다. 슈도모나스 시링게 같은 식물 병원균을 연구하는 미생물학자 신디 모리스Cindy Morris는 이렇게 말한다. "이 세균의 경우 외막에 단백질이 있습니다. 그 단백질은 베타 병풍 구조로, 공교롭게도 그 안에 물 분자가 들러붙을 수 있는 공간이 있어 얼음 결정 배열을 만들게 됩니다." 세균에 의해 만들어진 얼음 결정은 자라면서 점점 무거워져, 결국 과냉각 상태의 구름에서 떨어진다. 눈이나 진눈깨비, 우박 또는 비의 형태로 강수가 시작되는 것이다. 그러니까 우주 왕복선이 우주비행사들을 싣고 지구로 되돌아오듯, 얼음핵 형성체가 지구로 되돌아온다.

"모든 미생물은 하늘 위로 올라가 구름을 타고 다닐 수 있습니다." 모리스는 덧붙인다. 슈도모나스 시링게 세균은 하늘에서 되돌아오는 기술을 터득했다.

모든 빗방울에 얼음을 좋아하는 세균이 들어 있는 것은 아니다. 열대 및 아열대 지역에서는 성층권까지 솟아오른 적란운 속에서 물 분자들의 움직임으로 비가 형성된다. 끊임없는 움직임을 통해 보다 작은 물방울들이 서로 부딪쳐 더 큰 물방울이 되고, 그것들이 땅으로 떨어지는 것이다. 그러나 따뜻한 온대 및 극지방의 경우, 액체 상태의 물과 고체 상태의 얼음이 공존하는 이른바 '혼합상 구름' 안에서 눈과 비가 형성되는 데 종종 얼음핵 형성체가 가장 중요한 역할을 한다.[54] 프랑스와 이탈리아, 오스트리아 그리고 미국에서 물 자원을 채집해 분석한 한 연구에 따르면, 슈도모나스 시링게 세균은 물 순환 과정의 자연스런 일부로 어디에나 존재한다. 신디 모리스와 연구진은 2014년에 이렇게 썼다. "빗물과 눈이 녹아 생긴 물 그리고 호수 및 하천의 물에는 대개 리터당 수백에서 수천 마리의 슈도모나스 시링게 세균이 존재했다."[55] 이 세균은 한때 그저 농작물을 망치는 병원균으로, 또 마치 눈에 보이지 않는 전염병처럼 농경지 위를 떠도는 그림자 같은 존재로 여겨졌으나, 실은 농경지와 아무 관계없는 '자연 상태 그대로의 지역'에서도 발견된다. 모리스 연구진의 주장에 따르면, 슈도모나스 시링게 세균은 식물 표면부터 퍼져 나가 대기권으로 들어가서 날씨에까지 영향을 미치도록 진화해 왔다. 어느 곳에나 존재하는 이 세균은 물의 어는점을 조절하여 비가 올 가능성을 높인다. 또한 이 세균은 물과 얼음이 섞인 구름 속을 수백 킬로미터 이동한 뒤, 하늘에서 떨어져 새로운 장소의 새로운 식물 숙주 위에 내려앉는다.

 세균과 날씨 간의 상호작용에 대한 이 이론은 '생물 강수학'bioprecipitation'이라고 불린다.[56] 이 현상에 대한 비유를 최대한 확대해 보자면, 슈도모나스 시링게 세균이라는 병원성 미생물이 비로 구름을 감염시키는 것과 같다. 지상으로부터 1~2킬로미터 위 상공을 떠다니는 솜털 같은 흰색 층적운 안에서, 이 세균의 표면에 붙은 단백질은 물을 자신의 의도대로 조종한다. 자원도 적고 얼어붙을 듯 추운 하늘에 자기가 너무 오래 머물지 않도록 한다. 재채기나 기침이 그렇듯, 이 세균은 잠시 머무는 숙주인 구름에서 강수 형태로 떨어져 나와 널리 퍼져 나간다.

따라서 날씨를 비생물적인 현상으로 본다면, 지구의 생물학적 본질을 완전히 무시하는 것이다. 비는 생물학적 현상일 수도 있다. 즉, 더 많은 생명체를 만들어 내기 위한 물의 낙하다.

꽃가루와 곰팡이 포자 그리고 미생물을 새로운 영역으로 실어 나르는 가느다란 구름의 훨씬 아래에서는 북극 땅다람쥐 1마리가 굴을 파기 시작한다. 이 다람쥐는 알래스카 브룩스산맥의 작은 언덕에서는 땅속 깊이 파고들어갈 수가 없다. 지표면에서 단 1미터만 내려가도 땅이 여전히 꽁꽁 언 상태이기 때문이다. 이 영구동토층의 경계에 도달한 다람쥐는 굴 끝에 구형의 방을 하나 만들고, 복슬복슬한 꼬리로 머리를 덮고 몸을 공처럼 만 상태에서 서서히 신진대사를 낮춘다. 신진대사를 통해 열이 발생하므로, 신진대사를 낮추면 체온이 영하 3도까지 떨어진다.[57] 영하 상태의 다람쥐가 되는 것이다. 교과서에서는 북극 땅다람쥐와 같은 동면 동물의 경우 주변 세상이 얼어붙으면 체온이 내려가고, 그로 인해 신진대사가 둔화된다고 설명한다. 그러나 사실은 그 반대다. 이 작은 포유동물은 스스로 신진대사를 둔화시키고, 그로 인해 체온이 내려간다.

그러나 송장개구리와 달리 이 다람쥐는 얼지 않는다. 구름 속 물처럼 과냉각 상태에 들어간다. "이들은 동면 상태에 들어가기 앞서 혈액에서 얼음핵 형성체가 될 만한 물질을 비웁니다." 북극 연구자 브라이언 반스가 말한다. 그러니까 북극 땅다람쥐는 혹독한 겨울이 오기 전 몇 주 동안 단식을 해서 얼음 결정이 자라는 데 씨앗 역할을 할 입자를 줄인다. 이 생존 전략 덕에 이들은 말 그대로 지구에서 가장 차가운 포유동물이 되었다.

살면서 일정 기간 얼어붙는 환경을 겪는 많은 곤충도 이와 같은 생존 전략을 쓴다. 그러나 그들은 훨씬 더 심한 초냉각 상태에 들어갈 수 있다.[58] 영하의 환경에서도 몸을 액체 상태로 유지하는 곤충 중에 현재 최고 기록을 보유한 종은 알래스카의 붉은 평수피 딱정벌레 red flat bark beetle(나무껍질 밑에 사는 평평한 몸의 붉은색 딱정벌레-옮긴이)다. 이 딱정벌레의 유충은 길이가 1센티미터밖에 안 되며 쓰러진 포플러나무의 껍질 밑에 모여 사는데, 실험실 결과로는 영하 150도에서도 얼지 않는다. 이들이 야생에서 경험할 수 있는 가장 낮은 온도는 아마 영하 60도에서 70도 사이일 것이다. 남극 수준에 가까운 추위 속에서 딱정벌레 유충은 설사 더 추워진다고 해도 얼지 않는다.[59] 1장에서 만나본 완보동물을 비롯해 물 없는 상태에서 살 수 있는 생명체의 경우와 마찬가지로, 이 딱정벌레 애벌레의 세포들 역시 영하 60도쯤의 온도에서 생물학적 유리 상태로 바뀐다. 그 상태에서는 세포들이 다른 고체 상태(얼음 결정)로 바뀌는 것이 거의 불가능해진다.[60] 이 딱정벌레는 항동결 단백질과 동결 보호제

(포도당)를 이용하고 몸에서 수분을 제거하며 장 속의 얼음핵 형성체를 없앤 뒤 세포들을 유리 상태로 바꿈으로써, 과학자들 사이에서 '얼지 않는' 곤충으로 불린다.[61]

북극 땅다람쥐는 과냉각 상태에 들어갈 수 있는 것으로 알려진 유일한 포유동물이다. 다시 말해 춥고 어두운 북극 겨울의 6개월 동안 같은 환경을 공유하는 곰보다는 얼지 않는 곤충과 더 가까운 것이다. 예를 들어 대표적인 동면 동물인 흑곰의 경우, 여름의 정상 체온은 섭씨 37도지만 동면 중엔 고작 3~5도만 낮아진다.[62] 이는 이들이 동면 중에도 신진내사를 여름철의 성상석인 신진대사의 3분의 1 수준으로만 줄이기 때문이다. 또한 흑곰은 몸집이 크기 때문에, 표면적(열이 빠져나가는 부분) 대비 부피(열이 생겨나는 부분)의 비율이 낮아 더 많은 열을 붙잡아 둘 수 있다. 그러나 북극 땅다람쥐의 경우 신진대사를 여름과 봄의 정상적인 수치와 비교해 무려 99퍼센트까지 줄일 수 있다.[63]

무게가 밀가루 한 봉지 정도 되는 땅다람쥐와 프로 럭비 선수보다 더 무거운 곰은 아주 다른 방식으로 동면한다. 전자는 신진대사를 거의 완전히 멈추는 데 반해, 후자는 어느 정도의 활동성은 유지한다. 이런 차이는 외부 자극에 대한 반응에서도 나타난다. 흑곰은 소리가 들리면 눈을 뜬다. 예를 들어, 새해 전날 밤 머리 위에서 폭

죽이 빵빵 터질 때, 반스는 알래스카대학교 페어뱅크스 캠퍼스 내 인공 동면 굴에서 동면 중인 곰들의 활동성이 더 커지는 현상을 관찰했다. "놀라서 머리를 들고 어둠 속에서 눈을 깜빡이죠. 그러곤 바로 다시 동면 상태로 돌아가 더 이상 폭죽 소리에 영향을 받지 않습니다." 반스가 말했다. 그러나 불곰이라면 동면 상태에서 완전히 깨어나 동면을 방해한 원인이 뭔지 알아볼 가능성이 높다. 반스는 이어 말했다. "겨울마다 한두 번은 누군가가 동면 중인 회색곰 굴 위를 밟고 지나갔다가 깨어난 곰에게 공격당해서 죽어요. 그러나 흑곰이라면 그러진 않을 겁니다."

북극 땅다람쥐도 그러진 않을 것이다. 첫째, 이들은 기니피그만큼 작은 초식동물이다. 그리고 둘째, 이들은 워낙 깊은 무감각 상태에 빠져 주변에서 무슨 일이 일어나든 전혀 눈치채지 못한 채 평온히 잠든다. 땅을 파서 땅다람쥐를 끄집어낸다 해도, 녀석은 단열 상태를 높이기 위해 여전히 공처럼 몸을 웅크리고 북슬북슬한 꼬리로 머리를 덮은 채 가만히 있을 것이다. 그러나 그런 땅다람쥐도 의식을 되찾아야 하는 순간이 있다. 이들은 대략 3주에 한 번 정도 몸이 따뜻해지기 시작한다.[64] 몇 시간 만에 과냉각 상태인 영하 3도에서 내온동물의 정상 체온인 37도까지 올라가는 것이다. 그러나 체온계로 재보지 않는 이상 아무 변화도 눈치재지 못할 것이다. 땅다람쥐는 여전히 죽은 듯 꼼짝 않고 잔뜩 웅크린 채 동면 자세를 유지한다. 이처럼 주변 겨울 환경과 비교해 극도로 높은 수준의 체온은 12시간 동안 지속된다. 25년 넘게 북극 땅다람쥐를 연구해온 반스는, 이처럼 일시적으로 체온이 오르는 현상이 동면 중인 동물도 제대로 잠을 자려면 잠시 동면 상태에서 깨어나야 한다는 사실을 보여주는 증거라고 생각한다. 동면 중인 이 포유동물은 겉보기엔 잠을 자는 것 같지만, 사실 생리적으로 잠을 잘 수 없는 상태다. "뇌가 너무 차가워서 잠을 잘 수가 없는 겁니다." 반스가 말했다. "시냅스synapse(신경세포와 신경세포 사이에 신호를 전달하는 연결 지점-옮긴이)가 발화할 수 없어 수면 뇌파를 만들진 못하지만, 느리더라도 수면 필요성이 증가합니다. 그리고 우리가 그러듯 매일 아침 몇 시간씩 잠을 자는 대신, 그 잠을 3주쯤 뒤로 미루는 겁니다. 그러나 그때쯤 되면 수면 필요성이 너무 커지게 되죠. 그래서 체온을 올려 잠을 푹 자고, 다시 동면 상태로 들어가는 겁니다."

현재 이는 하나의 가설일 뿐이며, 반스 자신도 이 가설이 비판의 여지가 많다는 것을 인정한다. 우리가 잠을 자는 이유도 여전히 미스터리인데, 하물며 북극 땅다람쥐가 3주마다 체온을 올리는 이유는 오죽하겠는가. 그러나 최근 몇 년 사이 수면에 관해, 뇌 활동이 상대적으로 줄어드는 상태라는 생각으로부터 활발한 유지 관리 상태라는 쪽으로 인식이 바뀌고 있다. 실제로 수면 중에 뇌의 신경세포는 활동을 줄이지만, 또 다른 유형의 뇌세포인 신경교세포는 오히려 활동을 늘린다. 신경세포가 뇌의 메신저라면, 신경교세포는 청소부다. 전날의 신진대사 과정에서 생긴 모든 부산물은 교세포에 의해 처리되어 체액으로 가득 찬 '글림프계'라는 특수한 혈관 네트워크로 옮겨진다.[65] 글림프계는 낮에는 상대적으로 비활성 상태이며, 마치 추운 날 피부의 모세혈관처럼 수축되어 닫혀 있다. 그러나 우리가 잠을 잘 때면 글림프계가 열려 청소부처럼 돌아다니면서 일하는 교세포로부터 노폐물을 받아들이기 시작한다.

그럼 이런 현상이 동면 중인 북극 땅다람쥐와는 무슨 관련이 있을까? 반스는 겨울마다 땅다람쥐의 몸이 경험하는 얼어붙을 듯한 추위가 글림프계에 영향을 미친다고 설명한다. 겨울철의 자동차 타이어가 그러하듯, 낮은 기온은 압력을 떨어뜨린다. 그리고 뇌 속 노폐물을 청소하는 시스템의 경우 압력이 아주 중요하다. 섭씨 영하 3도의 온도에서는 북극 땅다람쥐의 글림프계가 노폐물을 씻어낼 만한 힘으로 흐르지 못한다. 물론 그렇게 낮은 온도에서는 노폐물도 덜 생성되지만, 그래도 여전히 조금씩 축적된다. 동면 중인 북극 땅다람쥐의 경우, 하루에 한 번 잠을 자진 못하더라도 3주에 한 번은 잠을 자야 뇌 속 노폐물들을 청소할 수 있다. 반스는 이렇게 말한다. "겨울을 나는 데 문제가 되는 건, 어떻게 먹지도 마시지도 않고 살아남느냐가 아닙니다. 그건 문제도 아니에요. 몸이 차가워지는 것도, 심지어 이들처럼 과냉각 상태에 들어가는 것도 문제가 아니며… 진짜 문제는 충분한 잠을 자는가 하는 거예요."

북극 땅다람쥐가 동면 중에 사용하는 에너지 비축량의 절반 이상이 이렇듯 주기적인 체온 상승에 사용된다.[66] 진짜 잠이든 아니든, 이 모든 것은 분명 북극 땅다람쥐가 겨울을 살아남기 위해 꼭 필요로 하는 과정이다.

생명 유지에 꼭 필요한 주요 장기들을 보호할 수 있는 개구리와 3주 동안 초냉각 상태에서 살 수 있는 포유동물을 통해, 우리는 장기적인 세포 조직 보존에 필요한 무언가를 배울 수 있을 것도 같다. 실제로 이런 동물들에게서 발견된 몇몇 동일한 분자들은 동결보존 분야에서 활용되고 있다.[67] 예를 들어 1950년대에 글리세롤을 이용해 최초로 정자가 냉동되었는데, 이는 개구리와 곤충들이 동결 보호제로 흔히 사용하는 알코올의 일종이다.[68] 마찬가지로, 냉동 보존제로 쓰이는 디메틸설폭사이드DMSO나 에틸렌글리콜 같은 합성 분자는 당보다 생산비도 더 적게 들고 세포에도 더 잘 흡수된다. 하지만 이런 장점에도 불구하고, 정자나 난자 또는 줄기세포와 같은 단일 세포보다 더 큰 무언가를 보존하려는 우리의 노력은 아직 걸음마 단계에 머물러 있다.

우리는 80만 년 전에 죽어서 영구동토층에 보존돼 있던 말의 DNA는 복원할 수 있지만, 인간의 장기는 단 몇 시간 이상도 살리지 못한다.[69] 신장, 간, 심장은 워낙 크고 복잡해 얼음 형성 과정으로 인한 손상으로부터 보호할 수가 없다. 장기는 3시간에서 12시간이 지나면 이식을 할 수 없고, 다른 몸 안에서 제대로 기능하지도 못한다.[70] 장기 이식에서 중요한 것은 기증자 수가 충분한가 하는 것뿐만 아니라 장기가 손상되기 전에 서둘러 꺼내어 이식하는 일이 더없이 중요한 것이다. 2010년에 나온 세계보건기구WHO의 발표에 따르면, 장기 이식 수요가 충족된 사례는 단 10퍼센트밖에 되지 않았다.[71] 미국에서는 매년 기증된 장기 중 무려 70퍼센트 이상이 폐기된다.[72] 2021년에 발표된 리뷰 논문 〈겨울이 온다: 냉동 보존의 미래Winter is coming: the future of cryopreservation〉에는 이런 말이 나온다.[73] "이식에 필요한 장기가 부족한 것은 의료 분야의 중대한 도전 과제로, 이 문제는 대개 적합한 수혜자를 찾을 때까지 기증된 장기를 보존하지 못하는 데서 비롯된다." 장기를 얼음 위에 올려 보존할 수 있는 시간이 단 몇 시간만 늘어나도 혁명적인 변화가 될 것이다.

초저온 냉각이 그 해답일지도 모른다. 북극 곤충이 영하 30도 이하에서도 얼음 형성을 막을 수 있듯, 우리도 서서히 진행되는 생화학적 손상을 늦추고 얼음 형성을 막을 수 있지 않을까? 2019년에 학술지 〈네이처〉에 실린 한 연구는 그 가능성을 시사한다. 하버드 의과대학 연구진은 쥐의 간을 초저온 상태로 보존하는 실험을 한 뒤, 인간 수혜자들에게 맞지 않아 폐기될 예정이었던 간에 동일한 방법으로 적용해 보았다. 쥐의 간은 영하 6도로 초저온 냉각되어 4일 후에 이식되었지만, 인간의 간 이식은 전혀 다른 얘기다.[74] 인간의 간은 쥐의 간보다 300배나 더 큰데, 그렇게 크면 얼음핵이 생길 가능성이 더 높아지고 냉동 보호제를 모든 세포에 주입하기도 더 어려워진다.[75] 이 문제를 해결하기 위해, 연구진은 초저온 냉각에 앞서 특수 주입 장치를 이용해 냉장고 온도라는 비교적 따뜻한 온도에서 글리세롤과 트레할로스를 간에 주입했다. 글리세롤과 트레할로스는 초냉각 상태에 들어가는 곤충과 탈수 상태에서도 견디는 동물이 만들어 내는 보호 기능이 있는 분자들이다. 이 두 가지 동결 보호제를 인간의 간에 주입한 뒤, 간을 액체로 가득 찬 밀봉된 봉지 안에 담아 영하 4도로 냉각했다. 공기와 액체가 맞닿는 경계는 얼음 형성이 가장 잘되기 때문에(연못의 표면을 생각해 보라), 액체 속에 넣고 밀봉해서 얼음핵이 생길 가능성을 줄인 것이다.

이 초기 실험에서 이식은 가능하지 않았지만, 간을 따뜻하게 유지하고 혈액을 다시 흘려보내는 데는 성공했다. 간이 다소 손상되었지만, 그 손상은 장기가 얼마나 오래 보존됐는지와 관계없이 그 어떤 이식 과정에서도 용인될 수 있는 정도였다. 이 연구에 따르면, 간은 초저온 상태로 44시간까지 보존 가능하며 그러면서도 여전히 이식에 쓰일 수 있음을 시사한다. 44시간이라면 섭씨 4도에서 보존하는 현재 방식보다 거의 네 배나 긴 시간이다.[76]

초저온 상태로 보존된 장기는 한 가지 옵션이다. 2022년, 하버드 의과대학의 위 사례와 동일한 과학자 및 외과의사 팀은 북극 겨울을 나는 송장개구리의 접근 방식이 보존 기간을 훨씬 더 늘려줄 수 있을지 알아보는 실험을 했다. 코르쿠트 오이군Korkut Oygun과 연구진은 얼음 생성을 완전히 피하려 하지 않고 대신 얼음핵 형성체를 사용해 얼음이 세포들 사이의 공간에만 형성되도록 했다. 섬세한 세포막과 내부 화학 구조를 보호하기 위해, 간에 포도당 변형 물질인 3-O-메틸글루코스[3-OMG]도 주입했다. 또한 온도를 알래스카 북부의 송장개구리가 경험하는 수준인 영하 15도까지 낮추었는데, 그 결과 간은 동결된 지 5일 후까지 보존 및 이식이 가능하다는 사실을 밝혀냈다.[77] 초저온 실험의 경우와 마찬가지로, 이번에도 우리의 위 옆에 있는 거대한 장기인 간이 아니라 쥐의 간이 쓰였다. 그러나 이 방식이 인간의 장기에서도 재현된다면, 그건 아마 동결 상태에서도 견디는 동물들이 의학 분야의 혁명을 이끌 수 있을 것인가의 문제가 아니라 이제 어떤 동물이 그런 역할을 할 수 있을 것인가의 문제가 될 것이다. 냉동 보존의 미래는 개구리 방식일까 아니면 다람쥐 방식일까?

알래스카 북부의 기온은 온화한 상태에서 혹한 상태까지 널뛰기 하지만, 남극 주변 바닷물은 영하 1.9도에서 영상 1도 사이에서 안정적으로 유지된다. 그러나 상황이 변하고 있다. 수백만 년간 냉각된 생태계였던 남극이 지금 충격적일 만큼 빠른 속도로 따뜻해지고 있다. 극도로 안정된 환경에 적응해 오며 일관성에서 위안을 얻는 동물들의 경우 아주 작은 변화조차도 재앙이 될 수 있다.

1950년 이후 남극을 둘러싸고 순환하는 대기의 온도가 3도 상승했다. 지구 평균보다 다섯 배나 빠른 변화다.[78] 그러나 해안선을 따라서 아이스피시를 비롯한 대부분의 해양 동물이 발견되는 수심 200미터까지의 바닷물은 오히려 냉각되고 있다는 증거들이 있다.[79] 그런데 좀 더 바깥쪽 남극해의 표층 바닷물의 경우, 대략 10년에 0.3도(100년에 3도)씩 상승해서 전반적으로 따뜻해지는 경향이 있다.[80] 이 경향이 수심 깊은 곳과 남극 해안 근처에서 모두 일반화된다면, 안정적인 영하의 바닷물에 적응하는 동물들에게 엄청난 영향을 미칠 수 있다. 따뜻해진 바닷물은 산소가 줄어든다. 그래서 영국 남극조사단의 멜로디 클라크는 산소를 운반하는 헤모글로빈이 없어서 혈액도 없는 아이스피시가 '진화의 막다른 길'에 놓인 셈이라고 말한다.

이것은 따뜻해진 바닷물이 남극 동물군에 미치는 가장 분명한 영향 하나에 지나지 않는다. 다른 동물들의 스트레스는 보다 미묘하다. 2017년 이후, 클라크와 로이드 펙Lloyd Pec 그리고 스미소니언 환경연구센터의 게일 애슈턴Gail Ashton은 남극반도 라이더만의 얼어붙듯 차가운 바닷물 해저에 가열판 수십 개를 설치했다. 주변 수온보다 1도 높게 유지되자, 그 부분의 해저에 가장 먼저 정착한 여과섭식 이끼벌레와 서관충이 더 빨리 그리고 더 크게 자랐다.[81] 달팽이 모양의 탄산칼슘 껍질을 분비하는 서관충은 70퍼센트나 더 커졌다. 겉보기에 그들은 번성하고 있었다.

그러나 당시 박사 과정을 밟고 있던 클라크의 제자 레예르 빌로타 니에바Leyre Villota Nieva가 그 벌레의 내부 화학구조를 분석했더니, 보호 작용을 하는 샤페론 단백질과 DNA 복구 효소로 가득 차 있었다. 스트레스를 받고 있었던 것이다.

그러고 나서 겨울이 왔다. 플랑크톤이 풍부한 남극의 여름 바닷물 덕에 성장률은 더 높아졌지만, 두 달간 계속된 라이더만의 어둠으로 인해 햇빛에 의존하는 미생물인 플랑크톤은 매년 그렇듯 부족해졌다.[82] 단 1도 더 따뜻해졌지만, 이끼벌레와 서관충의 몸은 더 많은 영양분을 요구했다. 따뜻해진 몸은 차가운 몸보다 더 많은 먹이를 필요로 한다. 결국 공급이 수요를 따라가지 못해서 그들은 서서히 죽어가고 있었다.[83] "그들은 겨울을 날 만큼 충분한 에너지를 비축하지 못한 거예요." 클라크가 말했다.

이끼벌레와 서관충은 남극해의 플랑크톤 양에 많은 영향을 받는 2종이다. 수십억 마리씩 떼 지어 다니는 새우와 비슷한 갑각류 크릴은 펭귄과 수염고래 그리고 이름과 달리 게를 먹지 않는 '크랩이터물개'crab-eater seal의 주요 먹잇감이다. 날카로운 이빨을 가진 아이스피시는 남극 대구를 잡아먹는다. 바다거미는 자기가 좋아하는 말미잘과 연산호 그리고 벌레들의 내장을 빨아먹는다. 불가사리는 해저를 뒤져서 죽은 생물과 썩어가는 것들을 먹어 치운다. 남극을 둘러싼 해류의 강한 소용돌이 속에서 이처럼 복잡한 먹고 먹히는 관계들이 어떻게 재편될지는 아무도 알 수 없다. 그러나 번식을 위해 바다 얼음을 필요로 하는 생명체들, 특히 크릴과 펭귄은 지금 가장 큰 위험에 직면해 있다.

2023년, 남극 주변의 바다 얼음의 양은 기록이 시작된 이래 최저 수준이었다. 남극의 한겨울인 7월에 형성된 바다 얼음의 양이 40년 평균치보다 15퍼센트 적었다.[84] 아직 방수 기능도 없고 유선형 깃털도 없는 황제펭귄 새끼들은 서 있을 데를 잃고 몹시 찬 바닷물로 떨어져 익사했다. 2022년 미국 과학 학술지 〈플로스 바이올로지 PLoS Biology〉에 실린 최근의 위협 평가에 따르면, 황제펭귄은 이번 세

얼어야 산다

기가 끝나기 전에 멸종할 가능성이 높다.[85] 이 펭귄이 앞으로도 계속 새끼의 깃털이 다 자라기도 전에 녹아내리는 얼음 위에 알을 낳으리라는 것을 전제로 한 추정이다. 그러나 황제펭귄은 어설프긴 해도 여전히 적응력이 있으며 6,000만 년간 바다 위에서 헤엄쳐 온 날지 못하는 고대 조류 집단의 후손이다. 그리고 최근의 위성사진을 보면, 이들이 이미 점점 얼음이 줄어들고 더 따뜻해지는 세상에 대응해 영구적인 얼음 지역으로 이동하고 있다는 사실을 알 수 있다.[86] "황제펭귄은 직접 더 안정적인 바다 얼음을 찾아 나섰습니다." 영국 남극조사단 연구자인 피터 프렛웰Peter Fretwell은 말한다. "앞으로 바다 얼음이 더 줄어들더라도, 황제펭귄들은 이동할 수 있을 것이고 또 이동할 것입니다. 그게 그들의 본성이며… 역동적인 종이니까요."

남극은 영원히 녹지 않는 얼음으로 덮인 정적인 대륙이 아니다. 얼음이 녹아 거대한 빙하에서 고층 빌딩처럼 높다란 빙산이 떨어져 나가는 장면은 대개 남극반도 서쪽에서 촬영된 것으로, 그곳은 역사적으로 늘 변화가 있어온 곳이다. 1960년대에 한랭 적응cold adaptation(생명체가 생리 및 행동 측면에서 추운 환경에 적응하는 것-옮긴이) 연구를 시작한 영국 남극조사단의 전 연구원 앤드루 클라크Adrew Clarke는 이렇게 말한다. "우리가 지금 서 남극반도에서 목격 중인 기후 변화는 완전히 정상적인 것입니다. 과거에도 여러 차례 있었죠. 태평양에서 일어나는 해양 현상들 때문에 생겨나는 장면입니다. 그래서 이건 뭐라 얘기하기가 정말 어려운데, 서 남극반도는 기후 변화의 대표적인 사례로 꼽히기 때문입니다. 어디서든 이곳 사례가 인용될 정도로요. 그런데 우리가 보는 많은 기후 변화들은 어쩌면 자연스러운 과정인지도 모릅니다." 그러면서 이렇게 덧붙인다. "그러나 우리 인간이 일조했다는 증거들도 있습니다. 지금 우리가 보고 있는 변화들의 경우, 인간의 활동도 어느 정도 영향을 주고 있는 거죠."

광대한 얼음 평원이 펼쳐져 있고 지구상에서 가장 기온이 낮은 남극에 지금 일어나고 있는 상황은 반박할 여지가 없다. 이곳은 한때 기후 변화에 영향을 받지 않는다고 여겨졌고, 최근 몇 십 년간은 실제로 얼음이 늘고 있다는 징후까지 있었지만, 이제 그런 동 남극마저 무너져 내리기 시작했다.[87] 클라크는 말한다. "여기서는 라르손 A, 라르손 B, 라르손 C 같은 정말 극적인 빙하 가장자리 붕괴가 있었습니다. 그리고 이런 일은 전례가 없었습니다. 동 남극의 경우 인간이 초래한 기후 변화가 극적인 영향을 미치고 있는 게 분명합니다."

황제펭귄들은 이미 새끼를 키우기 위해 더 안정된 부빙으로 이동하고 있다. 남극의 상징인 이 펭귄들은 지금 시간과의 싸움을 벌이고 있다. 다년생 얼음이 녹고 매년 새로운 부빙이 생겨나는 상황에서 북극곰들이 북쪽으로 이동 중인 것과 마찬가지로, 황제펭귄의 역경은 세계 경제를 탄소 순배출 제로 상태로 유도하는 데 쓰여야 할 모래시계와 같다.

어떤 것이 얼었다는 말은 종종 그것이 영하의 온도에서 얼음으로 변했다는 뜻이지만, 안정시킨다는 말의 동의어이기도 하다. 따라서 어떤 순간을 얼린다는 것은 그 순간을 영원히 간직한다는 뜻이기도 하다. 그러나 우리가 살고 있는 이 지구는 지금 발밑의 지각판부터 머리 위의 대기까지 계속 변하고 있다.

 이 장의 서두에서 언급했듯 남극이 항상 얼음 세상이었던 것은 아니다. 앞으로 수천 년간 이 거대한 남쪽 대륙은 더 온화한 기후로 되돌아가, 한때 얼음이 산을 뒤덮었던 곳에 바위와 식물들이 자리 잡을지도 모른다. 온난화 속도가 황제펭귄의 적응 능력을 앞지르면서 이 펭귄은 결국 멸종될지도 모른다. 설시 남극에서 얼음이 완전히 사라지는 최악의 시나리오가 펼쳐진다 해도, 개별 종들이 아닌 동물 집단의 회복력을 생각하면 그나마 위안이 된다. 펭귄의 계통도 안에는 뉴질랜드에서 남아프리카, 나미비아를 거쳐 아르헨티나에 이르는 남반구 전역에 살고 있는 18종이 포함되어 있다. 적도 위쪽으로 가보면 갈라파고스 제도에 살고 있는 펭귄 집단도 있다. 뛰어난 다이버이자 수영 선수인 이 펭귄종 가운데 일부는 남극의 부빙뿐 아니라 아열대 바다에서도 번성하고 있으며, 바로 이 점이 진화의 보험 증서와도 같다.

 2021년에는 젠투펭귄이 남극해에서 번식하는 장면이 처음 목격됐다.[88] 얼음도 없는 맨 바위에 알을 낳는 이 펭귄은 기후 변화와 관련된 '탄광 속 카나리아'(다가오는 위험을 알려주는 존재-옮긴이)로 여겨져 오고 있다. 남극해가 이미 바위를 좋아하는 새들이 사는 얼음 없는 섬이 생겨날 만큼 따뜻해졌다는 의미다. 그러나 이 이야기는 또 다른 관점에서 볼 수도 있다. 생명체는 적응력이 뛰어나다는 사실이다. 모든 생명체에는 타고난 지능이 내재되어 있다. 생존하려면 단순히 먹이를 찾고 포식자로부터 자신을 지켜야 할 뿐 아니라 살기 힘든 곳에서 살기 좋은 곳으로 옮겨갈 수도 있어야 하는 것이다.

펭귄 화석 기록을 살펴보면, 이 새들은 약 6,000만 년 전 현재보다 더 덥고 습했던 호주 해안 지대에서 진화했을 가능성이 높다.[89] 그로부터 약 3,000만 년 후 남극해가 형성되면서 남극이 극심한 냉각 단계로 들어가자, 그때서야 비로소 이 새들은 생애 주기의 일부 기간을 얼음에 의존할 수 있게 됐다. 다시 말해, 펭귄은 현재 남극 대륙의 주요 특징인 빙하가 형성되기 훨씬 전부터 거기 살았던 존재다. 탄소 배출을 줄이기 위한 의미 있는 조치가 취해진다면, 이들은 앞으로도 수백만 년 동안 남극해로 뛰어들 것이다. 남극해는 약 1,400만 년 전 처음 냉각되었을 때와는 다른 바다겠지만, 검은색과 흰색이 섞인 이 새들은 여전히 그곳을 보금자리로 여기고 있을 것이다.

얼어야 산다

5장

가장 높이, 가장 깊이

극고압과 극저압

얇은 깃털에 몸무게가 잘 먹은 토끼 정도 되는 줄기러기들은 남인도 해안 석호에서부터 중국과 몽골의 민물 호수까지 11주 동안 날아간다.[1] 3,000킬로미터가 넘는 여정이지만, 태평양을 가로질러 1만 1,000킬로미터 넘게 날아가는 큰뒷부리도요의 여정에는 한참 못 미친다.[2] 그럼에도 줄기러기의 여정은 한 가지 이유로 그 어떤 동물보다 놀라운 운동 능력을 보여준다. 그들의 여정에는 '세계에서 가장 험준한 산맥'인 히말라야산맥이 가로놓여 있기 때문이다.[3] 이 산맥의 산봉우리들은 평균 약 4,500미터 높이에,[4] 8,000미터가 넘는 산도 14개나 되어 '죽음의 지대'death zone로 불리기도 한다. 그러나 이 험준한 산봉우리도 줄기러기에겐 특별히 어려운 도전으로 보이지 않는 듯하다. 1954년에 세계에서 다섯 번째로 높은 마칼루산을 오르던 등반가들이 직접 목격한 장면이 있다. 1970년 고산 생물학자 로렌스 스완Lawrence Swan은 〈내추럴 히스토리 매거진〉에 이런 글을 올렸다. "무슨 일을 해도 숨 가쁘고 걸으면서 말하는 게 거의 불가능한 1만 6,000피트(약 4,877미터)의 고도에서, 나는 나보다 2마일(약 3.2킬로미터) 이상 높은 곳에서 새들이 날아가는 걸 목격했다. 그 정도 높이라면 산소가 부족해서 인간은 생명도 부지할 수 없을 텐데 그 새들은 끼룩끼룩하는 소리까지 내고 있었다. 끼룩끼룩 소리를 내느라 그 귀한 숨까지 낭비하면서, 마치 생리학의 기본 원칙을 무시할 뿐 아니라 그 높이에서라면 숨 쉬는 것 자체가 불가능하다는 사실조차 비웃는 듯했다."[5]

줄기러기의 이동은 너무도 경이로워서 몇 번이고 반복하여 말할 만하다. 이 새들은 해수면에서 날아올라 세계에서 가장 높은 산맥을 총 8시간 만에 넘는다. 2017년 교과서 《히말라야산맥을 넘는 새들의 이동 Bird Migration Across the Himalayas》 편집자들은 이렇게 적었다. "그간 우리는… 이 새가 거의 불가능해 보이는 일들을 해내는 모습을 볼 때마다 경외감에 사로잡히곤 했다."[6]

극도로 높은 고도에서 날아가는 일은 불가능하다. 그것은 저산소증, 즉 산소 부족 때문이나. 그러나 2장에서 살펴본 거북과 벌거숭이두더지쥐의 경우와는 달리, 인도의 갯벌에서 날아오를 때든 에베레스트산을 지나서 날아갈 때든 줄기러기 주변의 산소 비율은 변함이 없다. 단지 고지대의 대기가 더 퍼져 있고 더 희박할 뿐이다. 지구 중심의 인력에서 멀어질수록 산소, 질소, 이산화탄소 분자는 더 멀리 흩어진다. 다시 말해, 높은 고도에서는 기압이 낮아져 공기가 더 희박해지는데, 폐는 그 변화에 맞춰 갑자기 더 커질 수가 없다.

낮은 기압은 비행의 역학에도 영향을 미친다. 밀어낼 분자의 수가 줄어들어, 양력을 얻고 유지하기가 더 어려워지는 것이다. 2012년에 발표된 한 줄기러기 연구에서는 이렇게 말하고 있다.[7] "고도 8,000미터 높이에서는 비행에 필요한 최소한의 기계적 에너지가 해수면에서보다 50퍼센트 더 많다."[8] 이동 중 날갯짓 하나하나에 조금이라도 더 큰 추진력을 보태기 위해 이 새들은 밤이나 이른 아침에 비행한다. 그때의 기온은 영하 30도까지 떨어지기도 하며 추위는 분자들을 미미하나마 조금 더 밀집시킨다.[9] 차가운 버터가 따뜻한 버터보다 더 단단하듯, 찬 공기는 따뜻한 공기보다 밀도가 더 높다. 얼어붙을 듯한 추위와 함께 머리 위엔 별이 빛나고 산 아래로 부는 바람이 얼굴을 때리는 상황에서 줄기러기들은 마치 역경을 향해 직행하는 듯하다.

벤 네비스(1,345미터) 혹은 킬리만자로(5,791미터) 등 높은 산을 올라본 사람이라면 다 증언하겠지만, 고도에서 오는 가장 큰 스트레스는 숨이 차다는 느낌이다. 고지대에 오래 머문다거나 아예 거기에 눌러산다면, 우리 몸은 산소를 운반하는 혈액 내 분자인 헤모글로빈을 더 많이 만들기 시작한다. 이는 공기 중에 얼마 안 되는 산소 분자를 붙잡는 데는 도움이 되지만 그에 따른 대가도 치러야 한다. "헤모글로빈 수치가 높아지면 혈액이 더 끈적해지는 경향이 있는데, 그로 인해 여러 부작용이 생겨날 수 있습니다." 높은 고도에 대한 적응을 연구하는 유전학자 테이텀 사이먼슨Tatum Simonson은 말한다. "기본적으로 심장이 이렇게 아주 진하고 농축된 혈액을 온몸에 펌프질하게 되는 겁니다. 심장에 과부하가 걸리는 거죠."

이처럼 순환계에 가해지는 추가적인 스트레스로 인해 생겨날 수 있는 문제 중 하나가 만성 고산병 CMS이다. 1925년 페루의 의사 카를로스 몽헤 메드라노 Carlos Monge Medrano가 처음 기술한 만성 고산병(그의 이름을 따 '몽헤병'이라고도 한다)은 여러 해 동안 고지대에서 잘 살아온 사람들도 걸릴 수 있다. 1970년대 이후 안데스와 히말라야 고산 지역 주민들을 연구해 온 인류학자 신시아 비올 Cynthia Beall은 이렇게 말한다. "무엇 때문에 발병하는지는 명확하지 않아요. 그런데 사람들이 숨을 가쁘게 몰아쉬고 청색증(입술과 손발이 파래지는 증상)이 나타나면서 일도 할 수 없고 잠도 제대로 못 자게 되는 등 심하게 아프죠." 2014년에 나온 한 논문에서는 만성 고산병에 대해 이렇게 적고 있다. "만성 고산병의 가장 흔한 증상과 징후는 두통과 어지럼증, 호흡 곤란, 심장박동 감소, 수면 장애, 정신적 피로 그리고 혼란 등이다.[10] 만성 고산병에 걸린 사람들은 성인이 되고 얼마 안 되어 뇌졸중이나 심근경색(즉, 심장마비)에 걸리는 경우가 많다. 주로 혈액 점도 증가 및 조직의 저산소증 때문이다." 단기적인 고산병의 경우와 마찬가지로, 만성 고산병의 치료법은 산소가 더 풍부하고 산소 밀도가 더 높은 장소로 천천히 이동하는 것이다. 그렇다고 치료가 끝나는 것은 아니다. 이미 액체가 폐에 찼을 수도 있고(고산 폐부종 또는 HAPE) 뇌에 고였을 수도 있다(고산 뇌부종 또는 HACE). 심지어 안데스 고산 지대에 있는 마을이나 도시에서도 남성(여성보다 고산병에 걸릴 위험이 더 높다)의 10~20퍼센트는 살면서 어느 시점에선가 만성 고산병에 걸린다.[11]

그러나 고도를 점진적으로 높여가며 우리 몸을 적응시켜 나가면, 인간의 몸도 극도로 높은 고도에서 기능할 수 있다. 대기 중에 산소가 얼마나 조금 있든, 몸은 그 산소를 붙잡아 두기 위해 더 많은 적혈구와 헤모글로빈을 만들어 낸다. 올바르게 준비하고 훈련만 한다면, 한때 인간의 몸으로는 오를 수 없다고 여겨졌고 높이 8,849미터로 공기가 너무 희박해서 뇌와 근육이 제대로 작동할 수 없다고 믿어졌던 에베레스트산도 산소통 없이 오를 수 있다. 1978년, 이탈리아 등반가 라인홀트 메스너Reinhold Messner는 에베레스트 정상에 도달해 산소통 없이 숨을 쉰 최초의 인물이 되었다. 그는 이렇게 적었다. "나는 안개와 산 정상의 위를 떠다니며 숨을 헐떡이는 단 하나의 폐에 지나지 않는다." 이후 16년간 그는 역시 산소통 없이 높이 8,000미터가 넘는 히말라야산맥의 산봉우리 14개를 모두 정복했다.[12]

바닷물이 해안선을 따라 규칙적이고 반복적인 패턴으로 밀려왔다 밀려가듯, 포유류인 인간은 밀물과 썰물처럼 숨을 들이쉬고 내쉬는 방식으로 호흡한다. 그 때문에 고산 지대의 희박한 공기는 특히 극복하기 어려운 장애물이다. 우리는 숨을 더 자주 쉬거나 호흡량을 늘릴 수 있지만, 폐 속 공기가 보충되지 않는 순간(날숨을 내쉬기 직전)은 늘 존재한다. 그러나 새들은 포유류처럼 숨이 차는 일을 겪지 않는다. 고도가 어떻든 새들은 고산 폐부종에 걸릴 일도 없는 듯하다.[13] 인간은 숨을 들이쉬고 내쉴 때 폐가 팽창했다 수축했다 하지만, 새들은 숨을 계속 한 방향으로만 순환시키며 쉰다.[14] 그들의 폐는 단단해서 숨을 쉴 때도 아주 조금씩만 움직인다. 대신 풍선처럼 생긴 8개 이상의 공기주머니에 의해 폐가 채워지고 작동되며, 그 주머니들은 숨 쉴 때마다 팽창해서 공기를 차례대로 폐의 표면 위로 짜내듯 밀어낸다. 또한 인간의 폐는 기체(이산화탄소와 산소) 교환과 기계적 호흡이라는 두 가지 기능을 수행하는 장기인 데 반해, 새는 그 두 기능을 분리한다. 새는 공기주머니로 숨을 쉬지만, 그 주머니에는 기체 교환에 필요한 표면은 없다. 또한 새의 폐는 인간의 폐처럼 유연하지 못한 장기다. 오직 산소를 들여보내고 이산화탄소를 내보내는 일만 한다.

  전체적으로 볼 때, 새는 포유류보다 폐 표면 위로 더 많은 공기가 흘러가게 할 수 있다. 그리고 폐 속 공기를 빨리 보충하기 위해 숨을 빨리 쉬기보다는 더 오래 그리고 더 깊게 쉰다. 그들의 기도는 비슷한 크기의 포유류보다 네 배 반이나 더 크다.[15] 2017년 브리티시컬럼비아대학교 연구자 사빈 라그Sabine Laguë는 이렇게 적었다. "이렇게 독특한 구조 덕에 새들은 지구상에서 가장 극단적이고 다양한 환경에서도 살아갈 수 있는 것으로 보인다."[16] 후파종달새는 아라비아 사막의 타는 듯한 열기 속에서 산다. 타조는 두 다리로 아프리카 사바나를 시속 70킬로미터의 속도로 질주할 수 있다. 참새는 고도 6,100미터의 환경을 시뮬레이션한 곳에서도 쉽게 숨을 쉬지만, 생쥐는 같은 조건에서 혼수상태에 빠진다.[17] 포유류인 인간의 호흡은 바다의 밀물과 썰물처럼 느릿느릿하지만, 새의 호흡 시스템은 속도가 중요한 경주에 더 가깝다.

극한 생존

그리고 줄기러기는 그 경주 트랙을 생명체의 가장 효율적인 코스로 만들어 놨다. 그들의 적혈구 내 헤모글로빈은 대부분의 다른 새들보다 산소 분자를 더 효율적으로 붙잡을 수 있는데, 이는 DNA 안에 있는 몇 가지 독특한 돌연변이 덕분이다.[18] 이 새의 혈관은 믿을 수 없을 만큼 가늘어서 인간의 혈관보다 두 배 반이나 작고, 그 결과 산소와 이산화탄소 이동 거리가 훨씬 더 짧고 그만큼 더 빨리 이동한다.[19] 또한 근육은 포유류보다 두 배 더 많은 모세혈관으로 둘러싸여 있다.[20] 세포 안에서는 복잡한 생명체의 작은 발전소인 미토콘드리아가 산소가 들어오길 학수고대한다.[21] 이렇듯 미세한 나노 단위의 변화로 인해, 이 새는 아무런 사전 훈련이나 적응 없이도 다른 동물이 견딜 수 없는 고도를 잘 견뎌낸다.

그러나 세계에서 가장 높이 나는 새는 줄기러기가 아니다. 그 기록을 세운 새는 1973년 아프리카 코트디부아르의 아비장시 상공 1만 1,300미터 높이에서 민간 항공기와 충돌한 뤼펠대머리독수리였다.[22] 독수리나 말똥가리와 마찬가지로, 동물 사체를 먹어 치우는 청소부와 같은 이 독수리는 햇볕에 달궈진 바위나 맨흙에서 올라오는 뜨거운 공기를 타고 높이 날아오른다. 이들 역시 줄기러기처럼 헤모글로빈 유전자에 돌연변이가 있어, 제트엔진에 갈려 나가지 않는 한 여객기 높이의 고도에서도 쉽게 숨을 쉴 수 있다. 새와 충돌한 문제의 비행기는 엔진 하나만 사용하여 무사히 착륙했지만, 그 새의 정체를 알 수 있게 해준 것은 단 몇 개의 날개 깃털뿐이었다.

줄기러기는 상승 기류를 타고 높이 날아오르진 못한다. 영국 엑서터대학교의 생리학자 루시 호크스 Lucy Hawkes 연구진은 2008년부터 특수 제작된 하네스를 이용해 이 새의 몸에 데이터 기록 장치를 부착해 오고 있다.²³ 줄기러기들의 심박수와 체온, 고도를 모니터링하는 피트빗 Fitbit(손목에 차는 건강 추적용 스마트 기기-옮긴이) 크기의 장치를 통해, 이들이 어떤 환경에서도 계속 날갯짓한다는 사실이 발견됐다.²⁴ 순풍이 불든 맞바람이 불든 계속 밀고 나가는 것이다. 줄기러기는 뜨거운 상승 기류를 타고 나는 일이 없으므로 아래쪽 지형의 높낮이를 따라 날아간다. 심지어는 히말라야산맥을 넘어 세계의 지붕으로 불리는 평평한 티베트고원에 도달한 후에도 계속 움직인다. V자 대형으로 날면서 차가운 공기 속에 흰 김을 내뿜으며 끼룩끼룩 소리를 내는 기러기들은 활공(날갯짓을 멈추고 미끄러지듯 나는 것-옮긴이)은 하지 않는다. "그들은 계속 날갯짓합니다." 호크스의 말이다. "날갯짓하는 걸 정말 좋아해요."

등반가들의 관찰에 따르면 이 새가 에베레스트산과 마칼루산 위를 날아간다고도 하지만, 호크스의 데이터 기록 장치에 따르면 이들이 그렇게 높이 날았다는 기록은 아직 없다. 줄기러기 91마리에 대한 데이터 분석 결과, 이 새가 가장 높이 난 고도는 7,290미터로, 세계 최고봉의 고도에 1,000미터 이상 못 미쳤다.²⁵ 대부분의 줄기러기는 6,000미터와 7,000미터 사이의 고도에서 날았다. 그럼에도 포획된 줄기러기를 상대로 실시된 1970년대의 풍동 wind tunnel (공기 흐름을 인위적으로 만들어 내는 장치 - 옮긴이) 실험에서, 연구진은 이들이 1만 2,000미터 높이의 고도를 시뮬레이션한 상황에서도 전혀 동요하지 않는다는 사실을 알게 됐다.[26] 그 실험에서 새들은 실제 하늘을 날지는 않았지만 여전히 활발히 움직여, 그들의 한계가 호크스와 그녀의 동료들이 최대치로 본 7,290미터보다 훨씬 더 높을 수 있다는 점을 시사했다.

보수적으로 잡은 이 고도가 줄기러기들이 날 수 있는 최대 고도라고 가정해도, 이들이 왜 그렇게 높은 고도에서 나는지는 여전히 미스터리다. 이와 관련해 1980년에 두 생리학자는 이렇게 발표했다. "이 새가 극도로 높은 고도에서 나는 데는 분명 그럴 만한 이유가 있을 것이다. (…) 더군다나 히말라야산맥에는 더 낮은 고도에서 넘어갈 수 있는 경로가 얼마든지 있고, 다른 종의 철새들은 그 경로를 이용하고 있기에 더 그렇다."[27]

탈출이 어려운 협곡들을 피해 날아감으로써 포식자인 초원수리로부터 벗어나려 하는 걸까? 아니면 고도가 높을수록 아래쪽에 히말라야산맥이 지도처럼 펼쳐져서 이동할 때 더 나은 가이드 역할을 해주는 걸까? 고산 생물학자 로렌스 스완은 1970년 〈내추럴 히스토리 매거진〉에 발표한 논문에서 산봉우리에 시속 200마일(시속 약 322킬로미터)의 제트기류가 몰아칠 때는 고도 9,000미터 상공을 나는 것이 더 유리하다고 밝혔다. 그렇게 거센 허리케인급 강풍 속에서는 아무리 강력한 새라도 산비탈에 처박힐 수 있기 때문이다.[28]

스완은 이렇게 덧붙였다. "산꼭대기는 분출하는 듯한 흰색 구름으로 들끓고 그 아래쪽 산등성이와 협곡들에는 작은 회오리바람처럼 소용돌이치는 눈보라로 자욱한데, 한 새가 그 혼돈의 세계 위쪽의 비교적 평온한 공기 속을 날아간다.[29] 그 새는 여전히 성층권의 바람에 휘둘려 진행 방향에서 수백 킬로미터 밀려날 수도 있지만, 그래도 살아남을 수는 있을 것이다."[30]

루시 호크스와 연구진은 2015년에 또 다른 이론을 내놓았다. 그것은 이 새가 히말라야산맥이 지금과 같은 세계 최고봉으로 솟아오르기 오래전부터 이미 비슷한 거리를 이동했다는 이론이었다. 그들은 이렇게 썼다. "히말라야산맥이 지금만큼 높지 않았던 지질학적 역사 시기인 선신세 후기나 홍적세 초기에 이 종(또는 그 조상)은 이미 남아시아와 중앙아시아 사이를 오갔는지도 모른다." 거센 바람이 몰아치는 높다란 히말라야산맥은 약 5,000만 년 전 인도 아대륙과 아시아 대륙이 충돌하면서 생겨났으며, 아래쪽에서 일어나는 지각판들의 점진적인 충돌로 인해 계속 더 높아지고 있다. 줄기러기가 극도로 높은 고도에서 나는 것은 그들의 옛 비행경로가 서서히 더 높아져 왔기 때문이다. "그렇게 높은 산맥이 대기를 뚫고 아주 추운 성층권 아래쪽 경계까지 솟아 있다면, 새들이 그 위로 날아간다는 건 불가능한 일 아닐까?"[31] 1970년에 로렌스 스완은 이렇게 말했다. "아니. 새들이 산을 이긴다."[32]

산에 관한 연구는 동물의 행동 방식과 서식지를 연구하는 학문인 생태학의 핵심 원칙 중 하나를 세우는 데 일조했다. 18세기 말에서 19세기 초에 알렉산더 폰 훔볼트Alexander von Humboldt의 연구로 밝혀지기 시작한 사실이지만, 동물들은 분명 지구 위에 무작위로 퍼져 있는 것이 아니라 일반적인 패턴을 따르고 있었다. 그리고 그 패턴은 위도에 따라 달라질 수 있다. 예를 들어 극지방보다는 열대 지방의 생물 다양성이 더 풍부했다. 또한 그 패턴은 고도에 따라서도 달라질 수 있어, 일반적으로 해수면에서 더 높이 올라갈수록 종의 수는 줄었다. 그런 현상은 가장 높은 산봉우리들에서 가장 극단적인 형태로 확인됐다. 이 같은 훔볼트의 기초 연구 이후 수십 년이 지난 1840년, 영국 동물학자 에드워드 포브스Edward Forbes는 자신이 연구해 온 달팽이와 다른 연체동물들의 수가 고도가 높아질수록 현저히 줄어든다는 사실을 알게 됐다. 그가 잉글랜드와 웨일스의 가장 높은 산에 걸어 올라갔을 때, 생물 다양성은 계속 줄어들어서 곧 1종만 남게 되었다.[33] 그건 바로 옥시킬루스 알리아리우스Oxychilus alliarius라는 학명을 가진 동물로, 건들면 마늘 냄새가 난다고 해서 흔히 '마늘달팽이'라고 불린다. 지독한 냄새가 나는 이 작은 달팽이만 '산꼭대기 부근의 가혹한 환경'을 견딜 수 있었다.

    산악 생태계 초기 연구 이후 포브스는 '고도'의 반대 개념인 '깊이'로 관심을 돌렸다. 그리고 그 결과 그는 자신이 가장 사랑하는 연체동물인 수생 달팽이를 연구할 수 있게 되었다. 영국 제도 주변 해저의 흙은 물론 멀리 지중해의 해저 흙까지 긁어모으면서, 그는 고도가 높아질수록 육상 달팽이의 다양성이 줄어들듯 수심이 깊어질수록 수생 달팽이의 다양성 또한 줄어들 것이라고 예상했다. 2006년 영국 사우샘프턴 국립해양학센터의 두 과학자는 이렇게 썼다. "육상과 해양 생태계 간의 유사성은 명확했다. 산꼭대기든 바다 아래든, 극한 환경은 분명 생명체의 멸종으로 이어진다."[34]

과학에서의 첫걸음은 가설이다. 그러니까 예측을 해본 뒤 실험이나 관찰을 통해 검증한다. 그리고 포브스는 에게해에서 자신의 예측을 검증했으며, 그곳에서 구한 표본이 산에서 했던 연구 결과를 뒷받침해 준다는 사실을 밝혀냈다. 수심 350미터 아래쪽에 설치한 저인망에는 진흙만 잔뜩 담겨 올라왔고 다른 것은 거의 없었다. 그의 연구는 1860년에 발표됐고, 이미 과학계는 심해는 생물이 거의 살 수 없는 황폐한 곳이라는 생각에 기울어져 있었다. 높은 수압, 극한의 추위, 그리고 먹이 부족이 복잡한 생명체가 살아가기 힘든 광대한 불모지를 만든다는 관점이었다. 1834년에 한 생물학자는 이렇게 적었다. "깊은 바다의 수면 근처는 생명체들로 북적이지만, 생명 유지에 필요한 조건이 갖춰지지 않은 깊은 곳은 그렇지 않아서 생명체가 존재하지 않을 가능성이 높다."[35] 당시에 인간은 바닥에 유리를 깐 통에 공기를 채운 간이 잠수 장치를 통해 허용된 시간 동안 허용된 깊이까지만 잠수할 수 있었다. 잠수정도 없었고 산소통도 없었고 200미터 아래쪽 어둠을 밝혀줄 전등도 없었다. 햇빛이

드는 바다의 수면 아래쪽조차 인간은 간신히 접근했는데, 가장 깊은 바닷속이 어떻게 동물 생명체들에게 살 만한 곳일 수 있겠는가?

1844년에 발표된 포브스의 에게해 연구 또한 심해에 생명이 없다는 이른바 '무생명 가설'을 뒷받침했다. 포브스의 연구를 토대로 위대한 생물학자 루이스 아가시즈Louis Agassiz는 1851년에 자신 있게 이렇게 썼다. "육상 동물들에게는 높은 산이 접근 불가능한 곳이듯, 해양 동물들에게는 깊은 바다가 접근 불가능한 곳이다. (…) 깊은 바다에는 생명 유지에 필요한 자원도 없지만, 동물들이 그 엄청난 양의 바닷물 압력을 견딜 수 있을지도 의심스럽다."[36] 먹이 부족과 냉장고 안처럼 차가운 기온이 동물이 살 수 없는 요인으로 여겨졌지만, 결정적인 요인은 상상조차 하기 힘든 심해의 압력이었다. 1856년 지질학자 데이비드 페이지David Page는 이렇게 썼다. "실험에 따르면 수심 1,000피트(약 305미터)에서는 물이 원래 부피의 340분의 1로 압축되는데, 그런 압축률을 감안할 때 심해에서는 우리에게 알려진 동식물이 존재할 수가 없다. 따라서 극도로 깊은 바닷속은 극도로 높은 육지의 고지대처럼 생명이 없는 황량하고 적막한 장소인 것이다."[37]

이 무생명 가설은 너무나 널리 퍼져 있는 데다 학계의 시대정신에도 너무도 깊이 뿌리박혀 있었다. 그에 반하는 증거들이 많음에도 불구하고 생명이 없는 심해 가설이 생물 다양성이 있는 심해 가설로 바뀌진 못했다. 남극해에서 수심 700미터까지 내린 줄을 끌어올렸을 땐 살아 있는 산호와 해양 무척추동물들이 붙어 있었다. 대서양 횡단 해저 케이블 설치에 필요한 해저 측량 중 빛이 전혀 닿지 않는 일명 '미드나잇 존'midnight zone(수심 1,000미터부터 4,000미터 사이의 바다-옮긴이)인 수심 2,305미터 지점에서 줄을 끌어올렸을 땐 불가사리 13마리가 붙어 있었다. 포브스가 샘플 채집 작업을 했던 지중해에서는, 사르데냐와 보나 사이의 수심 2,195미터 지점에서 끌어올린 통신 케이블에 산호와 굴, 조개가 잔뜩 붙어 있었다. 1862년 HMS 불독호에 승선했던 한 동물학자는 이렇게 적었다. "이러한 연구 결과는 깊은 바다의 심연에 새로운 종의 생명체가 살고 있다는 사실을 보여준다."[38]

그러다가 1870년에 영국 왕립학회 과학자들이 심해에서 샘플 채집을 하기 시작하면서 비로소 무생명 가설이 무너졌다. 나중에 밝혀진 사실이지만, 에게해에서 샘플 채집을 함으로써 포브스는 의도치 않게 예외적인 사례를 가지고 일반적인 법칙을 세우려 하는 우를 범했다. 에게해는 영양분이 부족했고, 그래서 일반적인 바다에서 볼 수 있는 생물 다양성이 없었던 것이다. 게다가 그의 샘플 채집 도구들에도 문제가 있었다. 엉성하게 짜인 그물에 쇠막대 2개를 매달아 해저 위를 질질 끌고 다녔는데, 그걸로는 미지의 세계를 제대로 들여다볼 수 없었던 것이다. 그물에는 금세 진흙이 차버렸고, 그 결과 깊은 곳에서 땅을 파고 사는 동물들이 들어갈 틈이 없었다. 원래 서툰 목수가 연장 탓을 하는 법이지만, 유능한 해양학자라면 연장 탓을 좀 해도 괜찮지 않을까.

산의 경우 산기슭에서부터 수목 한계선에 이르기까지, 또 고산 툰드라 지역에서부터 눈 덮인 산봉우리에 이르기까지 식물군과 동물군이 극적으로 달라진다. 이렇듯 바다의 경우도 오랫동안 얼마나 많은 햇빛을 받느냐에 따라 크게 네 구역, 즉 선릿 존 sunlit zone(수심 0~200미터), 트와일라잇 존 twilight zone(수심 200~1,000미터), 미드나잇 존 midnight zone(수심 1,000~4,000미터), 어비스 존 abyss zone(4,000미터보다 깊은 수심)으로 나뉜다. 그러나 1950년대에 이르러 초창기 심해 저인망 어선이 새로운 생태계의 동물들을 끌어올리기 시작했는데, 어떤 이는 그 생태계가 별도의 범주로 분류되어야 한다고 주장했다. 1989년 소비에트 해양학자 게오르기 벨리야예프 Georgii Beliaev는 이렇게 말했다. "1954년에서 1956년 사이에, 심해 해구의 동물군은 워낙 독특하므로 수심 6,000~7,000미터 아래쪽은 수직적 생물대 구분 체계에서 따로 분리해야 한다는 지점이 이미 분명해졌다."[39] 소비에트 과학자들은 이를 '초-심해 존' ultra-abyssa zone이라 불렀고 서구 과학자들은 '하달 존' hadal zone이라 불렀지만, 그게 '대단한 독창성'을 지닌 장소라는 점에서는 양측 의견이 같았다.[40]

하달 존을 보금자리로 삼고 있는 동물들에 대해 좀 더 알아보기 위해 나는 뉴욕주 북동부의 아주 외진 시골에 위치한 제네시오 뉴욕 주립대학교를 찾았고, 매켄지 게린저 Mackenzie Gerringer가 나를 맞이했다. 그녀는 생물학과 1층에 있는 자신의 실험실로 나를 데려갔다.

그곳엔 그녀가 채집한 최신 표본 몇 개가 유리병 안에 보존되어 있었다. "심해어라고 하면 사람들은 보통 이빨이 잔뜩 난 물고기 이미지를 떠올리는 것 같아요."[41] 게린저가 말했다. "그러니까, 이빨이 너무 커서 두개골에 홈이 나 있어야 하는 그런 물고기 말이에요. 그런데 물고기들이 살 수 있는 바닥까지 내려가 보면, 남아 있는 건 피부가 투명해 속이 다 들여다보이는 이 작은 분홍빛 물고기예요. 이 물고기를 손에 들고 있으면 두개골 속 뇌가 다 보일 정도죠." 그러면서 그녀는 표본 병 속에 든 그 물고기 중 하나를 보여주었다. 에탄올의 탈수 효과로 약간 쭈글쭈글해진 표본은 캘리포니아 앞바다 수심 4,000미터 지점에서 흡입 샘플 채집기(로봇 팔에 진공청소기가 달린 모습을 상상해 보라)로 채집한 것이었다. "그렇게 안 보이겠지만, 사실 이게 가장 잘 보존된 표본 중 하나예요." 나중에 보낸 이메일에서 그녀가 한 말이다. 당시 나는 그 유리병을 손에 들고 좀 더 자세히 들여다보았는데, 얼마나 연약해 보이는지 정말 놀라웠다. 단단한 껍질도 없다. 이빨을 드러낸 웃음도 없다. 그저 젤리처럼 말랑말랑한 올챙이 모양의 물고기가 온몸을 짓누르는 심해를 보금자리로 삼고 살아가는 것이다.

심해에 사는 동물들의 특징 중 하나는 이름이 대체로 평범하기 짝이 없다는 것이다. 영어로 cusk eel(커스크 장어), eelpout(등가시치), rat-tail(쥐꼬리물고기) 라고 불리는 심해 동물들은 great white shark(백상아리)나 killer whale(범고래) 같은 이름처럼 상상력을 자극하진 않는다.[42] 그리고 유리병 속에 들어 있던 유령 같은 물고기도 마찬가지다. 지구상에서 가장 깊은 곳에 사는 것으로 알려진 물고기는 snailfish(달팽이물고기)다. 얕은 바다에 사는 종도 있는데, 이들에게 이런 이름이 붙은 건 더없이 거센 물살 속에서도 바위에 붙어 있을 수 있도록 진화된 컵 모양의 아래쪽 지느러미 때문이다. 달팽이처럼 안정적인 구조에 더해 꼬리까지 몸에 감으니 완전히 달팽이 같아 보인다. 연체동물로 변장한 물고기인 셈이다. 400종이 넘는 달팽이물고기 가운데 하달 존을 정복한 종은 10여 종에 불과하다.[43] 가장 유명한 종은 마리아나 달팽이물고기(학명 슈돌리파리스 스위레이 Pseudoliparis swirei, 2014년 게린저와 토마스 린리 연구진이 발견하고 명명했다)와[44] BBC 다큐멘터리 〈블루 플래닛 II〉로 유명해진 '천상의 달팽이물고기'다.[45] 후자는 몸 양옆에 날개 모양의 긴 지느러미가 있어 아주 우아해 보이는데, 그 모습이 마치 치열한 전투 최전선에서 웨딩드레스를 입고 있는 듯해서 수심 8킬로미터 깊이의 바다와는 전혀 어울리지 않는다.

그러나 이 책을 쓰고 있는 지금, 지구의 가장 깊은 곳에서 사는 것으로 기록된 물고기는 아직 이름도 지어지지 않은 종이다.[46] 2022년 8월에 발견된 이 슈돌리파리스 Pseudoliparis 종(마리아나 달팽이물고기와 같은 속)은 일본 남동쪽 이즈-오가사와라 해구의 수심 8,336미터 지점에서 고화질 카메라에 포착됐다. 정리하자면, 장어곰치과에 속하는 달팽이물고기는 얕은 바다에 사는 종이 많으며, 그중 일부는 밀물과 썰물의 경계에서 가장 번성한다. 다만 영원히 육지에 살지 않는 한 이들처럼 심해와 멀리 떨어진 데서 사는 물고기는 없다. 하달 존을 연구하는 저명한 심해 생물학자 앨런 제이미슨Alan Jamieson은 이렇게 말한다. "그들은 세계에서 가장 깊은 곳에 사는 물고기지만 심해어는 아니다."[47]

달팽이물고기과가 하달 존에 산다는 사실이 어울리지 않아 보일 수도 있지만, 어쩌면 압력이 심한 곳에서도 번성할 수 있게 진화됐는지도 모른다. 최신 유전학 연구에 따르면, 하달 존 달팽이물고기는 약 2,000만 년 전에 나타났으며, 남극 근처에 살던 조상으로부터 진화한 것으로 추정된다.[48] 남극이 냉각되기 시작한 것도 그 무렵인데(앞서 살펴본 대로), 그 때문에 달팽이물고기가 미리 그 환경에 적응하게 됐는지도 모른다. 낮은 온도와 높은 압력은 생물학적 물질에 비슷한 영향을 미친다. 그러니까 낮은 온도와 높은 압력의 환경에서는 단백질이 늘어나고 세포막이 딱딱하게 뭉친다. 지방 분자로 이루어진 생물학적 외피인 세포막이 냉장고 속 버터처럼 딱딱해지는 것이다. 심해에 사는 생명체들은 그 구조 안에 굽은 모양의 분자인 불포화 지방산을 더 많이 넣어 세포막 유동성을 어느 정도 유지할 수 있다. 포화 지방산은 직선 형태여서 더 촘촘히 압축되지만, 불포화 지방산은 굽은 형태여서 그 사이에 어느 정도 공간이 생긴다.[49] 따라서 달팽이물고기는 차가운 바다에서 생겨나 단백질과 세포막이 더 유연해졌으며, 그 덕에 훗날 하달 존의 심한 압력에도 더 잘 대처하게 됐는지 모른다.

이 모든 것은 가설에 불과하다. 게린저는 내게 달팽이물고기 화석 기록은 너무 단편적이라고 했다. 하달 존의 달팽이물고기가 차가운 바다에서 진화했을 수도 있지만, 우리는 아직 확실히 알지 못한다. 그러나 부레가 없다는 건 분명 압력이 극도로 높은 환경에서 사는 데 유리한 생리적 특성 중 하나다.

흔히 심해어를 수면 위로 끌어올리면 터져버린다는 오해를 한다. 햇빛이 닿는 선릿 존 훨씬 아래쪽에서 물고기를 잡는 어부들에게는 다행스러운 일이지만, 물고기의 내장과 기타 장기는 뼈대 안에 잘 유지된다. 단, 부레는 예외다. 물고기가 물속에서 오르내릴 때 부풀었다 줄었다 하며 부력을 조정하는 데 쓰이는 이 기관은 주머니보다는 풍선에 더 가깝다. 수천 미터 깊이에서 수백 기압 속에 살던 심해어를 끌어올리면, 그 풍선은 줄어든 압력 때문에 부풀어 오르기 시작한다. 심해어가 저인망이나 바닷가재 덫 또는 자망에 잡혀 갑판 위로 올려지면, 부레가 끔찍한 말풍선처럼 입에서 터져 나온다.

물고기는 부레 때문에 수면 위로 끌어올려질 때 끔찍한 죽음을 맞기도 하지만, 부레 때문에 잠수할 수 있는 깊이가 제한되기도 한다. 잠수정 설계 과정에서도 드러나듯, 심해는 공기가 들어찬 빈 공간을 가장 싫어한다. 그래서 심해 잠수정은 사방에서 가해지는 수압에 견딜 수 있도록 구형으로 두껍게 제작된다. 공기가 들어 있는 작은 공간에 높은 압력이 가해지면 예상 가능한 결과, 즉 밖으로 터지는 폭발과 반대되는 내파가 일어난다. 간단한 예로 마리아나 해구 안에 유리병을 떨어뜨린다고 생각해 보자. 뚜껑을 닫지 않으면, 그 병은 모양이나 형태의 변형 없이 그대로 지구 해저의 가장 깊은 곳으로 알려진 챌린저 딥 바닥으로 떨어질 것이다. 그러나 뚜껑을

가장 높이, 가장 깊이

닿으면, 병은 하달 존에 도달하기 한참 전에 폭발할 것이다. 수압 때문에 금속 뚜껑이 짓눌리면서 유리가 산산조각 난다. 바닷물은 의식적인 의도 같은 것을 갖고 있지 않음에도 불구하고, 마치 위쪽 하늘이 보낸 이질적인 물질인 공기와 계속 싸우는 것처럼 보인다.

달팽이물고기는 부레가 없다. 게린저가 내게 말한 바에 따르면, 그들은 심해에서 끌어올려도 터지거나 각 구멍으로 장기가 튀어나오지 않는다. 다만 젤리 같은 몸이 높은 압력 속에 유지되다 갑자기 압력이 사라져 조금 손상된 것처럼 보일 뿐이다. 이들이 갑각류 먹이를 찾아 심해를 돌아다닐 때 그곳은 거의 그들만의 영역이며, 부레가 있는 커스크 장어와 등가시치는 어쩌다 수심 7,000미터 아래쪽 하달 존을 방문하는 손님일 뿐이다.[50]

달팽이물고기는 심해어 중에서도 독보적인 존재다. 그러나 이들에게도 한계는 있다. 예를 들어 수심 8,336미터 지점에서 발견된 것으로 보고된 슈돌리파리스종은 아마 우리가 발견하게 될 가장 깊은 곳에 사는 물고기에 근접해 있는지도 모른다. 2023년, 이 연구 프로젝트를 이끌었던 앨런 제이미슨은 이렇게 말했다. "우리가 1,000미터 더 깊은 데서, 아니 어쩌면 100미터라도 더 깊은 데서 물고기를 발견할 방법은 전혀 없다고 생각합니다. 우리는 이제 '이것'을 정말 확실히 이해했다고 확신합니다."[51]

그가 말한 '이것'이란 물고기들이 살 수 있는 바다의 깊이, 즉 가장 모험심 강한 달팽이물고기조차 살기 힘들어질 지점을 뜻한다.

2014년에 발표된 한 논문에서 폴 얀시Paul Yancey와 게린저, 제이미슨 그리고 두어 명의 동료들은 그 어떤 물고기도 수심 8,500미터 아래쪽에서 영구적으로 살 수는 없다고 주장했다.[52] 그 이유는 먹이 부족이 아니다.

이 수심 아래에는 포식자가 거의 없어 단각류가 대량으로 서식하고 있다. 척추동물의 생존 한계는 심해 고압에 적응하는 방식에 의해 결정된다. 세포 내부에는 트리메틸아민-N-산화물, 즉 TMAO라는 분자가 존재하는데, 이 물질이 세포가 압력으로 짓눌리지 않도록 보호하는 역할을 한다.[53] 항동결 단백질이 물 분자가 얼음 격자를 형성하지 못하게 하듯, TMAO는 물 분자가 세포 내 단백질과 세포막에 닿지 못하게 한다.[54] 권투 선수 사이에서 안전거리를 확보하는 심판처럼, 일종의 생화학적 심판 역할을 하는 것이다. 그 결과 단백질과 세포막이 유연하게 움직일 공간을 갖게 되어, 인간이 단단한 골격에 의존하듯 심해 동물들 역시 TMAO에 의존한다.

1990년대에 TMAO 연구를 시작한 폴 얀시는 물고기가 깊은 곳에 살수록 몸의 세포 안에 더 많은 TMAO를 채워 넣는다는 사실을 알아냈다.[55] 그가 만든 그래프에서 직선은 수심에 따른 TMAO 농도를 나타내는데, 그 직선은 커스크 장어에서부터 시작해 쥐꼬리물고기로 그리고 최근에는 다시 달팽이물고기까지 이어져 내려온다. 그런데 얀시는 수심 8,500미터 지점에서 수압을 견디는 데 필요한

TMAO의 양이 새로운 한계점에 도달한다는 사실을 발견했다. 삼투 조절 물질인 '삼투질'이 가득 들어 있는 물고기의 세포들이 주변 바닷물보다 농도가 더 진해지기 때문이다.[56] 이와 관련해 얀시는 이렇게 말한다. "삼투압 기울기(삼투압에 의해 물 분자가 이동하는 방향과 정도-옮긴이)가 역전되는 겁니다. 그러면 물이 안으로 들어오게 되죠. 그리고 해양 어류의 신장은 그걸 감당하지 못해요. 물을 내보내는 메커니즘은 없고, 오로지 소금만 내보낼 수 있거든요." 결국 이렇게 깊은 곳에 사는 물고기는 몸이 부풀어 오르고 단백질이 제 기능을 하지 못해서 위로 올라가지 않으면 죽게 된다.

그러면서 얀시는 자신의 가설은 검증을 받아야 한다고 덧붙인다. 워싱턴주 왈라왈라에 있는 휘트먼칼리지에서 강의할 때, 그는 에드워드 포브스와 심해 무생명 가설을 과거의 사례로 든다. "그는 훌륭한 과학자였고, 자신의 얘기가 진리라고 말하려던 건 아니었는데 사람들은 그렇게 받아들였습니다." TMAO가 얀시가 주장했던 한계가 아닐 수도 있다. 물고기들은 훨씬 더 깊이 내려갈 수 있는지도 모른다. 상대적으로 저렴한 해저 착륙선과 수중 탐색 장비(ROV) 그리고 억만장자들의 잠수정이 점점 더 많이 생겨나고 있어서, 심해 무생명 가설은 해가 갈수록 점점 더 정밀하게 검증되는 중이다. "수심 9,000미터 지점에서 길 잃은 물고기 1마리를 발견한다 해서 그 가설을 뒤집을 수 있는 건 아니에요." 얀시의 말이다. "그곳에 사는 개체군을 발견해야 해요. 그래야 제가 확실히 틀린 게 되는 거죠."

생명체가 살 수 없는 수심 8,500미터 경계선 위에서는 달팽이물고기와 깊은 바닷물이 조화를 이루고 있다. 그러니까 느리게 움직이는 젤리 같은 달팽이물고기의 몸과 깊은 바다가 삼투압 측면에서 완벽한 균형 상태를 이루고 있는 것이다. 연못에 사는 금붕어 크기의 반투명한 달팽이물고기가 분홍빛 하달 존에서 포식자의 위협도 없고 경쟁도 없는 800기압의 바닷속을 헤엄친다. 얼핏 들으면 매우 유리한 선택 같고, 성공적으로 보상받은 진화적 도박처럼 보인다.

지진만 아니라면 이 말이 맞았으리라.

게린저가 내게 달팽이물고기 표본, 그리고 턱을 빼면 연약해 보이는 이 물고기의 목 깊숙한 곳에 있는 강력한 보조 턱의 CT 스캔 이미지를 보여줬다. 이후 나는 제네시오 뉴욕주립대학교에 있는 그녀의 연구실을 이리저리 둘러보기 시작했다. 벽에 붙어 있는 이상한 세계 지도가 내 시선을 끌었다. 모든 지도가 그렇듯, 그 지도에도 대륙과 대양이 보였다. 그런데 육지에는 국가들이 없었고 선명한 색도 국경도 없었다. 남북 아메리카와 유럽, 아시아, 아프리카 모두 회색으로 칠해져 있었다. 그 지도는 대양의 경계, 즉 지각판들이 만나는 단층선이 그려진 지도였다. 검은 선을 따라 표시된 빨간 점들은 자기 이상과 지진이 일어난 지점을 나타낸다. 그 점들이 모여 빨간색 덩어리를 이루는 곳들은 섭입대, 즉 해구다. 동쪽이든 서쪽이든 태평양 가장자리는 점이 빼곡하다. 게린저는 남아메리카 서부 해안에서 시작해 알래스카, 러시아로 올라갔다가 다시 일본의 동부 해안 쪽으로 내려와 오세아니아까지 손가락으로 지각판 경계선을 따라갔다. 그중에 여러 곳을 가리키며 "해구, 해구, 해구, 해구"라고 말했다. 해구는 세계 도처에서 발견되지만, 그곳이 세계에서 가장 활기차고 깊은 해구가 발견되는 곳들이다. 수심 1만 미터가 넘는 해구 10개 중 9개가 태평양 지각판이며 러시아, 일본, 호주 대륙판 아래로 밀려들어 가는 곳에서 발견된다.

심해에 대한 또 다른 오해는 그곳이 안정되어 있고 지루하다는 생각이다. 광활한 심해 진흙 평원의 일부 지역에서는 그게 맞는 말일 수도 있겠지만, 사실 하달 존은 말 그대로 엄청나게 활기찬 곳이다. 마리아나 해구에 대한 한 연구에서는 90일간 무려 2,000여 회의 지진이 기록되었다며 게린저는 내게 이런 말도 했다. "그 지진들이 다 큰 지진은 아니에요. 하지만 중요한 건 우리 생각보다 훨씬 더 활발히 움직이고 있다는 거죠." 녹은 암석들이 균열된 부분을 통해 지표면 위로 터져 나와 '베개 모양의 암석'을 형성하기도 하지만, 해구의 중요한 특징은 대규모 진흙 사태다. 1972년 일본 앞바다에서 발생한 한 해저 진흙 사태는 그 규모가 엄청나, 무려 720입방킬로미터(면적이 아닌 부피)의 진흙이 쏟아져 내렸다.[57] 참고로, 1983년 세인트헬렌스산의 분화로 발생한 진흙 사태는 그 규모가 288분의 1인 2.5입방킬로미터에 지나지 않았다.

이러한 지질 활동은 하달 존의 달팽이물고기 뼈에 기록되어 있다. 공해상의 배 갑판 위에서 게린저는 마리아나 해구 수심 7,000미터까지 내려보낸 덫을 통해 수십 마리의 물고기 표본을 얻었다. 그리고 물고기들의 귀 뼈를 날카로운 메스로 분리해 냈다. 그녀는 달팽이물고기가 얼마나 오래 사는지 알고 싶었다. 상업적으로 어획되는 오렌지 러피 등 다른 심해어들은 100년까지 살고 적어도 20년은 살아야 성체가 되지만, 하달 존에 사는 종들의 생애 주기에 대해선 알려진 게 거의 없었다. 1950년대에 가장 깊은 해구를 처음으로 훑은 그물 중 일부에 달팽이물고기가 잡혔지만, 저인망으로 잡은 탓에 상태가 좋지 못했다. 그러나 오늘날의 박스형 덫은 그대로 내려갔다가 해저에서 끌리지 않고 닫히게 되어 있어서 표본의 상태를 잘 보존할 수 있다. 게린저는 크기가 가장 큰 치아씨만 한 귀 뼈, 즉 이석을 찾아낸 뒤, 그것을 중심부까지 갈아내고는 현미경 밑에 놓았다.[58] 나무 연대 측정가가 나무의 나이테를 보고 나이를 추정하듯, 이석 내 선의 수를 세어보면 물고기가 잡혔을 때의 나이를 알 수 있다. 심지어 심해에서도 햇빛이 닿는 위쪽 바닷물에서 내려오는 영양분의 흐름은 계절에 따라 달라진다. 혹독한 겨울에서 풍요로운 봄으로 바뀔 때 먹이의 양이 달라지면 물고기의 성장 속도도 달라지며, 그 물리적인 흔적이 이석에 새겨진다. 마치 고대 양피지 문서에 기록의 흔적이 남듯 말이다. 달팽이물고기 이석 66개를 갈아낸 뒤(흔히 들어보기 힘든 말일 테지만), 게린저는 추정 수명이 20년이 넘는 표본이 전혀 없다는 사실을 깨달았다. 이는 오렌지 러피 수명의 5분의 1에 불과했다.[59]

달팽이물고기는 심해 생명체치고는 빨리 크고 빨리 죽는다. 이들은 성장하고 성숙해지고 번식하지만, 그다음엔 진흙 사태에 묻혀 굶주린 청소부 생명체들에게 재활용된다. 이들은 인간이 자연계에 미치는 파괴적인 영향과는 거의 무관한 영역에 산다. 이들에게 가장 큰 위협은 지각판 이동이며, 또 그로 인해 발생하는 성경에나 나올 법한 대규모 진흙 사태다.

산맥 덕에 줄기러기는 높은 고도를 나는 운동선수가 되었다. 그리고 지각이 끊임없이 마그마로 되돌아가는 지질 활동 덕에 오늘날의 달팽이물고기가 생겨났다.

수심 8,500미터 아래, 그러니까 달팽이물고기가 사는 하달 존보다 더 아래에도 동물들이 산다. 불가사리, 등각류, 해삼, 유리해면 등이 그 좋은 예다. 이들은 모두 수심 1만 미터도 더 되는 심해에서 물이나 퇴적물을 걸러 먹는 종이다. (물고기와 달리 해양 무척추동물은 세포 내 삼투압을 자신이 사는 바닷물의 삼투압에 맞출 수 있다. 그래서 '삼투압 적응자'로 알려져 있으며, 높은 수압으로부터 스스로를 지키기 위해 TMAO를 추가하는 행위를 유리 아미노산[FAA]이나 다른 메틸아민 같은 또 다른 삼투질로 쉽게 대체할 수 있다.) 그러나 해구 생태계의 두드러진 특징이 있다면, 그건 달팽이물고기의 주요 먹잇감인 청소 동물, 즉 단각류의 존재 여부다. 물고기 포식자들이 없는 곳에는 단각류가 잔뜩 몰려든다. 물고기에게는 살기 힘든 곳이 단각류에게는 아주 살기 좋은 곳이다. 수심 8,500미터 아래에서 단각류를 먹을 수 있는 유일한 생명체는 더 큰 단각류뿐이다.

고등어 한 토막을 가장 깊은 해구에 내려보내면 곧, 그러니까 몇 분 안에 단각류가 몰려든다. 대부분은 손톱보다 크지 않지만, 아주 큰 일부 단각류는 하수구 쥐만큼 크게 자란다. 이들은 다 함께 2시간 안에 물고기 1마리를 뼈만 남기고 다 먹어 치울 수 있다. 이 청소부들이 미끼를 찾아내면 곧 포식자가 나타나는데, 바로 자기보다 작은 청소부들을 잡아먹는, 노 모양의 긴 다리가 달린 기다란 단각류다. 이들은 워낙 빨리 나타나기 때문에 심해 과학자들은 종종 이들이 대체 어디서 왔나 의아해한다. 근처 진흙 속에 묻혀 있었던 걸까? 죽은 물고기 냄새를 따라 먼 길을 온 걸까? 하달 존 사방 몇 미터를 비추고 있는 고정 카메라를 보면, 이들에게는 순간이동 능력이라도 있는 것 같다.

혈색 없는 갑각류인 단각류로 가득 찬 사진이나 동영상이 전 세계적인 뉴스거리가 될 일은 없겠지만, 단각류 채집이 이처럼 쉽다는 것이 심해 생물학자들에게는 정말 큰 도움이 된다. "얘네 덕에 우리는 하달 존에 대해 엄청나게 많은 것을 알게 됐어요." 뉴캐슬대학교에서 박사 과정의 일환으로 하달 존 단각류 연구를 시작한 심해 생태학자 요한나 웨스턴Johanna Weston의 말이다. 이들의 DNA를 분석하고 비교함으로써, 그녀는 멀리 떨어진 해구들이 얼마나 긴밀히 연결되어 있는지(또는 고립되어 있는지) 많은 사실을 알 수 있었다. 그 결과 세계에서 가장 외떨어진 해구는 푸에르토리코나 페루-칠레 해구일 가능성이 높다고 밝혀졌으며, 그곳의 단각류는 다른 그 어떤 곳의 단각류보다 서로 닮지 않았다. 그녀는 또 단각류의 소화기관 내 내용물을 조사하여, 심해가 위쪽 바닷물과 어떻게 연결되어 있는지 알 수 있었다. 또한 단각류의 다양성에 대해 더 많은 걸 밝혀내서 해양 해구의 생명체가 생존에 급급한 정도가 아니라 오히려 번성하고 있다는 사실을 깨달았다. 웨스턴은 이렇게 말한다. "하지만 다른 동물군에 대해선 아직 이 정도 큰 진전을 이룰 만큼 자료가 많지 않아요."

내가 미국 매사추세츠주 우즈홀해양연구소에서 웨스턴을 방문한 날, 그녀는 배낭 속에 작은 유리병 2개를 넣어왔다. 각 병 안에는 과학계에 아직 알려지지 않은 단각류가 들어 있었다. 그녀는 2016년 푸에르토리코 해구 바닥에서 채집된 그 표본들을 투명한 보존액에서 꺼내 우리가 앉은 피크닉 탁자 위의 페트리 접시에 놓았다. 야외에 앉아 있는데도 강한 에탄올 냄새가 코를 찔렀다. 나는 머나먼 땅에서 온 그 동물을 내려다보며, 이들을 대체 어떻게 묘사해야 하나 고민했다. 한 단각류가 다른 단각류보다 회색빛이 더 돌고 더 둥글며 다리도 더 짧다. 나는 더 이상 묘사할 말을 찾지 못했다. 그들은 게나 바닷가재처럼 집게발도 없다. 더듬이는 적어도 현재의 보존 상태에선 다리들 속에 감춰져 있다. 이들은 마치 죽마에 올라탄 마르고 창백한 쥐며느리 woodlice(곤충의 일종-옮긴이) 같다.

웨스턴은 그들을 다른 눈으로 본다. "나는 개인적으로 얘네들이 아름답다고 생각해요." 이들은 먹이에 따라 그 껍질이 오렌지빛 도는 적갈색이나 노을빛 도는 분홍색 같은 가을 색조로 빛나 보인다. "다리나 몸이 정말 길어서 헤엄도 아주 잘 치고 먹이 사냥도 잘하는 다른 단각류도 있어요." 그러나 웨스턴은 자신이 애초부터 단각류를 좋아했던 건 아니라는 사실을 인정한다. "박사 과정을 시작하기 전엔 단각류가 뭔지도 몰랐어요." 전 세계에서 모아온 이 갑각류로 가득한 찬장을 마주했을 때, 그녀는 이들에게 눈에 보이는 것 이상의 뭔가가 있다는 것을 알았다. 잘 보존된 물고기는 드물거나 아예 없었지만, 이들은 가장 깊은 해구로 들어가는 입구 같은 존재였다. 웨스턴은 말한다. "그냥 결정해야 해요. '난 얘네들이 세상에서 제일 멋진 생명체라고 생각할 거야'라고요. 그리고 난 이 아이들이 엄청나게 귀엽다고 생각하고 싶어요. 현미경으로 아주 많이 들여다봐야 하니까요."

그녀는 박사 연구를 통해 단각류를 세계적인 아이콘으로 만드는 데에도 일조했다. 마리아나 해구 수심 7,000미터 지점에서 채집한 한 어린 단각류를 해부하던 중, 웨스턴은 그 안에서 파란색 미세 섬유를 하나 발견했다.[60] 길이가 0.5밀리미터 조금 넘고 활 모양을 한 그 섬유는 의류나 식품 포장재에 쓰이는 플라스틱의 한 종류인 폴리에틸렌 테레프탈레이트, 즉 폴리에스터 조각이었다. 특히 생수병 제작에 쓰이는 플라스틱이다. 육지에서 소비자가 하는 선택이 광범위한 영향을 미친다는 걸 알리기 위해, 웨스턴은 그 종의 학명을 유리테네스 플라스티쿠스Eurythenes plasticus라고 정했다. 그녀는 자신의 지도교수 앨런 제이미슨과 함께 이렇게 썼다. "이 이름은 우리 바다

곳곳을 위협하는 플라스틱 오염의 심각성을 보여준다."[61]

심해는 워낙 멀리 떨어져 있어 오염되지 않았을 것이라는 잘못된 인식이 있다. 마리아나 해구의 깊이는 종종 '에베레스트산 높이에 수천 미터를 더한 깊이'로 설명되지만, 이런 비교는 중력이라는 중요한 차이를 간과한 것이다. 어떤 물건이 에베레스트 정상까지 올라가려면 옮겨지거나 바람 등에 의해 위로 날아가야 한다. 그러나 플라스틱병이 마리아나 해구에서 제일 깊은 챌린저 딥에 도달하려면 그냥 가라앉기만 하면 된다. 하달 존에서 발견되는 미세플라스틱에 대한 2020년의 한 연구에서는 심해 해구를 '바다의 최종 쓰레기통'이라고 불렀다.[62]

세계 바다의 수면에는 25만 톤의 플라스틱이 떠다니는 것으로 추정된다.[63] 그러나 그것은 쓰레기의 한 종류일 뿐이다. 미국 정부의 국립해양대기청에서 내놓은 영상을 보고 게린저는 2022년에 직접 잠수정 앨빈을 타고 잠수했다. 그 결과 게린저는 심해에서 문제가 될 만한 낯선 물건을 수백 개나 발견했다. "낡은 어뢰 같은 것도 있었지만, 청바지나 핫소스 포장지, 캔, 머리끈, 사다리 등 별별 것들이 다 있더군요." 함께 연구실에 서 있을 때 그녀가 말했다. 바깥 복도에는 이런 사례 몇 가지를 보여주는 포스터가 한 장 붙어 있었다. "결국 이 모든 것들이 심해로 들어오고 있어요. 지금 그 서식지들은 원래의 자연 상태가 아니에요. 전혀 다른 세상이 아니라, 바다 이외의 나머지 세계와도 밀접하게 연결되어 있는 문제입니다."

폴 얀시가 내게 '물고기 세계'의 잠재적 한계, 그러니까 바닷물이 물고기 몸에 흡수되는 수심 8,500미터 지점에 대해 얘기했을 때, 나는 그에게 물고기가 그 한계를 돌파할 수 있을 거라고 생각하는지 물었다. 그러면서 동시에 오늘날의 진화를 연구하고 있는 고생물학자이자 작가인 토머스 할리데이Thomas Halliday가 한 말을 떠올렸다. 그는 2022년에 내놓은 저서《아더랜드》에서 이렇게 썼다. "화석 기록은 우리에게 반복해서 보여준다. 새로운 틈새 서식지가 생기고 새로운 자원이 생길 때마다, 반드시 무언가가 진화해 그걸 이용하게 된다는 것을. 무언가 새로운 것을 만들지 않는다면 자연이 아니다." 현시대가 영영 역사 속으로 더 깊이 사라져 가는 상황에서, 나는 수백만 년에 걸친 진화를 통해 이 삼투압 한계가 깨질 방법이 찾아질지 궁금했다.

수심 8,500미터 아래에는 분명 많은 단각류가 살고 있다고 얀시는 내게 말했다. 이 말은 그의 이론을 간접적으로 뒷받침해 준다. 그 수심에서는 단각류가 달팽이물고기에게 잡아먹히지 않아 두려움 없이 마음껏 몰려다닐 수 있기 때문이다. 동시에 이는 아직 활용되지 않은 자원을 의미하기도 한다. 새로운 틈새 서식지로의 이동을 촉진하는 진화의 기본 방정식에서 빠진 유일한 요소는 경쟁이다. 달팽이물고기든 떠도는 커스크 장어든 수심 8,000미터 지점에 사는 물고기에게 그곳은 그들만의 세상이다. 그러나 먼 미래에 상황이 변하고, 등가시치나 쥐꼬리물고기 등이 부레를 잃고 더 깊은 해구로 내려가 이 틈새 서식지에서의 경쟁이 더 치열해진다면, 이들은 더 깊은 곳으로 내려가 살라는 압박을 받게 될지도 모른다.

그러나 그렇게 되면 이들의 생리적 구조에 극적인 변화가 필요해질 것이다. 달팽이물고기는 아가미와 신장을 통해 혈액에서 소금이 아닌 물을 빼내야 할 것이다. 그건 해양 물고기들이 진화해 온 방향과는 정반대다. 하지만 불가능한 것은 아니다. 연어는 바다 생활 방식에서 벗어나 내륙 깊숙한 데 있는 강과 개천의 산란지로 이동하기 시작할 때 그렇게 했다. 물론 몸이 적응하는 데는 며칠 걸리지만, 그들은 바닷물고기에서 민물고기로 변한다. "물고기들은 그럴 수 있습니다"라고 얀시는 말한다. "하지만 오랜 세월 그렇게 진화해 온 물고기들만 그렇죠."

누가 알겠는가. 5,000만 년 후에는 마리아나 해구에서 제일 깊은 챌린저 딥에 사는 달팽이물고기가 주변에서 물을 흡수해 우리가 소변으로 요소를 배출하듯이 몸 밖으로 배출하고 있을지. 만일 수심 8,400미터 위쪽으로 올라간다면 다시 아가미와 신장에서 소금을 배출하는 옛 방식으로 돌아가게 될지도 모른다. 그런데 굳이 그럴 필요가 있을까? 저 깊은 바다에는 평생 먹고도 남을 만큼 많은 단각류가 있는데.

6장

전력 질주 후 필요한 것

극고온

개미는 짐을 내려놓고 더듬이를 닦는다. 더듬이를 하나씩 턱뼈 사이에 넣고 문지른다. 나는 거칠고 아주 메마른 땅에 맨살이 드러난 두 무릎을 꿇고 앉은 채, 개미의 모습을 담기 위해 카메라 초점을 맞추려 애쓰고 있었다. 누군가 보고 있다면, 분명 지금 대체 뭘 하는 건지 의아해할 것이다. 내가 왜 말라비틀어진 엉겅퀴 덤불과 카우 파슬리 그리고 버려진 맥주병 사이에 무릎을 꿇고 앉아, 일부러 멈춰서 쳐다보거나 특히 사진 찍을 생각은 절대 하지 않을 동물의 모습을 촬영하려 하는지 알 수 없을 테니 말이다. 곤충학자 E.O. 윌슨E.O. Wilson은 언젠가 이렇게 말했다. "개미는 어디에나 있지만, 어쩌다 한 번씩 눈에 띈다."[1] 그러나 나는 우연히 이곳에 온 게 아니었다. 20년 넘게 개미를 연구해 온 남부 스페인 세비야 소재 생물학 연구소의 연구원 심 세르다Xim Cerda의 안내를 받아 함께 온 것이었다. 이 특별한 지역은 도시에서 남쪽으로 이어지는 고속도로 바로 옆의 흙밭으로, 그의 연구 장소 중 하나였다. 내가 카메라 렌즈를 통해 감탄하며 보고 있는 개미는 학명이 카타글리피스 벨록스Cataglyphis velox로, 주로 사하라 사막의 타는 듯 뜨거운 모래언덕이나 튀니지의 뜨겁게 달궈진 소금 평원과 관련 있는 개미 무리다. 카타글리피스 벨록스는 열에 내성이 있는, 즉 열을 좋아하는 개미다.

이 개미는 호주와 남아프리카에 사는 먼 친척뻘의 두 개미과와 함께 육지 동물이 살 수 있는 환경의 한계점에 서 있다. 내가 감탄하는 점은 땅 온도가 섭씨 60도를 넘는 때에도 계속 먹이를 찾아다닌다는 것이다.[2] 실제로 이 개미는 다른 동물들이 열에 쫓겨 그늘진 피난처로 찾아갈 때까지 지하 둥지에서 나오지 않는다. 그 온도는 대략 섭씨 약 40도 이상으로, 그 정도의 열에서는 개미의 몸을 구성하는 단백질이 풀려 비활성화된다. 생명체가 살기 힘든 열기에도 카타글리피스 개미는 다른 동물이 도망가는 세상으로 힘차게 나온다. 카타글리피스 개미 연구의 대가인 뤼디거 베너 Rüdiger Wehner는 한때 이렇게 썼다. "이 개미는 먹이를 찾기 위해 가장 뜨거운 한낮의 몇 분간 갑자기 땅속 굴에서 몰려나온다."[3]

내가 지켜보고 있는 일개미는 또 다른 개미를 물고 있는데, 잡혀 있는 개미는 열에 덜 강한 종이라서 활동 시간이 주로 아침과 저녁의 서늘한 시간대다. 카타글리피스 개미는 열에 강한 청소부로 알려져 있으며, 한낮의 열에 굴복한 곤충들을 먹고 산다.[4] 하이에나나 독수리처럼 더 잘 알려진 청소부들은 포식자가 죽인 먹잇감의 사체를 먹고 살아가지만, 이 개미는 매일 태양에 희생되는 동물들, 즉 그늘을 빨리 찾지 못한 파리, 길을 잃어 자신의 둥지로 향하는 시원한 굴을 찾지 못한 개미, 이카로스 Icarus(깃털과 밀랍으로 만든 날개를 달고 태양 가까이 다가가 떨어져 죽은 그리스 신화 속 인물-옮긴이)처럼 태양에 너무 가까이 날아간 딱정벌레 등을 먹고 산다.

날이 더 뜨거워질수록 발견되는 죽음도 더 많아진다. 이 일반적인 법칙은 카타글리피스 개미가 자기 집단을 먹여 살리기 위해 스스로 죽음의 길로 들어선다는 사실을 의미한다. 열에 강하긴 해도, 이들에게도 한계가 있다. 종에 따라 다르지만 체온이 섭씨 50도나 55도를 넘으면 말라 죽은 또 다른 사체로 발견될 수도 있다. 사실 한때 생물학자들은 이 개미가 먹이를 찾기 위해 큰 위험까지 감수하는 모습을 보고 당황스러워했다. 1985년에 한 연구자는 이렇게 썼다. "생명체가 최대한 많은 먹이를 먹기 위해 자칫 목숨까지 앗아갈 온도에 자신을 노출한다는 것은 놀라운 일이 아닐 수 없다."[5] 자신을 그렇게 위험한 상황에 노출하는 일은 진화 측면에서 성공적인 전략 같진 않다. 그런데 알고 보니 개미는 그처럼 위험한 생활 방식에 특히 잘 맞는 것으로 보인다. 개미는 번식하는 여왕개미와 청소 개미, 병정 개미, 채집 개미 같은 식으로 계급이 나뉘어져 있는 진사회성 동물로, 한낮의 뜨거운 열기 속에 돌아다니는 개미들은 불임 상태라서 결코 번식을 하지 않는다. 2장에서 만난 벌거숭이두더지쥐와 마찬가지로, 이런 개미들은 죽어도 집단의 번식에 아무 영향도 주지 않는다. 개미의 희생은 둥지 내 동료들과 여왕을 위해 먹이를 찾아내는 집단의 미래를 위한 행동이기도 하다.

뜨거운 열기 속에서 먹이를 찾는 전략은 예상 밖의 성공이었다. 서로 멀리 떨어진 대륙에 사는 세 집단의 개미가 이 전략을 각각 독립적으로 진화시켰다는 사실이 이를 잘 보여준다. 유럽과 북아프리카의 카타글리피스 개미뿐 아니라 호주의 멜로포루스 Melophorus 개미와[6] 아프리카 나미브사막의 오시미르멕스^{Ocymyrmex} 개미도 있는데,[7] 이들은 안개에서 수분을 모으는 딱정벌레의 이웃이다. 1916년 조지 아놀드$^{George\ Arnold}$는 딱딱하고 무미건조한 저서 《남아프리카 개미 총서$^{A\ Monograph\ of\ the\ Formicidae\ of\ South\ Africa}$》에서 오시미르멕스 개미에 대해 아주 들뜬 듯한 어조로 설명했다. "이 개미는 또 놀랄 만큼 속도가 빠르다. 그 면에서는 내가 아는 다른 그 어떤 개미보다 훨씬 뛰어나 거의 땅 위를 막 날아다니는 것처럼 보인다. 게다가 움직임이 빠른 만큼 불규칙하기도 해서 몇 센티미터 이상 직진하는 것은 불가능해 보일 정도이며, 우연히 이 개미 1마리를 본 사람이라면 길 잃은 불행한 개미가 히스테리성 치매에 걸린 모양이라고 생각할지도 모른다."[8]

그러나 열에 강한 모든 개미에게서 공통적으로 나타나는 불규칙한 전력 질주가 무질서의 징후는 아니다. 이 역시 극도로 높은 열에 적응한 모습이다. 잎이나 흰개미 둥지에서 먹이를 찾는 개미들과는 달리, 열에 강한 개미들은 어디서나 먹이를 찾을 수 있다. 물론 그것은 예측 불가능한 일이다. 그들이 기댈 만한 유일한 탐색 기준은 다음 먹이 역시 강한 햇볕 아래 있을 가능성이 높다는 것이다. 설사 먹이를 찾는 한 개미가 특히 먹이가 풍부한 곳으로 간다고 해도, 그 위치를 둥지 안의 동료들에게 알려줄 방법이 없다. 다른 일반적인 개미들이 줄지어 다니는 이유는 페로몬 흔적을 따라가는 것인데, 카타글리피스 개미가 먹이를 찾는 온도에서는 그 흔적이 바로 증발해버린다. 그래서 이 개미에게 남겨진 선택지는 한 가지뿐이다. 미친

전력 질주 후 필요한 것

듯이 그러나 체계적으로 직접 건조한 땅을 샅샅이 뒤지는 것. 사체가 너무 커서 옮길 수 없다면 포기한다. 땅속에 있을 땐 수백 마리의 동료들과 더듬이를 비벼대지만, 먹이를 찾으러 다니는 카타글리피스 개미는 먹이를 찾든가 아니면 홀로 죽든가 둘 중 하나다.

　6월 중순의 늦은 아침에 심 세르다는 몸을 앞으로 구부린 채 천천히 엉겅퀴 덤불을 뒤져가며 특정 종의 개미를 찾고 있었다. 열에 강하며 가장 효율적인 먹이 청소부로 알려진 카타글리피스 개미속의 하위 종을 찾는 것이다. 카타글리피스 벨록스종은 긴 다리 덕에 타는 듯이 뜨거운 땅에서 몸을 2밀리미터 들어 올려 스스로를 보호하고 최대 15도 더 시원한 공기를 쐴 수 있다. 카타글리피스 로젠하우에리종은 거기에 더해 또 다른 전략을 진화시켰다. 가슴과 배 사이에 특수한 경첩 같은 이른바 '가스터'gaster가 있어, 달릴 때 엉덩이가 하늘 쪽으로 향해서 몸이 더 시원한 위쪽 공중까지 올라가는 것이다. 심 세르다가 실험실에서 증명한 바에 따르면, 이 개미들은 그렇게 단순한 전략 덕에 땅의 온도가 섭씨 55도일 때 몸을 6도 더(단순히 긴 다리만 있을 때보다 더) 식힐 수 있다.[9]

　몇 분간 찾아다닌 끝에 마침내 1마리를 발견한 심 세르다가 쓰레기가 흩어져 있는 땅으로 나를 불렀다. 양귀비 씨앗만 한 작은 점 하나가 자갈투성이의 땅바닥을 쏜살같이 달려가다 마치 보이지 않는 교차로에 서듯 자주 멈췄다. "정말, 엄청 빠르네요"라고 그가 말했다. 위에서 보면 달리면서 점점 작아지는 것 같고, 뒤집힌 배 때문에 몸 전체가 균형이 안 맞거나 불완전해 보인다. 조지 아놀드가 남아프리카의 친척 개미에게서 본 그 불규칙한 방식대로, 이 개미는 앞으로 40분간 전력 질주하면서 먹이를 찾고 그런 다음 둥지로 돌아갈지도 모른다. 내 시선 높이의 대기 온도는 이미 섭씨 30도였고, 반바지와 티셔츠 차림인 나는 몸이 열기로 달아오르고 있었다. 우리는 심 세르다의 차로 되돌아가 시원한 에어컨 바람을 쐬며 고속도로로 향했다.

짧고 곱슬곱슬한 흰 머리에 주름이 깊게 패어 다정한 얼굴을 한 50대 초반의 심 세르다는 곤충 연구에 평생을 바쳐왔다. 어린 시절 그는 스페인 북동부 바르셀로나 인근 집 주변에서 후다닥 기어가고 뛰고 날아다니는 모든 곤충을 채집했다. 손에 그물을 들고 다녔던 그는 생명체의 질서, 생물의 수많은 종, 그리고 머리·가슴·배의 세 부위로 나뉘어 다리가 6개인 곤충의 끝없는 다양성에서 위안을 찾는 호기심 많은 아이였다. 뿔이 긴 딱정벌레, 꼬리가 갈라진 나비, 무지갯빛 광택이 나는 파리. 반 친구들은 새에 더 관심이 많았지만, 심 세르다는 땅바닥을 기어다니며 곤충을 찾는 일이 가장 행복했다. 그의 방에 전시된 곤충 표본 대부분은 아주 흔하고 잡기 쉬운 것들이었지만, 그래도 그는 그것들을 특별하게 여겼다. 그는 뒷날개 꼬리 끝이 갈라져 있어 '제비꼬리나비'swallow-tail butterfly(호랑나비라고도 한다-옮긴이)라 불리는 나비를 가장 좋아했다.

전력 질주 후 필요한 것

곤충 채집은 거의 무한한 취미로, 성인이 되어서도 더 많은 연구를 하게 만드는 매력이 있다. 새의 종 수는 1만 종이지만, 곤충의 종 수는 수백만에 달한다.[10] 딱정벌레만 생각해 보더라도, 첫 번째 날개 쌍을 딱딱한 덮개인 '겉날개'로 진화시킨 종만 40만이 넘는 것으로 알려져 있다.[11] 사실 여부가 불확실한 인용이지만, 유전학자 J.B.S. 할데인[J.B.S Haldane]이 언젠가 이런 말을 했다고 한다. "지구에 생명을 만든 창조주가 있다면, 딱정벌레를 유난히 좋아했던 듯하다." 참고로 개미는 말벌 및 벌과 함께 막시목에 속하는 곤충 집단으로, 알려져 있는 종이 1만 5,000종 이상이다.[12] 개미는 형태의 다양성이나 종 수가 부족한 부분을 엄청난 개체 수로 메운다. 예를 들어 2022년에 발표된 학술지 〈미국국립과학원 회보〉에 실린 한 연구에서는 지구상에 20경 마리의 개미들이 살고 있는 것으로 추정했다.[13] 그 개미를 전부 모아 인류에게 선물로 나눠준다면, 모든 사람이 250만 마리씩 갖게 되는 셈이다. 엄청나게 많은 개미를 거대한 자루에 넣어 거대한 저울에 올린다면, 모든 야생 포유동물(코끼리, 기린, 고래와 같은 거대 동물 포함)과 새를 전부 합친 무게보다 더 무거울 것이다.[14] 무려 모든 곤충을 합친 무게의 3분의 2나 된다.[15]

그러나 세상의 모든 개미를 잡아 자루에 넣는다면 재앙에 가까운 손실이 될 것이다. 4개 대륙의 생태계에서 가장 부지런한 영양분 재활용가이자 잎과 씨앗, 죽은 절지동물 같은 유기물을 끌어모아 더 많은 개미를 만드는 물질로 바꾸는 일꾼들을 잃게 될 테니 말이다. 그래서 곤충학자 E.O. 윌슨은 개미들을 '세상을 움직이는 작은 존재

들'이라고 칭했다.[16]

개미 연구는 '개미학'myrmecology이라고 불린다. 그래서 개미를 연구하면 개미학자다. 우리가 차를 몰고 스페인 남부 세비야 외곽에 있는 두 번째 현장으로 갈 때, 나는 심 세르다에게 그가 자신을 개미학자라고 생각하는지 물었다. 그런 호칭은 E.O. 윌슨 같은 위대한 곤충학자와 자신을 연결해 주는 자부심의 배지가 될 테니 말이다. 그랬더니 그는 곤충학자가 곤충 전체를 연구하는 더 폭넓은 의미의 용어이므로, 자신은 곤충학자로 불리는 게 더 좋다고 답했다. 실제로 그는 개미 해부학으로 박사 과정을 마친 뒤 아주 다른 곤충 집단인 바퀴벌레의 생식기관을 연구했다. 그 이력으로 자신의 고향인 바르셀로나에서 안정적인 일자리를 잡을 수도 있었으리라. 그러나 2년간 현미경을 들여다보며 난소를 해부한 끝에, 그는 다시 밖으로 나가 어린 시절처럼 자연환경에서 곤충을 관찰하고 싶어졌다. 그래서 결국 세비야에서 생태학자로 일하기로 결정했고, 현재 도냐나 생물학연구소에서 일하고 있다. 이 연구소는 외벽이 붉은 테라코타로 된 현대적인 건물로, 강 건너 맞은편에는 도시 중심부의 좁은 자갈길과 대성당 그리고 타파스 전문 술집들이 늘어서 있다. 개미는 그가 연구를 시작하게 된 주요 동기도 아니고 좋아하는 곤충도 아니었다. 그러나 개미 덕에 그는 다시 수시로 현장 연구를 할 수 있었다. 세비야의 고속도로 옆 한 조각의 땅이든 모로코 사막의 모래언덕이든, 개미는 어디에나 있다.

심 세르다의 어린 세 자녀에겐 속상한 일이지만, 그의 현장 조사 여행은 종종 가족 휴가와 겹친다. 그리고 열에 가장 강한 것으로 알려진 동물을 연구할 경우, 필시 사막에서 많은 시간을 보내야 한다. 생물학 연구소에 몸담고 있는 그의 아내 엘레나 앙굴로Elena Angulo 역시 개미를, 특히 세계 곳곳에서 토착종을 말살하고 있는 침입종인 아르헨티나 개미를 연구 중이다. 2021년, 세르다와 그 가족은 페리를 타고 지브롤터 해협을 건너서 차를 몰고 사하라 사막 끝부분에 위치한 모로코 남동부의 메르주가 마을로 들어갔다. 그곳에는 낙타와 사륜 오토바이들 그리고 생명체의 씨가 마른 듯한 끝없는 모래언덕이 있다. 사무실로 돌아온 세르다는 여행 중에 찍은 사진 몇 장을 내게 보여주며, 심지어 이곳에도 규칙적으로 식물들이 자라는 구역이 있다고 말했다. 푸른 초목과 그늘이 있는 오아시스 근처에는 학명이 카타글리피스 봄비시나인 사하라은개미가 있다. 그는 내게 자기 아들이 이 개미 중 1마리를 손에 들고 있는 사진을 보여줬는데, 그 은빛 광택이 아이의 얼굴에 깃든 미소만큼이나 밝았다. 그리고 사진 속엔 여덟 살인 그의 막내딸도 보였다. 아이는 햇볕 가리는 모자로 얼굴을 덮은 채 덤불 그늘 속에서 낮잠을 자고 있었다. 아이들은 여행 중 최소 이틀간 현지 워터파크를 무제한으로 이용할 수 있었다.

사하라은개미는 아마 모든 개미 가운데 좋은 의미에서 가장 유명한 종일 것이다. 이 개미는 데이비드 애튼버러의 다큐멘터리에도 등장했다. 과학 잡지들의 표지를 장식하기도 했다. 분명 이 개미의 은빛 외피 때문인데, 외피로 인해 살아 있는 금속 덩어리처럼 보인다. 지구에서 가장 혹독한 서식지에서 먹이를 찾아 돌아다니는 금속 덩어리 말이다. 다른 카타글리피스 개미, 심지어 인근 튀니지 염전에 사는 검은색 카타글리피스 포르티스도 이런 특징은 없다. 사하라은개미는 외피의 독특한 광택 덕에 무려 섭씨 54도의 온도에서도 먹이를 찾아다닐 수 있다.[17] 그 때문에 지구에서 가장 열에 강한 동물 중 하나이기도 하다.[18]

외피가 은빛을 내는 것은 실은 햇빛이 고운 털 층에 부딪혀 반사되기 때문이다. 그 털 층은 케라틴이 아니라 곤충과 다른 절지동물 그리고 곰팡이가 사용하는 단단한 단백질인 키틴으로 구성되어 있다. 옆으로 나 있는 그 털 하나를 뽑아 당근 자르듯 단면을 잘라서 현미경으로 보면 삼각형으로 보일 것이다. 이는 2015년 학술지 〈사이언스〉에 실린 한 연구에서 과학자들이 실제로 해본 일이다.[19] 컬럼비아대학교의 난팡 유^{Nanfang Yu} 연구진은 카타글리피스 개미 연구 분야의 대가인 뤼디거 베너와 팀을 이뤄 열에 강한 개미들을 상대로 그 어느 때보다 정밀한 관찰을 했다. 그들의 고성능 현미경 아래에서, 이 삼각형 모양 털에서 개미 몸 쪽 면은 평평하지만, 머리와 가슴, 배 쪽은 모양을 따라 꼭 맞게 붙어 있다.[20] 그러나 삼각형 모양 중 위쪽을 향한 두 면(그리고 이 면은 항상 위를 향한다)은 물결 모양의 차고 지붕처럼 주름이 잡혀 있다. 여기가 아주 중요하다. 이는 햇빛이 적어도 두 가지 방식으로 흩어진다는 의미다. 햇빛의 일부는 이 주름 잡힌 바깥 면에서 반사된다. 차고 지붕에 탁구공들을 던지면, 그 공들은 사방으로 튕겨 나간다. 햇빛도 마찬가지다. 그러나 햇빛은 털이 없는 부위로 들어가면서 약간 꺾이기도 한다(햇빛이 공기에서 물로 들어갈 때 굴절되는 것처럼). 털의 평평한 밑면이 중요한 역할을 하는 것은 바로 이때다. 그 밑면이 거울 역할을 해서 안으로 들어온 햇빛을 다시 위로 반사하여 개미 몸에서 멀어지게 하고, 다시 주름진 표면을 통해 주변 환경으로 흩어지게 하는 것이다.

난팡 유 연구진은 고급 분광계와 컴퓨터 시뮬레이션 기법 그리고 키르히호프의 열복사 법칙(어떤 물체가 빛 또는 열을 잘 흡수하면 그만큼 잘 방출한다는 법칙-옮긴이)도 활용했지만, 더 간단한 방법도 마다하지 않았다. 과학자들은 뭔가의 중요성을 밝히기 위해 종종 그 뭔가를 제거해 본다. 예를 들어 어떤 유전자가 발달 과정에서 하는 일을 알기 위해 그 유전자를 억제하거나 DNA 서열에서 잘라내 본다. 어떤 종이 더 큰 생태계에 미치는 영향을 알기 위해 한 장소에서 그 종을 없애본다. 사하라은개미의 열 제거 능력을 알아보기 위해 그 털을 깎아본다. 삼각형 모양의 털이 사라진 사하라은개미의 머리는 더 이상 은빛이 아니었다. 그리고 몸 표면에 닿는 태양 복사의 41퍼센트가 반사됐다.[21] 그러나 털이 있을 때는 67퍼센트가 반사됐다. 큰 차이는 아닐지 몰라도, 개미들이 종종 '열의 외줄타기'를 할 때 26퍼센트는 엄청난 차이를 만들어 낸다.[22] 다음 먹이를 찾느냐 아니면 스스로 다음 먹이가 되느냐의 차이 말이다.

이 실험은 죽은 개미나 목이 잘린 개미를 상대로 진행됐다. 그러나 사막 개미는 그저 가만히 서서 자신이 햇빛에 서서히 데워지도록 내버려 두진 않는다. 둥지 밖으로 나올 경우 그들은 거의 끊임없이 움직인다. 내가 스페인 남부에서 본 카타글리피스 벨록스와 카타글리피스 로젠하우에리가 그랬듯 그들은 황량한 주변을 쏜살같이 달리는데, 긴 다리 덕에 곤충 세계의 우사인 볼트처럼 빠르다. 2019년, 독일 울름에서 활동 중인 곤충학자 사라 페퍼Sarah Pfeffer와 동료들은 사하라은개미 하나하나에 초고속 카메라를 들이댔고, 그 결과 참깨 씨만큼 작은 그들이 1초에 몸길이의 100배, 초당 거의 1미터를 달릴 수 있다는 사실을 발견했다.[23]

여기서는 '전력 질주'라는 말을 써야 옳다. 그리고 이들은 체온이 한계점에 도달했을 때 더 많은 열을 방출할 열 피난처를 찾는 등 규칙적으로 휴식을 취해야 한다. 지면 온도가 거의 섭씨 60도에 달하더라도, 단 1센티미터 위쪽이 20도나 더 시원할 수 있다.[24] 작은 나뭇가지 하나 혹은 풀 하나도 생명의 은인이 될 수 있는데, 개미를 더 시원한 위쪽 공기로 올라가게 해주는 존재다. 날이 더 뜨거워질수록 개미는 더 자주 열 피난처에서 쉬어야 한다. 한 연구에 따르면, 이 개미는 먹이 채집 시간의 25퍼센트에서 75퍼센트를 이러한 피난처에서 보낸다.[25]

사막 개미들은 섭씨 30도 이하의 온도에서도 살아남을 수 있지만, 주로 다른 개미들과의 경쟁 때문에 그런 환경은 피한다. "아페노가스터 개미가 카타글리피스 개미의 주요 경쟁자입니다." 그날 먼저 발견했던 다리가 더 짧고 움직임도 느린 검은 개미와 비교하며 세르다가 말했다. "그들도 죽은 동물을 먹는 청소 개미죠." 그러나 중요한 차이가 있다고 그는 덧붙인다. 하루 중에서 좀 더 시원한 시간대에 움직이는 아페노가스터 개미는 혼자 운반할 수 없는 큰 먹 잇감을 발견할 경우 페로몬 흔적을 이용해 둥지 속 동료들을 데려 올 수 있다. "이들은 20마리 이상의 일개미와 함께 돌아와 큰 귀뚜 라미 1마리를 가져갈 수 있습니다"라고 그는 말한다. "그런데 카타 글리피스 개미는 어떠냐고요? 아뇨. 그 개미들은 힘을 합쳐 운반하 지 못해서 작은 먹잇감만 가져갈 수 있습니다. 언제나 혼자 찾고 혼 자 운반하죠."

북유럽과 아시아의 붕어처럼 카타글리피스 개미는 공동체의 하 위 구성원으로 알려져 있다. 주변에 다른 개미들이 있으면 잘해내 지 못한다. 싸움도 거의 하지 않는다. 그래도 둥지 동료들은 독특한 냄새로 알아보며, 동료들이 둥지 안으로 들어올 때면 더듬이로 톡 톡 건드려 서로를 확인한다. 미니어처 화산처럼 보이는 몇몇 둥지 입구를 들여다보니, 일개미 몇 마리가 마치 경비병처럼 보초를 서 서 먹이를 가지고 둥지로 돌아오는 일개미들을 확인하고 있다. 비 록 하위 개체일지는 몰라도, 이들은 인접 집단에서 온 개미는 죽인 다. 하루 중 가장 뜨거운 시간대, 그러니까 먹이 자원이 드물거나 있 을지 없을지 예측 불가능한 시간대에 이 개미 집단은 이웃들에게 여전히 폭력적인 성향을 보인다.

다행히 길을 잃는 개미는 거의 없다. 사막 개미들은 자신이 어디 에 있는지, 어디를 다녀왔는지, 어떻게 원래 있던 데로 돌아가야 하 는지 아는 비범한 능력을 갖고 있다. 이들은 '경로 통합'으로 알려진 과정을 사용하고 있으며, 전 세계의 과학자들이 그 작은 뇌로 어떻게 그리 복잡한 일들을 해내는지 알아내기 위해 카타글리피스 개미를 연구하고 있다.[26] 찰스 다윈이 1871년에 기록했듯, "개미의 뇌는 세상에서 가장 경이로운 물질 원자 중 하나로, 어쩌면 인간의 뇌보다도 더 경이롭다."[27] 예를 들어 카타글리피스 포르티스 일개미는 튀니지 염전에 있는 둥지로부터 100미터 이상 돌아다닌 뒤 벌처럼 곧장 출발했던 곳으로 돌아올 수 있다. 이런 특성이 이 개미만의 특성은 아니지만, 이들이 움직이는 살기 힘든 환경 덕에 더 완벽하게 다듬어졌다. 하루 중 가장 뜨거운 시간대에 전력 질주하면 경쟁이 줄고 포식자에게 먹힐 위험도 줄지만 오래 다닐 수는 없다. 일단 먹이를 찾으면 몸이 과열되기 전에 재빨리 돌아와야 한다. 그러기 위해 이들은 자신들의 둥지를 알아볼 지형지물을 기억하고 걸음 수를 세며 태양에서 오는 편광을 유심히 관찰한다. 이 모든 것을 종합하면 좌표가 나오는 것이다. 사막 개미는 다음 먹이가 어디서 나올지는 모른다고 해도, 자신이 어디 있는지는 아주 잘 알고 있다.

둥지에서 쏟아져 나온 사막 개미들은 각자의 생존을 위해 상상 속 타이머를 작동시킨다. 죽마처럼 긴 다리로 전력 질주하기 때문에 넓은 지역을 탐색할 수 있다. 열에 대한 놀라운 저항력과 규칙적인 휴식 덕분에 계속 살아 있을 수 있다. 더듬이로 공기와 땅의 냄새를 맛보며 죽은 곤충의 흔적을 찾는다. 그러나 둥지로 돌아가는 방법을 모른다면 이 모든 게 무의미할 것이다. 엄밀히 말해, 이 개미는 살기 힘든 곳에서 편히 살아간다고는 할 수 없다. 좋지 않은 환경 속에서 살아남기 위해 거의 죽을 만큼 스스로를 혹사하는 것이다. 그

전력 질주 후 필요한 것

래서 '호열성 동물', 즉 열을 좋아하는 동물이라는 말은 부적절하다. 카타글리피스 개미는 열을 좋아하는 게 아니라 다른 동물들보다 열에 더 잘 대처할 뿐이다.

세비야에 머물면서 도시 기온이 섭씨 44도에 이르자, 나는 사막 개미와 비슷하게 행동하고 있었다. 그 개미처럼 자갈이 깔린 거리를 전력 질주하거나 높은 동상 위로 올라가진 않았지만, 나는 더위를 견디기 위해 그늘과 에어컨을 튼 건물, 선풍기 그리고 차가운 음료 등에 기대고 있었다. 그늘진 거리로만 다니고 오렌지나무 밑에 있는 벤치를 찾으며 물병을 냉장고에 넣어두고 하루 중 가장 더울 때 실내에 머무는 등, 그 모든 피난처를 이용하고 있었다. 기후 변화 때문에 대부분의 남유럽 지역에선 이런 피난처가 삶에 꼭 필요한 부분이 될 것이다.

이처럼 우리는 개미와 비슷한 행동을 할 수는 있지만, 개미와 인간이 열에 견디는 한계를 직접 비교할 수는 없다. 우리는 체온을 아주 다른 방식으로 조절한다. 개미는 작은 변온동물로 알려져 있는데, 주변 환경의 온도에 따라 체온이 오르내린다는 뜻이다. 그러나 인간은 항온동물이다. 우리는 모든 상태를 안정적으로 유지하며, 이상적인 체온도 섭씨 37도에서 크게 벗어나지 않는다. 고위도 북극에 있든 아프리카 초원 지대에 있든, 우리는 이 체온을 유지해야 하며 그렇지 않으면 병들고 죽게 된다. 추울 때는 따뜻하게 입고 몸을 떤다. 세비야 여행에서 내 셔츠와 속옷이 증명했듯, 더울 때는 땀을 흘린다. 땀이라는 액체가 피부에서 증발하며 피부 표면의 열을 일부 빼앗아 식혀 준다. 항온성에 대한 이런 단순한 설명에는 더 복잡한 면도 있고 예외적인 면도 있지만, 핵심은 우리는 체온을 낮추기 위해 물을 사용한다는 것이다. 그리고 그 물은 몸 밖으로 나가야 한다. 이는 곧 온도도 치명적일 만큼 중요하지만 물을 몸 밖으로 내보내는 능력 또한 못지않게 중요하다는 뜻이다. 건조한 환경에서는 우리 몸에서 물이 아주 많이 빠져나가는데, 이는 삼투압 기울기가 커서 물이 공기 중으로 이동하기 때문이다. 그러나 습한 환경에서는 땀 속의 물이 이동하기 어려워진다. 공기에 이미 물 분자가 가득 차 있어 그것들이 서로 자리를 차지하려 하기 때문이다. 그래서 우리 몸에 치명적인 열의 한계를 측정하려면 '습구 온도계'라는 장치를 사용해야 한다. 기본적으로 전통적인 수은 온도계를 젖은 천으로 감싼 형태다. 습구 온도계는 습한 공기보다는 건조한 공기 안에서 훨씬 쉽게 식는다. 물이 증발하면서 온도가 낮아지는데, 이는 곧 수은주가 위로 더 올라가지 않는다는 뜻이다.

  이런 방법을 통해 과학자들은 인간에게 치명적인 체온의 한계가 습도 100퍼센트인 상황에서 섭씨 35도라는 사실을 알아냈다.[28] 현재 그런 상황은 아주 드물다. 그러나 기후 변화 예측에 따르면, 2050년에는 중앙아시아와 페르시아만, 북동 아프리카의 광범위한 지역들이 그렇게 덥고 습한 공기를 정기적으로 경험하게 될 것이다.[29] 게

다가 이는 단지 이론적인 상한선일 뿐이다. 우리 몸이 갑자기 열사병에 걸리게 되는 온도는 더 낮을 수 있다. 열사병은 누군가에겐 치명적일 수 있는 잠재적인 질환으로, 사람에 따라 다르게 발현한다. 미국 질병통제예방센터는 한 보고서에서 이렇게 말하고 있다. "야외 노동자와 노인, 어린이, 유색 인종 공동체, 노숙인, 정신 건강 장애인, 만성 질환자, 에어컨을 쓸 수 없는 사람들, 저소득층 공동체 등이 특히 열 관련 질병에 취약하다."[30] 매년 얼마나 많은 사람이 열 때문에 사망하는지는 정확히 알기 어렵지만(심장마비는 다른 건강 문제로 인해 발생할 수도 있으므로),[31] 한 연구에서는 무더웠던 2022년 여름에 유럽에서 6만 명 넘는 사람들이 사망한 것으로 추정했다.[32] 2021년 7월에 발표된 또 다른 연구에 따르면, 2000년부터 2019년 사이에 전 세계적으로 매년 거의 50만 명이 열 스트레스로 사망한 것으로 추정된다.[33] 추위와 관련된 사망자는 열 배나 더 많았는데(거의 500만 명), 그 수는 전 세계적으로 줄어드는 추세였다. 그러나 더위와 관련된 사망자는 특히 '인구가 밀집된 동부 및 남부 아시아 저지대의 해안 대도시와 동부 및 서부 유럽의 도시'에서 해마다 늘어나고 있다.

카타글리피스 개미 연구를 통해 인간의 열에 대한 생리적 반응 관련 지식을 얻지 못할 수도 있지만, 그럼에도 우리는 개미의 생활 방식에서 한 가지 교훈은 얻을 수 있다. 아무리 열에 강한 곤충이라도 몸을 식힐 방법을 찾아야 한다는 것. 바로 그것이다.

극심한 추위가 생물학적 구조 및 세포막 수축을 유발하는 데 반해, 열은 유동성과 운동 에너지의 진동을 유발한다. 결국 열은 궁극적으로 원자들의 움직임, 즉 우리가 온기나 강한 열기로 느끼는 나노 수준의 미세한 움직임이다. 이 사실은 심지어 원자가 발견되기 전부터 오랫동안 알려져 왔다. 1720년 계몽주의 시대의 영국 철학자 존 로크John Locke는 이렇게 썼다. "열은 물체의 감지할 수 없는 부분들이 아주 활발하게 요동치는 것이며, 이를 통해 우리 몸 안에 그 물체가 뜨겁다고 느끼는 감각을 만들어 낸다. 따라서 우리의 감각이 느끼는 열은 실은 그 물체 내에서의 움직임일 뿐이다."[34]

존 로크가 만일 열을 움직임으로 보는 이 이론의 대표적인 사례인 일본 꿀벌을 알았다면 분명 기뻐했을 것이다. 주 포식자인 길이 5센티미터의 장수말벌로부터 자신의 벌집을 지키기 위해 이들은 수백 마리가 벌집에서 나와 윙윙거리며 몸으로 침입자를 에워싸서 공 모양을 만든다. 처음에는 공 모양의 중심에 있는 꿀벌들이 장수말벌을 침으로 쏴 죽이고 자기도 죽는 과격한 자살 임무를 수행하는 것으로 알려졌지만, 실은 훨씬 더 교묘한 임무다. 꿀벌들은 날개 근육을 진동시켜 공의 중심 온도를 섭씨 약 46도까지 올린다.[35] 꿀벌 공이 만들어지고 30분쯤 지나면 장수말벌은 견딜 수 있는 열의 한계 너머로 내몰리게 된다. 흔히 말하듯 익는 정도가 아니라 쪄 죽는 것이다. 중요한 사실은 꿀벌은 섭씨 48도까지 견딜 수 있다는 것

전력 질주 후 필요한 것

이다. 단 2도 차이로 생과 사가 갈릴 수 있다.

그렇다면 꿀벌과 장수말벌 간의 미세한 차이는 어떻게 설명할 수 있을까? 카타글리피스 개미와 아페노가스터 개미가 견딜 수 있는 열의 한계는? 왜 종마다 치명적인 온도가 다른 걸까? 그 답은 대개 '열 충격 단백질'heat shock proteins, HSP이라는 그럴싸한 이름이 붙은 단백질 그룹으로 귀결된다. 1960년대에 처음 발견된 열 충격 단백질은 미생물부터 현재 인간에 이르는 모든 생명체에서 발견되었으며, 열 스트레스에 대한 보편적인 반응을 나타낸다.[36] 섭씨 0도의 물에서 가장 편안해하는 북극 물고기도 섭씨 5도만 되면 이 단백질을 생산한다.[37] 초파리의 경우, 눈에 띄는 열 스트레스는 섭씨 33도에서 시작해 37도까지 이어지며, 그 온도에서 열 충격 단백질이 최대 속도로 생산된다.[38] 세포가 평소 생산하던 다른 모든 단백질은 잠시 완전히 생산 중단된다. 극심한 열은 세포 내부 수준에서도 감당하기 어렵다. 편안한 범위를 넘어설 경우, 적어도 잠깐은 열 충격 단백질이 견뎌낼 수 있다. 움직임이 증가해 단백질이 변형되어 제 기능을 못 하게 되면, DNA 복제처럼 중요한 세포 기능을 하지 못하게 될 수 있다. 그러나 열 충격 단백질은 열이 갑자기 올라가도 혼란을 막아주는 완충 역할을 할 수 있다. 항동결 단백질이 물 분자와 결합해 얼음 결정 형성을 막아주는 것처럼, 열 충격 단백질은 세포 내부의 생물학적 구조와 결합해 그 구조를 보호해 준다.[39] 깁스가 부러진 뼈를 고정해 주듯, 열 충격 단백질(수백 종류가 있다) 중 일부는 손상된 단백질을 복원해 원래 상태로 되돌려 주기도 한다.

한때 열 충격 단백질은 잠깐의 스트레스 상황을 극복하기 위한 긴급 반응으로 여겨지기도 했으나, 카타글리피스 개미는 이 단백질이 동물의 일상적인 삶의 요소가 될 수 있다는 사실을 처음 보여준 동물 중 하나였다. 예를 들어, 사하라은개미는 섭씨 25도일 때나 50도일 때나 같은 양의 열 충격 단백질을 생산한다.[40] 다시 말해, 다른 곤충의 종과 달리 이들은 열 충격 반응을 보이지 않는 듯하다. 끊임없이 열에 대비하고 있는 것이다. 아마 하루하루가 충격의 연속이기 때문일 것이다. 체온이 섭씨 30도 이하인 상태로 둥지에서 나서지만 단 몇 초 만에 무려 50도를 넘어가니까. 전쟁터에서 갑옷을 입는 대신, 둥지 안에서 완전 무장을 한 채 매일 일어나는 열의 맹공 속으로 달려 나갈 적절한 순간을 기다리는 것이다.

열 충격 단백질은 이름이 암시하는 것보다 훨씬 더 중요하다. 2014년에 나온 흥미로운 저서 《열 충격 단백질과 극한 환경에 대한 전신 적응Heat Shock Proteins and Whole Body Adaptation to Extreme Environments》에서 저자는 이 단백질이 '스트레스 단백질'로 불려야 한다고 말한다. 저산소 상태와 독성 금속, 살충제, 자외선, 바이러스 감염, 건조, 염도 그리고 기타 다른 환경적 스트레스를 막아주는 역할을 하기 때문이다.[41] 최근 몇 년간 HSP, 즉 열 충격 단백질은 알츠하이머병 같은 신경퇴행성 질환과도 연관이 있는 것으로 밝혀졌다. '단백질이 잘못 접혀 생겨나는 장애'로도 알려진 알츠하이머병의 특징인 타우 단백질 축적과 뇌 손상은 Hsp70이라는 열 충격 단백질 유형과 관련이 있다.[42] 알츠하이머병에 걸린 실험실 쥐의 경우, 또 다른 열 충격 단백질인 Hsp27이 풍부하면 질병의 증상들을 완전히 예방할 수 있다.[43] Hsp27을 쥐의 뇌까지 전달할 수 있는 비강 분무제를 알츠하이머병에 걸린 쥐에게 쓰면, 뇌세포 사멸이 줄어들고 기억력이 향상되는 것으로 밝혀졌다. 편안한 범위를 벗어날 만큼 온도를 높인 초파리에서 처음 발견된 열 충격 단백질 덕에, 2050년까지 전 세계적으로 1억 3,000만 명이 걸릴 것으로 예상되는 가장 흔하고 심각한 질병 중 하나인 알츠하이머병을 치료할 새로운 방법을 찾게 될지도 모른다.[44]

건강과 질병에서 열 충격 단백질이 중요하다는 사실은 진화론적 관점에서 이해될 수 있다. 애초부터 생명은 열에 의해 진화했기에.

생명이 지구의 어디에서 생겨났는지에 관해서 크게 세 가지 이론이 있다. 모두 온도가 아주 따뜻하거나 뜨거운 데서 시작됐다는 이론이다. 그 순간의 지질 기록은 수십억 년에 걸친 지구의 변화로 인해 사라졌지만, 옛 조상에 관한 정보는 오늘날 살아 있는 미생물들의 DNA에도 기록되어 있다. 유전적 염기서열 분석은 먼 과거를 들여다보는 망원경과 같다. 과학자들은 '생명나무' 계보도의 여러 가지에 속하는 종의 DNA를 분석해서 그들의 조상이 어떻게 살았을지 추론할 수 있다. 예를 들어, 가장 오래된 세균과 고세균을 살펴보면, 열을 좋아하는 종이 아주 많다. 그들의 '진화나무' 뿌리는 뜨겁고 가끔은 펄펄 끓는 물에 박혀 있다. 이른바 '초고온 생물 에덴 가설'은 오늘날 살아 있는 미생물들의 DNA에 의해 뒷받침된다.[45] 정확한 위치는 알려진 바 없지만, 생명의 기원을 연구하는 과학자들은 대체로 뜨거운 곳이었을 것이라고 추측한다.

생명체가 언제 나타났는가 하는 것도 40억 년의 시간이 흐르면서 흐릿해져 알 수가 없다. 오래된 화석들을 보면 약 38억 년 전에 생명체의 서식 환경이 조성되기 시작한 것으로 추정되는데, 그 시기는 소행성과 기타 우주 암석들이 계속 지구를 강타한 '대폭격 시기' 이후다.[46] 최대 규모의 충돌은 지구가 처음 구 모양의 우주먼지 덩어리로 합쳐질 무렵에 일어났다. 그 원시 지구에 화성 크기의 떠돌이 행성이 충돌했다. 마치 골프공이 물풍선을 뚫고 날아간 것만큼 강렬했다. 비공식적으로 '빅 스플랫'Big Splat('대규모 철퍼덕' 내지 '대규모 충돌'의 뜻이다-옮긴이)이라 불리는 그 충돌로 모든 물이 바로 끓어올라 우주로 날아갔다.[47] 충돌로 발생한 열은 너무도 강력해, 암석마저 기화되어 고체가 곧바로 기체로 변해버릴 정도였다. 암석 중 일부는 식으면서 달이 되었지만, 대부분은 태양 광선을 가리는 먼지구름이 되었다. 지구는 그야말로 마그마 바다의 행성이 되었고, 대기 온도는 태양 표면 온도의 절반에 가까운 섭씨 2,000도까지 치솟았다.[48] 지구는 수천 년간 그 격렬한 탄생으로 생긴 열을 대기로 방출하며 희미하게 빛났다. 그리고 지질학적 측면에서 볼 때 빠른 속도로 식었다. 약 2,000만 년 후 암석이 굳어져 새로운 지각, 즉 지구의 기반암이자 토대가 되었다. 대기에는 이산화탄소가 많고 산소는 적었다.⁴⁹ 서로 이어진 바다 여기저기에 작은 섬들이 드러나 있었다.⁵⁰ 당시의 이 행성은 오늘날의 지구와는 너무도 달라 다른 이름을 붙여도 좋을 정도였다.

행성 간의 엄청난 격변 이후, 화학 반응이 한정적으로 일어나 복제되기 시작했다. 생명이 생겨난 것이다. 단 한 번에 미생물 형태의 생명이 생겨나 세상을 경이로움으로 가득 채웠다는 것이 가장 간단한 설명이지만, 생명은 가능한 한 언제든 생겨났다고 생각하는 과학자들도 있다. 생명 현상에는 필연적인 면이 있다. 그래서 어떤 과학자들은 우리가 '하데안기'Hadean Period(약 40억 년 전)라고 부르는 모든 것이 녹아내린 초고온의 혼돈 시기에 미생물 형태의 생명이 생겨나 대폭격 시기에도 살아남았을 수 있었다는 이론을 내놓기도 한다.⁵¹ 지질 기록에는 이론을 뒷받침할 증거가 없지만, 이 이론은 생명의 강인함에 대한 그들의 변함없는 존경심을 보여준다.

열에 강한 미생물 연구 덕에 '극한 환경에서 살아남는 미생물'extremophiles 연구 분야가 생겨났다. 인간이 편안하게 느끼는 환경을 크게 벗어난 데서도 생명체가 번성할 수 있음을 인정한 것이다. 일리노이대학교의 젊은 미생물학자 토머스 브록Thomas Brock이 와이오밍주 옐로스톤 국립공원 온천 지역을 찾아갔을 때는 1960년대였다. 그곳에서는 지표면 아래쪽 화산 활동으로 물이 초가열되어 간

헐천이라 불리는 거대한 수증기 기둥들이 솟아나고 미네랄이 풍부한 웅덩이와 연못이 부글부글 끓고 있었다. 그 풍부한 미네랄이 가라앉는 곳에는 뜨거운 물이 솟구치는 열수 중심부를 중심으로 청록색과 밀감색, 겨자색의 다채로운 띠가 형성되는데, 그 모습이 마치 폭풍의 눈을 중심으로 서서히 커지는 지질학적 소용돌이 같았다. 갈색 바지에 편한 신발을 신고, 평평한 챙 모자를 쓰고 가죽 가방을 멘 브록은 현미경 슬라이드, 그러니까 새끼손가락 길이의 얇은 유리판 30장을 데일 듯이 뜨거운 물에 담갔다.[52] 그런 다음 그 표본들을 다시 실험실로 가져가 현미경으로 관찰했다. 그리고 새로운 세균 종, 즉 섭씨 80도가 넘는 온도를 좋아하는 최초의 초고온 미생물을 발견했다.

그로부터 불과 몇 달 전, 저명한 학술지 〈사이언스〉에 실린 한 영향력 있는 논문은 브록이 말하는 초고온 미생물 발견이 불가능한 일이라고 주장했다. 1963년 12월에 발표된 그 논문의 저자 엘리스 켐프너Ellis Kempner는 국립 관절염 및 대사질환 연구소 연구자로, 그는 미생물이든 아니든 생명체가 견딜 수 있는 최고 온도는 섭씨 73도라고 썼다.[53] 브록과 마찬가지로 켐프너 역시 옐로스톤 온천에서 물을 채취했으며, 그 이상의 온도에선 어떤 미생물도 견디지 못한다고 여겼다. 그는 섭씨 89도에서 생명체를 발견했다고 주장한 이전 연구자들은 틀렸다고 덧붙였다. 그런 온도에서는 DNA가 분리된다. 단백질의 구성 요소인 아미노산도 올바른 순서로 배열되지 않는다. DNA 코드를 단백질 제조법으로 전환하는 분자인 RNA도

분해된다. 켐프너는 이렇게 적었다. "분자 측면에서의 토대가 무엇이든, 활기찬 생명 과정에는 분명 한계 온도가 존재한다. 따라서 널리 인용된 초기의 생태 보고서들은 신진대사 없이 생존한 것으로 재해석되어야 한다."[54]

신진대사 없이 생존…. 이는 곧 섭씨 73도 이상에서는 모든 것이 환경이 나아지기를 기다리는 휴면 상태로, 살아 있다기보다는 죽어 있는 것에 가깝다는 의미다. 그러나 아무리 그 주장에 확신이 차 있었다고 해도, 켐프너는 관절염과 대사질환 연구에 전념하는 게 나았을지도 모른다. 그로부터 불과 몇 년 후, 브록은 비교적 덜 유명한 학술지인 〈세균학 저널Journal of Bacteriology〉에 옐로스톤 온천에 관한 자신의 연구 결과를 발표했다.[55] 그의 유리 슬라이드 위 점액은 섭씨 73도에서 살아남았을 뿐 아니라 번성했다. 또한 섭씨 74도, 75도, 76도에서도 자랐으며, 실험실 환경에서는 최고 79도에서도 자랐다. 신진대사를 유지하며 생존했고 성장했다. 생명체가 견딜 수 있는 열의 한계가 깨진 것이다.

현재 초고온성 미생물이 살아남을 수 있는 가장 높은 온도는 121도로 기록되어 있다.[56] 일부 과학자들은 실제로 살아남을 수 있는 한계 온도는 섭씨 150도에 더 가까울 수 있다고 생각한다.[57]

이름부터가 아이러니하게도 Freeze, '동결'인 제자 허드슨 프리즈Hudson Freeze와 함께, 브록은 자신의 슬라이드를 뒤덮고 있던 세균들을 테르무스 아쿠아티쿠스Thermus aquaticus라고 명명했다. 그 세균들은 물aquaticus 안에서 살고 뜨거운 것Thermus을 좋아하는 미생물이다. 틈새 서식지 측면에서는 특이하지만 다른 모든 면에서는 놀랄 만큼 평범한 종이었다. 브록과 프리즈는 1969년에 이렇게 적었다. "이 유기체는 그람 음성적 Gram-negative(세균학자 크리스티안 그람이 개발한 실험 방법에서 염색이 되지 않는 세균 부류-옮긴이)이었고 비운동적이며 포자를 만들지 않는 막대균이었다." 쉽게 말해 염색되지 않고 움직이지 않으며 포자를 만들지도 않는다. 그야말로 결핍이 특징인 종이다. 심지어 세균 세계에서도 아주 평범한 종이다.

그럼에도 이 평범해 보이는 세균은 '극한 환경에서 살아남는 미생물' 연구라는 생물학의 한 분야를 싹 틔운 씨앗이 되었다. 극한 환경을 좋아하는 유기체. 과학 문헌에서 이 유기체를 다룰 때마다, 거의 늘 1969년 토마스 브록이 〈세균학 저널〉에 발표한 논문을 참조하곤 한다. 더 나아가, 세균 테르무스 아쿠아티쿠스 덕에 생물학의 거의 모든 분야가 혁신을 맞았다. 그러나 이 세균은 오늘날의 실험실에서 워낙 흔히 다뤄지고 있어, 정작 사람들은 이 세균이 얼마나 중요한지 잘 모른다. 나 역시 상어에서 개복치에 이르는 물고기들의 유전적 다양성을 연구하던 생물학부 학생 시절, 허구한 날 이 세포를 이용하는 검사를 하면서도 알지 못했다. 바로 '종합효소 연쇄반응'이라는 검사인데, 그 줄임말인 PCR이라고 하면 여러분도 아마 들어본 적 있을 것이다. 코로나 검사부터 법의학 분석에 이르기까지, 테르무스 아쿠아티쿠스 세균은 없어선 안 될 존재다. PCR 검사의 뒷이야기는 길고 복잡하며, 항정신성 약물 LSD와도 관련이 있다. 여기서는 간단히, 이 실험실 기법은 아주 적은 양의 DNA로 많은 양의 DNA를 만들어 내는 기법이라고만 해두자. 이 기법에는 열도 필요하다. 그리고 다른 많은 효소가 그렇지만, 테르무스 아쿠아티쿠스 세균에서 얻은 효소 역시 열에 풀어지지 않은 채 잘 버틸 수 있다.

열에 강한 이 효소 덕에 PCR 검사는 기계로 자동화됐다. 오후 한나절이면 한 점의 혈액이나 한 방울의 점액에서 수십억 가닥의 DNA가 생성될 수 있다. 캘리포니아대학교 버클리 캠퍼스의 데이비드 빌더David Bilder 교수는 언젠가 이렇게 적었다. "PCR 덕에 모든 게 혁신됐다. 분자생물학이 그야말로 초강력한 분야가 됐고, 그 결과 생태학과 진화학처럼 전혀 다른 분야들까지 변화했다. (…) 몇 가지 간단한 화학물질과 약간의 온도 변화로 특정 서열의 DNA를 원하는 만큼 많이 만들어 낼 수 있다는 것은 그야말로 마법 같은 일이다."[58] 그 마법은 열을 다루는 진화의 힘에서 온 것이다.

초고온의 세계는 불타는 행성으로 생각해 볼 수도 있다. 그러나 지구는 그 역사가 시작되고 한참 지나서야 타오르기 시작했다. 불은 산소와 가연성 물질, 그러니까 대개 탄소가 풍부한 물질이 있을 때만 생겨날 수 있다. 공기로 숨도 쉬고 먹기도 해야 하는 불은 살아 있는 행성의 부산물이다. 4억 2,000만 년 전, 그러니까 생명체가 처음 육지로 진출한 무렵에 지구 대기 중 산소량은 뜨거운 열이 불로 바뀌고 그 불이 계속 탈 수 있는 수준만큼 많아졌다.[59] 3억 5,900만 년 전에서 2억 9,900만 년 전인 석탄기에는 대기 중 산소 비율이 약 30퍼센트로, 오늘날에 비해 거의 3분의 1이나 높았을 뿐 아니라 불이 잘 붙는 물질, 즉 탄소가 풍부한 초창기 나무의 목질 조직도 풍부했다.[60] 그 시기에는 20미터 넘게 자라는 속새의 조상, 즉 원예가들이 잡초로 간주하는 전나무 비슷한 식물 집단이 습하고 더운 늪지대에서 울창한 덤불숲을 형성했다.[61] 그러나 대기 중에 산소가 워낙 많았기에 축축한 나무까지도 번갯불에 불이 붙을 수 있었다.[62] 까마귀만큼 큰 메가네우라 잠자리들이 어지럽게 하늘을 날아다니는 가운데, 초기의 숲은 아주 작은 자극만으로도 활활 타올랐다.[63]

수백만 년 전 처음으로 불꽃이 일어난 뒤로 불은 우리 행성에서 지배적인 힘이 되었고, 생명체들은 살아남기 위해 그 불에 적응해야 했다. 대부분의 동물은 땅속에 몸을 묻거나 속이 빈 나무 안에 숨거나 아예 불이 난 지역을 떠나는 식으로 불에 타 죽기를 피할 수 있었다. (다른 새들을 잡아먹는 일부 새는 실제로 불타는 나뭇가지를 새로운 지역에 떨어뜨려서 먹잇감들을 다른 곳으로 몰기도 한다.[64]) 그러나 식물은 그렇지 않다. 식물은 도망치는 건 고사하고 움직이지도 못한다. 땅에 뿌리를 내리고 있으며, 주변 환경이 건조해지면 불에 타기 쉽다. 유럽과 남북 아메리카 그리고 호주의 지중해식 생태계에서는 계절에 따라 주기적으로 화재에 시달린 나무들이 산불의 열을 견디는 건 물론이고, 다른 식물이 빛과 물에 의존하듯 불에 의존하는 놀라운 적응 전략까지 만들어 냈다.

불에 대한 적응에는 크게 두 단계가 있다. 첫 번째는 불이 지나간 후 다시 자랄 준비를 하는 전략 단계로, 이때는 생태계가 죽은 이웃 나무의 재로 비옥해져서 새로운 나무들이 자라기 좋은 상태가 된다. 수년 혹은 수십 년간 토양 속에 씨앗 저장고를 쌓아두는 것이 이 전략에 완전히 부합하다. 그러나 땅 밑 또는 나무껍질 한 겹 밑의 싹에서 자라나는 것(화재 후 재생)이나 땅속의 씨앗들에서 자라나는 것(화재 후 모집)이 단순히 어떤 교란의 반응에 지나지 않는지에 관해서는 오랫동안 치열한 논쟁이 있었다. 예를 들어 나무가 가뭄이나 홍수로 큰 피해를 입거나 동물 떼나 곤충 떼에 먹힌 뒤 다시 빠른 속도로 자라나는 경우가 그렇다. 많은 식물의 공통된 특성은 불보다는 교란에 대한 적응이 더 많다는 것이다. 환경 변화에 적응할 준비가 되어 있지 않으면 곧 경쟁에서 밀려날 것이다.

그러니 이제 불 관련 생태학자들의 격한 분노를 피하기 위해서라도, 불에 의존하는 것이 거의 확실한 식물들에 집중하도록 하자. 가장 흔하고 연구가 많이 된 식물 집단 중 하나는 더없이 소박한 침엽수 소나무다. 목재용으로 심고 길러지며 크리스마스 때 집 안으로 들여오는 이 나무가 불에 처음 적응한 시기는 약 1억 3,500만 년 전인 백악기 때까지 거슬러 올라간다.[65] 공룡들이 극히 거대해지고 익룡이 하늘 높이 날아오르며 우리의 조상인 쥐처럼 생긴 작은 포유동물이 지하 굴속에 숨어 살던 시기 말이다. 또한 생명체가 살기엔 모든 게 불에 아주 잘 타는 시기이기도 했다. 공기 중 산소 비율은 오늘날보다 5퍼센트 더 높은 26퍼센트 이상이었다.[66] 그리고 기후는 종종 덥고 건조했다. 한 연구에 따르면, 이 모든 것들을 종합해 볼 때 백악기는 '지구 역사상 가장 불이 잘 붙는 시기 중 하나'였을 가능성이 높다.[67]

인간의 진화 역시 백악기에 자주 발생했던 산불에 간접적으로 의존했다. 훗날 영장류가 색깔 인식 능력과 정교한 손가락 솜씨를 이용해 골라 먹게 될 잘 익은 열매와 어린잎(모두 속씨식물이라 불리는 식물 집단에 속함)은 바로 이 시기에 지구 생태계에서 자리를 잡기 시작했다. 당시 속씨식물은 침엽수림의 그늘을 선호하며 주로 육지의 "어둡고 습하며 변화가 많은" 환경에서 자랐다.[68] 마치 공룡들이 지배하던 세계에서 포유류가 숨어 살았던 것처럼, 초기 속씨식물 역시 식물계의 하위 존재로 거대한 식물들의 뿌리와 나무 그늘에서 근근이 생존했다. 그러나 백악기에 빈번했던 산불이 이런 세력 균형을 바꿔놓았을 가능성이 있다.

불은 또 다른 교란 요인이었고, 그 결과 소나무류와 소철류에서 영양분이 풍부한 씨앗을 빠르게 발아시켜 성장하는 하층 식물들로 우세종의 자리가 넘어갔을지도 모른다. 화석 증거에 따르면 약 1억 년 전, 공기 중 산소 농도가 26퍼센트 이상으로 높고 산불이 빈번하던 시기에 속씨식물은 점차 종 다양성을 확보하며 그늘에서 벗어났다. 오늘날 속씨식물은 열대우림 식물부터 정원의 꽃에 이르기까지 대부분의 생태계에서 지배적인 식물 형태로 자리 잡고 있다. 결국, 속씨식물이 그늘에서 벗어날 기회를 잡고 번성하며 우리가 오늘날 먹는 열매를 만들어 냈고, 이 열매들이 훗날 인간으로 진화할 우리

조상들의 원시 뇌에 에너지를 공급해 주었다.

활활 타올랐던 불의 흔적은 차가운 암석 속 화석 기록으로 남아 있다. 가장 먼저 눈에 띄는 것은 오래전에 불타버린 식물의 검게 그을린 잔해, 즉 숯이다. 하지만 불의 흔적은 단순히 숯에서만 발견되는 것이 아니다. 수백만 년 동안 식물들이 변화하는 과정을 통해서도 불의 영향이 드러난다. 예를 들어, 백악기 무렵 오늘날 소나무의 조상 격인 나무들은 몸통을 두꺼운 나무껍질로 감싸기 시작했는데, 그 두께는 몇 밀리미터에서 3센티미터 이상으로 늘어났다. 얼핏 사소해 보일 수 있지만, 나무껍질은 가장 뜨겁고 오래 지속되는 불길로부터 스스로를 보호하는 방패와 같았다. 예를 들어 나무껍질 두께가 약 15밀리미터 정도만 되어도, 지표면 가까이에서만 타는 섭씨 400도 안팎의 낮은 불길로부터 몇 분간 나무의 형성층, 당분이 풍부한 체관부, 수분을 운반하는 물관부를 보호할 수 있다.[69] 심지어 나무껍질 두께가 두 배로 늘어나면, 불길이 나무 꼭대기까지 치솟고 바람까지 불어 온도가 섭씨 800도에 달하는 가장 강한 화염 속에서도 나무가 살아남을 수 있다. 실제로 나무껍질의 두께가 3센티미터 이상 자란 소나무는 이런 극심한 열기 속에서도 10분 이상 버틸 수 있다.

흥미롭게도, 많은 소나무는 오히려 이처럼 꼭대기까지 번지는 불길을 반겼다. 마치 농부가 긴 가뭄 끝에 내리는 비를 기다리듯 말이다. 당시의 화석화된 소나무 솔방울을 현재 살아 있는 소나무 솔방울과 비교해 보면, 가장 큰 특징 중 하나가 바로 고온에서만 녹는 두

껍고 끈끈한 수지다. 숲의 거인이라 불릴 만한 이 소나무들은 솔방울을 나무 꼭대기 근처의 높은 가지에 달아 두었고, 불길이 나무 꼭대기까지 도달할 때만 씨앗을 퍼뜨렸다. 불길이 솔방울의 수지를 녹이면, 비늘 모양의 껍질이 열리며 날개 달린 씨앗들이 바람을 타고 퍼져 나갔다. 이렇게 흩어진 씨앗들은 경쟁자가 줄어든 공간, 즉 햇빛이 넉넉히 들어오고, 영양분이 풍부한 재가 두텁게 깔린 토양에 새로 자리 잡아 번성할 수 있었다. 일종의 '발아 지연'cerotiny('뒤이어' 혹은 '나중에'의 뜻)으로, 이 특성 덕에 소나무는 백악기에 번성했고 오늘날까지도 번성하고 있다. 미국 서부의 로지폴 소나무는 불과 관련된 발아 지연의 대표적 사례다.

불에 대한 생명체의 적응을 연구하는 생태학자 딜런 슈빌크Dylan Schwilk는 자신의 사무실에 보존 중인 세쿼이아 나무토막을 내게 보여주었다. 중심부에 작은 심지가 있는 나무토막으로, 주로 나무껍질로 이루어져 있었다. 자이언트 세쿼이아는 사이프러스와 같은 과에 속하는 침엽수종으로, 직경 8미터 이상 자랄 수 있는 등대 크기만 한 생명체다. 그 직경 중 1미터 이상이 죽은 나무껍질로 이루어져 있어, 더없이 격렬한 불길도 막아내는 방패 역할을 한다. 이 나무 표본은 한 농업 박람회에서 간판으로 쓰인 뒤 버려진 것이었다. 나무 연대 측정가에게 나이테를 봐달라고 부탁했을 때, 슈빌크는 이 나무가 1882년에 잘렸을 것이라는 말을 들었다. 세쿼이아는 2,000년 넘게 살 수 있으므로, 불이 난 뒤 씨앗에서 이 나무가 발아했을 때는 로마인들이 유럽을 정복하던 시기일지도 모른다. 정확한 발아 시기가 언제였든, 나무는 베어졌을 때와는 전혀 다른 세상에서 발아했을 것이다.

당시 북아메리카에는 아메리카 원주민 부족들이 살고 있었고, 그들은 자기가 의존하던 식물들을 되살리기 위해 정기적으로 숲에 불을 질렀다. 자이언트 세쿼이아는 엄밀히 말해 발아 지연되진 않지만, 불이 난 뒤 남겨진 재가 많고 미네랄이 풍부한 토양에서 가장 잘 발아한다. (슈빌크는 이후 보낸 이메일에서 내게 이렇게 말했다. "발아 지연 소나무가 그렇듯, 세쿼이아 역시 자손을 잘 퍼뜨리기 위해 불에 의존합니다.") 그러나 북아메리카에 유럽인들이 도착하면서 그 전통은 사라졌다. 아메리카 원주민들은 학살당했고, 서구의 질병들로 죽어갔으며, 수천 년간 이어온 문화는 거의 다 사라졌다. 슈빌크는 말했다. "유럽인들에게 불은 부자연스러운 힘으로 여겨졌습니다. 낙엽수림에서 지내던 유럽인의 관점에서 비롯된 것이었죠."

아메리카 원주민들이 더 이상 불을 지르지 않자, 미국 서부의 세쿼이아 숲은 씨앗을 맺지 못했다. 새로운 개체들이 생겨나지 못했다. 100년 동안 불이 없으니 후손도 없었다. 그래서 이는 '잃어버린 세대'의 세쿼이아라 불린다. 슈빌크는 말했다. "물론 2,000년 동안 사는 식물에게는 대수롭지 않은 일입니다. 그러나 이 사건은 원래 불길 속에서 형성된 생태계에 불이 얼마나 중요한지를 잘 보여줍니다." 불이 없으면 후손도 없다. 고대에 생긴 숲이지만 미래가 없어 서서히 죽어간다.

자이언트 세쿼이아에 불이 중요하다는 사실을 깨달은 미국 국립공원관리청은 1960년대에 캘리포니아의 세쿼이아 국립공원에서 계획적인 불 지르기를 시작했으며, 그런 관행을 현재 아메리카 원주민 부족들이 되살리고 있다. 고대의 이 거대한 나무 밑에 쌓여온 하층 식물을 쳐내고 치우고 태움으로써, 지금 세쿼이아와 불 간의 공생 관계가 되살아나고 있다. 2024년, 캘리포니아대학교 데이비스 캠퍼스의 아메리카 원주민학 교수인 베스 로즈 미들턴 매닝Beth Rose Middleton Manning은 〈뉴욕 타임스〉와의 인터뷰에서 말했다. "현재 여러 가지 문화적인 불 지르기 관행과 프로젝트가 진행되고 있습니다. 이는 특히 기후 변화에 직면한 산림의 회복력을 높이는 데 도움이 됩니다."[70]

소나무들은 1억 3,500만 년간 이어져 온 자신의 이야기에서 단순한 방관자가 아니었다. 나무껍질이 두꺼워지고 솔방울이 수지 때문에 단단해지자, 백악기의 소나무들은 자라면서 죽은 가지들을 그대로 유지하기 시작했다. 치마처럼 두른 그 오래된 가지는 바싹 말라 아주 불붙기 쉬워졌다. 죽은 가지들이 서로 엉킨 채 땅 쪽으로 늘어져 있는 것은 오늘날의 산림 관리인이나 도보 여행자의 눈에는 보기 흉한 모습이겠지만, 이는 그 당시는 물론이고 지금까지도 나무들이 불에 적응하는 데 아주 중요한 부분이다. 불 생태학자들이 말하는 이른바 '틈새 서식지 구축'에서, 이 죽은 가지는 지표면 위에 번지는 모든 불에 불쏘시개 역할을 한다.[71] 죽은 가지들을 그대로 유지하면, 이론상 약한 불이 위쪽으로 번져 완전히 나무 꼭대기까지 불길에 휩싸일 수 있다. 섭씨 400도의 불길이 섭씨 800도의 용광로 불길로 변하는 것이다. 더 이상 수분도 당분도 광합성 작용을 하는 잎도 없는 이 죽은 가지들은 불에 의존하는 소나무의 생존에 필수적이다. 나뭇가지가 없으면 불은 땅바닥에서만 번지게 되며, 꼭대기의 솔방울은 그대로 닫혀 있고 씨앗은 여전히 그 안에 붙어 있게 된다. 데이비드 피트브룩 David Pitt-Brooke은 자신의 책 《홈 그라운드 건너 Crossing Home Ground》에서 이렇게 썼다. "어떤 의미에서는, 불에서 태어난 로지폴 소나무 숲은 불의 순환에 갇혀 있다. 숲은 불에 의해 생겨나며, 다시 훗날 불이 붙기 좋은 환경을 만든다. 거의 불과 숲의 공생 관계로 생각할 만하다."[72]

소나무만 죽은 가지를 그대로 유지하는 건 아니다. 1999년 여름, 슈빌크는 캘리포니아의 건조한 관목 지대를 대표하는 꽃 피는 관목 차미스(학명 아데노스토마 파시쿨라툼 Adenostoma fasciculatum)의 죽은 가지들을 조사했다.[73] 지붕 모양으로 덮인 1~2미터 높이의 관목들 아래로 몸을 숙인 채, 그는 원룸만 한 크기의 차미스 구역 몇 곳을 손보기 시작했다. 어떤 구역에서는 죽은 가지들을 제거했고, 또 어떤 구역에서는 그대로 두었다. 그 간단한 실험을 통해 작은 관목도 불붙기 쉽게 변할 수 있는지 확인할 수 있었다. 그런 다음 그는 캘리포니아대학교 버클리 캠퍼스의 한 연구에서 그해 11월에 진행하기로 계획한 불 지르기 행사를 기다렸다. 11월이면 여름 가뭄 이후에 찾아오는 극히 건조한 시기였다. 슈빌크는 각 차미스 구역에 열에 민감한 페인트로 선을 칠해놓은 구리판들을 놓았다. 섭씨 100도, 150도, 200도에서 850도까지 온도에 따라 질감이 변하는 그 페인트는 불이 꺼지고 식은 뒤 한참 후에도 온도를 읽을 수 있는 온도계 역할을 했다. 또 다른 온도 측정 도구로는 위에 작은 구멍이 뚫려 있고 안에 물이 가득 찬 2리터짜리 깡통이 있었다. 불에서 나오는 열로 인해 그 깡통에서 김이 났다. 그리고 불이 난 뒤 남은 물의 양을 보면 불의 세기를 측정할 수 있었다.

실험 결과는 분명했다. 불을 지른 29개 구역 중 죽은 가지들을 제거한 구역의 불의 세기는 섭씨 150도였다. '손보지 않은' 구역들은 그보다 섭씨 100도 이상 더 뜨거웠고, 일부 구역에선 거의 섭씨 300도에 달했다.

이는 놀랄 일이 아닌지도 모른다. 제거되지 않은 죽은 가지들이 불에 더 많이 탈 연료 역할을 했을 수도 있다. 그러나 사실인지 확인하기 위해, 슈빌크는 '꺾어서 두기' 구역을 만들었다. 말 그대로 차미스의 죽은 가지들을 꺾어서 땅 위에 둔 것이다. 그런 구역들은 '제거' 구역보다 불이 날 때 더 뜨겁지 않았다. 오히려 조금 더 시원했다(섭씨 130도를 시원하다고 할 수 있다면). 다시 말해, 중요한 건 연료의 양만이 아니었다. 죽은 가지들은 그대로 나무에 붙어 있어야 했다.

불을 피워본 사람이라면 잘 알겠지만, 장작이 많다고 해서 꼭 불이 더 잘 붙는 것은 아니다. 중요한 건 나뭇가지와 장작들을 어떻게 배열하느냐이다.

차미스는 전 세계에 퍼져 있는 식물 군락의 전형으로, 아메리카 대륙에서 시작해 유럽과 아시아를 거쳐 호주까지 뻗어 있는 지중해형 식물이다. 지구 전체 육지 지역의 5퍼센트에 불과하지만, 알려진 식물 종의 20퍼센트를 차지한다. 이 지역들이 부분적으로 불과 가뭄, 무더운 여름과 습한 겨울에 의해 교란되기 때문이다. 불안정한 서식지는 살기 좋은 상태와 살기 나쁜 상태를 오가면서 계속 변화하는 식물군을 만들어 낸다.

사실 교란은 미묘한 균형이다. 이를테면 우리가 잡초라고 부를 만한 가장 강인한 식물들만 득세하는 빈약한 생태계로 변화되기 쉽다. 그런 일이 실제 일어난 것이 캘리포니아에 있는 대부분의 건조한 관목 지대다. 우연한 불이든 계획된 불이든, 인간이 일으킨 불은 관목 지대를 빨리 자라고 빨리 죽는 잡초들이 지배하는 황무지로 만들어 버렸다. 1년 살이 식물들로 가득 찬 자갈밭 말이다. 불에 적응한 식물들조차도 불이 나지 않는 긴 시간이 필요하다. 한때 번개로 인해 30년에 한 번 발생하던 불이 이제는 몇 년마다 발생하고 있다.[74] 불에 잘 타는 식물인 차미스는 다음 불이 발생하기 전에 씨앗을 맺을 만큼 빨리 자라진 못한다. 마찬가지로, 2019년 로지폴 소나무에 관한 한 연구에서는 잦은 불로 인해 이 나무들이 원상회복되고 씨앗을 맺는 능력이 서서히 줄어들고 있다는 사실이 밝혀졌다.

결국 로지폴 소나무는 다시 씨앗을 맺지 못할 만큼 쇠락하기 시작한 것이다.[75]

이것은 전 세계를 사로잡은 이야기다. 기후 변화와 인간의 활동으로 인해 생태계가 적응해 온 불보다 더 뜨겁고 더 오래 지속되는 화재가 일어나면서 식물들은 그에 대처하느라 고군분투 중이다. 최근 몇 년 사이에는 한 번도 불에 탄 적 없던 생태계마저 불에 탔다. 2023년에 일어난 스코틀랜드의 산불과 2016년에 일어난 캐나다 포트 맥머리의 산불 그리고 해를 거듭할수록 점점 더 심해지고 있는 호주의 산불을 생각해 보면, 지구는 지금 불이 일상이던 시대로 되돌아가고 있는지도 모른다. 존 베일런트John Vaillant는 자신의 책 《파이어 웨더》(산불이 일어나기 쉬운 날씨를 뜻한다-옮긴이)에 이렇게 썼다. "그동안 그래왔듯, 앞으로도 계속 열과 건조의 악순환이 심화된다면 이후의 세상은 겨울이 없는 미래, 그리고 '산불 시즌'이 절대 끝나지 않는 미래가 될 수도 있다."[76]

내가 해안을 향해 남쪽으로 향하는 날, 도냐나 생물학 연구소의 모든 연구원에게 적색 기상 경보가 발령됐다. 오후에는 기온이 섭씨 40도 중반까지 오를 것으로 예상되니 모든 직원(그리고 그들의 방문객)은 낮 12시까지 에어컨으로 냉방이 되는 실내에 머물라는 권고가 내려졌다. 이를 염두에 둔 채, 나는 새벽 5시 전에 일어나 하루를 준비한 뒤 걸어서 시내를 지나 온종일 내 가이드가 되어줄 키 크고 말수 적은 연구 보조원 호르헤 이슬라Jorge Isla를 만나러 갔다. 알람 맞추는 건 기억하면서도 휴대폰 충전하는 건 깜빡하여 전날 밤 사람들로 북적대던 술집들과 타파스 바와는 전혀 달라 보이는 새벽 시간대의 자갈 깔린 거리에서 길을 잃었다. 시간 맞춰 연구소에 도착하기 위해, 나는 연구소가 과달키비르강 건너 테마파크 옆에 있다는 사실을 떠올리고 관광 지도를 보며 길을 찾았다. 햇빛과 걸음 수를 보며 길을 찾는 사막 개미들을 떠올렸다. 길은 맞게 골랐지만 반대 방향으로 갔고, 결국 제시간에 도착하려고 가볍게 뛰기 시작했다. 드디어 도착했을 땐 땀범벅이 되어 정신이 혼미했으며, 그날 만나려는 개미들이 새삼 더 대단하게 느껴졌다.

    모르도르Mordor(소설 《반지의 제왕》에 나오는 위험한 땅-옮긴이)에 들어가는 일이 쉽지 않듯, 도냐나 국립공원 역시 쉽게 걸어 들어갈 수 없다. 이곳은 두터운 보안 검색문들로 에워싸여 있어 모든 방문객의 출입을 통제한다. 또한 딸기 농가들과 한때 이 습지 생태계로 흘러들던 현지의 물을 둘러싼 논란 때문에 지금 정치적으로 워낙 뜨거운 곳이어서, 사진을 찍어선 안 된다는 말을 들었다. 그러나 이슬라는 일주일에 몇 번씩 차를 몰고 1시간 넘게 공원을 돌아다니며 사진을 많이 찍는다. 그는 모랫길을 달릴 수 있게 자신의 사륜구동 차량 타이어에서 바람을 뺀 뒤, 원격 카메라 수십 대의 배터리를 교체하고 사진이 잔뜩 들어 있는 SD 카드들을 모았다. 그의 상사는 말과 소, 꽃사슴, 멧돼지 같은 초식동물의 움직임과 활동은 물론 그것이 가뭄 때 습지 식물에 어떤 영향을 미치는지 연구하고 있다.

결과부터 말하자면 안 좋은 영향을 끼친다. 초식동물이 끊임없이 새싹과 관목을 갉아 먹어서, 땅이 태양의 열기에 그대로 노출되며 흙이 바싹 마르고 풀과 갈대들은 짧은 그루터기만 남는다.

초목이라고 하기엔 과하고, 습지라고 하기엔 과거의 기억일 뿐이다. 차를 몰고 공원을 달리며 이슬라는 한때 물이 있던 곳과 지금 물이 있는 곳들을 가리켰다. 몇 군데 얕은 연못에선 홍학 몇 마리와 저어새 4마리가 물을 뒤지며 현미경으로나 보이는 아주 작은 먹이를 찾고 있다. 말라버린 풀줄기들은 다시 살아날 기미가 보이지 않고, 잊힌 이 범람원flood plain(강이나 하천이 범람할 때 잠기는 평평한 지역-옮긴이)에서 자라는 몇 그루의 굴참나무는 너무 바싹 말라 손만 대도 으스러져 내릴 것 같았다. 이슬라는 내게 강수량이 몇 년간 크게 변하지 않았다고 말했다. "그런데 기온이 너무 높아서 모든 게 말라버려요." 게다가 이 같은 열기를 더 심화시키는 다른 요인들도 많다. 풀밭에 풀어놓고 키우는 가축들, 봄에 도냐나로 흘러드는 물의 무려 85퍼센트를 사용하는 딸기 농장들 그리고 여름에 식수와 샤워로 쓸 물이 필요한 해변 리조트가 그 좋은 예다.[77] 이 모든 요소가 과거에는 강물이 범람하고 조수 간만으로 바닷물이 드나들어서 풍부했던 서식지의 생산성을 심각하게 떨어뜨리고 있다. 게다가 1950년대 이후에는 강물이 농업용 관개를 위해 다른 경로로 옮겨졌고, 조수의 흐름도 방조제로 막혔다.

2022년, 공원에 있는 새들의 개체 수는 1980년대에 처음 측정한 이후 가장 적었다.[78] 곤충의 개체 수 역시 감소하고 있다. 이 모든 일은 새끼를 키우면서 특히 많은 생물의 삶과 죽음의 순환에 의존하는 청소 동물에까지 영향을 미친다.

　오전 11시 42분에 이르자 대기 온도는 섭씨 33도였고 모래 온도는 모래색이 밝은가 어두운가에 따라 섭씨 47도에서 51도 사이쯤이라고 했다. 아페노가스터 개미의 둥지는 입구가 흙으로 새로이 덮인 채 닫혀 있다. 그때 곤충 특유의 번쩍임이 보였다. 전력 질주하는 긴 다리에 검은 몸을 가진 개미 1마리, 카타글리피스 벨록스종이었다. 눈이 주변 환경에 적응되자 그 개미들이 가시덤불에 덮인 모래 언덕 곳곳에 있는 게 보였다. 1마리는 자기 몸보다 두 배 넘게 큰 씨앗을 나르고 있었다. 다른 개미들은 아직 빈 손(빈 다리라 해야 하나?)인 채 다음 사체를 찾기 위해 뜨거운 모래 위를 샅샅이 뒤지고 있었다. 이 무렵 나는 이미 몇 시간째 깨어 있었지만, 그들의 하루는 이제 막 시작되고 있었다. 그들은 둥지를 청소했고, 이후 몇 시간을 온도에 따라 열리고 닫히는 살기 힘든 틈새 서식지에서 보낼 것이다.

　나는 더 머물면서 더 많은 개미를 찾아보고 싶었지만, 기온은 30도 중반이고 이슬라는 세비야로 돌아가려고 타이어에 공기 넣기를 막 끝낸 상태였다. 12시가 거의 다 되었을 무렵, 우리 두 사람의 머릿속엔 계속 적색 기상 경보가 떠올랐다. 나는 카타글리피스 로젠하우에리종을 보진 못했지만, 온도가 그들이 열 외줄타기를 할 만큼 뜨겁진 않은 듯했다. 심 세르다가 연구한 바에 따르면, 이 종은 카타글리피스 벨록스종이 나타나고 기온이 몇 도 더 올라갈 때 나타나는 경향이 있다. 우리가 피하고 있는 이 적색경보 수준의 더위가 그들에겐 더없이 편한 상태다. 우리의 차는 고속도로를 향해 달리고 길가에서는 밝은 파란색 벌잡이새들이 반짝이며 튀어나오는 가운데, 나는 계속 쓰레기가 흩어져 있는 흙밭이나 마른 풀로 뒤덮인 모래언덕처럼 카타글리피스 개미가 사는 곳을 찾으려 애썼다. 그러나 그들은 특정 장소에 존재한다기보다는 특정 시간대에 산다. 그 시간대가 바로 그 한낮이었다.

3부

빛과 방사선

생명의
한계를
시험하다

7장

빛이 없는 집

어둠 속에서 피어난 생태계

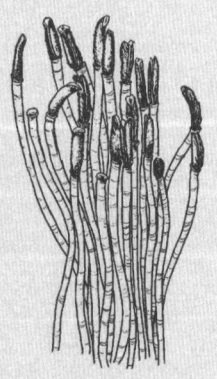

4킬로미터 길이의 케이블에 연결된 앵거스ANGUS는 갈라파고스 제도 근처 해저 위에 매달려 있는 무게 2톤짜리 거대한 감지 장비였다.[1] 위쪽 연구선에서는 지구물리학자, 지질학자, 화학자들이 컴퓨터 화면 주위에 모여 앵거스에서 보내오는 정보를 지켜보고 있었다. 어떤 사람들은 수심을 모니터링하며 추락이나 충돌을 막고 있었다. 또 어떤 사람들은 수온을 주시하고 있었다. 위쪽 세상이 자정을 향해 갈 무렵, 앵거스에서 수온 급상승 신호가 도착했다. 신호는 3분간 지속된 뒤 사라졌다. 잠수정 앵거스에 탑재된 카메라는 계속 사진을 찍고 있었지만, 사진들은 잠수정이 수면으로 되돌아온 뒤 현상해야 했다. 때는 1977년이었다. 열 이상 현상은 왜 나타났을까? 연구진의 생각이 맞다면, 지각이 갈라지면서 바닷물이 섭씨 400도 넘게 초가열되는 심해 온천 때문이었을 것이다.

그러나 사진이 현상될 때까지 기다릴 필요는 없었다. 카메라가 탑재됐을 뿐 아니라 세 사람이 탈 수 있는 공간까지 있는 두 번째 잠수정 앨빈Alvin이 있었기 때문이다. 그다음 날 해가 뜨자 바로 잠수했다. 713번째 잠수였다.[2] 잭 도넬리Jack Donnelly가 조종사였고 잭 코를리스Jack Corliss와 티어드 반 안델Tjeerd van Andel은 둘 다 관찰 과

빛이 없는 집

학자이자 지질학자였다. 생물학자는 타지 않았다. 생물학 관련 전문 지식은 필요 없다고 생각한 탓인데, 학자들의 마음속에는 여전히 에드워드 포브스의 '무생명 가설'이 있었기 때문이다. 목적지에 도착했을 때, 코를리스는 2킬로미터 위의 연구선에 앉아 있는 대학원생 데브라 스테이크스Debra Stakes에게 무전을 보냈다.

"심해는 사막 같다고 하지 않았나요?"[3]

데브라가 답했다. "맞아요."

"근데 이 아래에도 온갖 동물이 다 있네요."

열수 분출공 생태계 중 하나인 이곳은 나중에 '에덴동산'으로 불리게 된다. 또 다른 열수 분출공 생태계의 이름은 '장미정원'이었다. 창백한 원통형 몸체에서 솟아난 꽃처럼 보이는 생명체들이 해류에 흔들렸다. 어떤 생명체는 그 길이가 2미터나 되어서 잠수정 앨빈 안에 타고 있던 세 남자 중 누구보다 키가 큰, 기다란 관 같았다. 그러나 그것은 장미가 아니었다. 심지어 식물도 아니었다. 동물이었다. 해양 환형동물(분절 벌레류)인 포고노포라Pogonophora과에 속하는 거대한 관벌레였다. 그들은 열수 분출공의 굴뚝에 단단히 들러붙은 채 유연한 흰색 껍질에 싸여 있었다. 껍질은 마치 보호용 고치처럼 작용해서 이들이 깃털 모양의 촉수를 안쪽으로 집어넣어 숨길 수 있게 해주었다. 심해 잠수정 앨빈을 이용해 갈라파고스 해구에서 채집한 63마리의 표본을 분석한 무척추동물학자 메러디스 존스Meredith Jones는 이 벌레의 크기가 몇 밀리미터에서 1.5미터 이상에 이른다는 사실을 보고했다. 그는 이 종을 리프티아 파키프틸라Riftia pachyptila라는 학명으로 명명했으며, 해당 연구는 1981년 7월 학술지 〈사이언스〉에 게재됐다.[4]

콧수염이 난 벌레 전문가 존스는 자신이 발견한 결과에 충격을 받았다. 아니 정확히 말해 자신이 발견하지 못한 것에 충격을 받았다. 길이가 1.5미터나 되는 벌레의 세포 조직을 하나하나 떼어내 보니 소화기관이 없었던 것이다. 입도 없었다. 항문도 없었다. 훗날 한 과학 작가가 말한 것처럼 '들어가는 데도 나오는 데도 없는' 상태였다.[5] 그렇다면 이 거대한 벌레는 대체 어떻게 먹이를 먹는 걸까? 단순한 생명체들은 세포막을 통한 확산으로 살아갈 수 있다. 해면동물에게는 입이 없다. 어쩌면 리프티아 파키프틸라도 아메바처럼 주변에서 영양분을 빨아들이며 그렇게 살아가고 있었는지도 모른다. 그러나 세포 조직이 아무리 단순하다 해도, 거대한 관벌레는 정말 거대하다. 밀가루 반죽용 밀대처럼 굵다란 관벌레의 경우 영양분이 이동해야 하는 거리가 엄청나게 멀다. 이 수수께끼를 풀기 위해 존스는 몸통 끝의 선홍색 돌기에 주목했다. 깃털 같아 보이는 부분은 수백 개의 홈에 붙은 수백 개의 촉수였다. 그는 각 벌레가 작은 촉수를 20만 개 이상 갖고 있다고 추정했다.[6] 그 많은 촉수가 열수 분출공 주변의 바닷물에 흔들리며 퍼져 있는 것이다. 영양분을 흡수하기 위해 표면적을 넓히는 전형적인 사례였다. 인간의 소화기관이

융모라는 작은 돌기들로 덮여 있고 그 융모에 또 미세융모들이 박혀 있듯, 관벌레의 붉은 촉수 또한 방대한 양의 바닷물과 그 안에 담긴 영양분을 받아들인다. 관벌레들이 그렇게 자신의 거대한 몸집을 지탱한다고 그는 생각했다. 1981년 논문에 발표한 이 가설은 신뢰할 만한 가설이었다. 상당히 그럴듯해 보였다.

그러나 틀렸다.

하버드대학교 대학원생 한 명이 이 벌레가 어떻게 영양분을 섭취하는지 그 수수께끼를 풀었다. 콜린 캐버노Colleen Cavanaugh는 거대한 관벌레를 주제로 한 존스의 강의를 듣고 있었다. 존스는 자신이 '트로포솜'trophosome이라고 알려진 관벌레의 내부 장기 안에서 황 결정을 발견했다고 했다. 관벌레 내부의 이 공간은 몸 전체 부피 중 상당 부분을 차지했고, 그래서 존스는 당연히 이것이 중요한 역할을 하리라 생각했다. 그리고 그 안에 들어 있는 황 결정이 해독 과정의 최종 산물일 것이라고 추측했다. 열수 분출공은 동물에게 해를 끼칠 수 있는 많은 유독 가스를 내뿜는데, 그중 하나가 황화수소다. 이를 막기 위해 트로포솜 안에는 황화수소를 무해한 비활성 결정으로 바꾸는 화학적 연장 세트 같은 존재가 있는 건 아닐까? "확실해요!"[7] 캐버노가 자리에서 일어나 다른 학생들의 이목을 끌며 끼어들었다. "그 벌레의 조직 안에는 황을 산화시키는 공생 관계의 세균이 있는 게 분명해요. 그 세균이 관벌레를 먹여 살리는 거예요!" 그녀의 추론에 따르면, 황 결정은 황화수소를 먹고 그 부산물을(관벌레가 자기 세포들을 움직일 에너지원으로 삼을 수 있다) 만들어 내는 미생물의 배설물이었다. 황화수소는 동물들에게 대체로 유해하지만, 그것을 이용해 신진대사를 하는 미생물의 사례는 아주 많다. 그 무렵, 그러니까 1980년대 초에는 린 마굴리스Lynn Margulis가 자신의 '세포 내 공생 이론'endo-symbiosis theory에서 주장한 상호 공생(서로 다른 종들이 서로의 이익을 위해 함께 살아가는 것) 개념으로 인해 진화 연구에 혁신이 일어나고 있었다. 그런 상황에 캐버노가 심해에 숨어 살아온 생명체들의 가장 놀라운 공생 현상 중 하나를 발견했던 것이다.

1981년, 당시 하버드 대학원생이던 캐버노는 공동 저자인 존스와 함께 자신의 이론을 바탕으로 첫 논문을 발표했다. 캐버노는 전자현미경을 사용해, 트로포솜 조직에서 보이는 특유의 돌출부가 구형체들이 빽빽하게 모여 있는 구조라는 사실을 알아냈다.[8] 그 형태와 세포벽의 특징을 근거로 과학자들은 그것이 세균 세포임을 확신했다.

여기서 중요한 사실은, 이 세균들이 단순한 실험실 오염에서 비롯된 것이 아니라는 점이다. 오염으로 치부할 수 있는 수준을 훨씬 뛰어넘는 수였고, 단순한 우연이 아니라 관벌레 내부를 직접 들여다본 결과였다. 이후 진행된 연구들은 관벌레와 이 세균 사이의 공생 관계를 한층 더 구체적으로 밝혀냈다.

깃털처럼 보이는 관벌레의 촉수는 본질적으로 아가미 역할을 한다. 넓은 표면을 통해 바닷물에서 산소, 이산화탄소, 황화수소 같은 기체들을 흡수한 뒤, 혈류를 통해 트로포솜과 그 안에 사는 세균에게 전달한다. 세균들은 황과 산소를 에너지원으로 사용해 신진대사를 하고, 이산화탄소 속 탄소를 이용해 당을 합성한다. 관벌레는 안전한 서식지를 제공하는 대가로 이 당의 일부를 받아 에너지원으로 사용한다.

결국 길이가 2미터에 이르는 관벌레는 수십억 마리 세균이 만들어 낸 대사 산물에서 영양분을 얻어 살아가는 것이다.

입도 없다. 항문도 없다. 그래도 문제없다.

캐버노는 고성능 현미경으로 트로포솜을 관찰했을 뿐 아니라, 항상 신뢰할 만한 잠수정 앨빈(매켄지 게린저가 탑승해 6,500미터까지 내려갔던 바로 그 잠수정)을 타고 직접 해저로 내려가 살아 있는 거대한 관벌레들을 꼼꼼히 살펴보기도 했다. 쥘 베른Jules Verne의 소설《해저 2만리》에 나오는 등장인물 '과학적인 네모 선장'으로 비유되기도 한 캐버노의 연구는 생명에 대한 우리의 관점을 완전히 뒤엎는 데 일조한다.[9]

수 세기 동안 생물학의 기본 원리는 "생명은 햇빛을 필요로 한다"였다. 광합성은 물과 이산화탄소를 당으로 전환하는 과정이며, 모든 먹이 그물의 원초적 에너지 원천이었다. 심지어 어둠 속 생태계조차도 결국은 이 햇빛을 이용한 광합성에서 비롯된 영양분에 의존하는 것으로 여겨졌다.

그러나 여기, 그 생물학적 교리를 완전히 무시하는 전혀 새로운 생태계가 있었다.[10] 바로 열수 분출공 생태계다. 이곳의 생명체들은 황화수소를 먹는 세균에 전적으로 의존해서 살아간다. 광합성이 아닌 화학 합성을 통해 스스로 에너지를 생산한다. 이 세균들이야말로 이 비밀스러운 생태계의 '식물', 즉 1차 생산자였다. 각 열수 분출공은 화학 합성이 만들어 낸 세계였던 것이다.

1977년에 있었던 그 유명한 무인 잠수정 앵거스의 잠수 이후 전 세계에서 수십 개의 열수 분출공 생태계가 발견됐다. 지각판들이 갈라지면서 아래쪽 뜨거운 마그마가 솟구쳐 위쪽 바닷물과 섞일 경우, 해저에서는 갑작스런 초가열 반응들이 일어난다. 그리고 시간이 지나면 그런 반응으로 인해 철과 망간 같은 원소로 이루어진 울퉁불퉁한 굴뚝들이 형성된다. 이른바 이 '블랙 스모커'black smokers의 화학 성분은 바닷물이 어떤 바위에 스며들며 지나왔는지에 따라 달라지는데, 바닷물이 강력한 열수 활동에 의해 초가열될 때 암석을 지나면서 미량의 원소를 흡수하기 때문이다. 마찬가지로, 블랙 스모커가 만들어 내는 생태계 역시 전 세계적으로 그 모습이 다르다.[11] 어떤 생태계는 손가락 길이만큼 작고 창백한 새우에 의해 지배되는데, 그 새우는 몸의 껍질 안에 세균 공생사들을 키우고 있으며, 황화수소를 적정량 받아들이기 위해 초가열된 물에 가까이 있으려 한다. 눈이 없는 이 새우의 등에는 빛에 민감한 독특한 '감각기관' 한 쌍이 있어 섭씨 350도의 뜨거운 물에서 나오는 적외선을 감지할 수 있다.[12] 또한 그 기관 덕에 그 뜨거운 물에 지나치게 가까이 가지 않는다.[13] 이 새우는 강력한 두 가지 충동, 즉 미생물 파트너에게 먹이를 줘야 한다는 충동과 용광로 쪽으로 기어가기를 망설이는 본능적인 충동 사이에서 갈등한다.

남극 주변 바다에서 발견된 열수 분출공에서 어느 스쿼트 랍스터 종은 자신의 집게와 등딱지 아래쪽에 미생물들을 기른다. 미생물들은 가느다란 실처럼 자라며, 랍스터는 그것을 잘라서 바로 먹는다. 마치 가슴에 매달고 다니는 고정 메뉴처럼. 매트처럼 깔린 이 미생물 층은 순전히 영양분 섭취용이지만, 얼핏 보기에 사람의 가슴털과 비슷해 2006년 이 종을 발견한 과학자들은 '호프 크랩'Hoff crab(여기서 '호프'는 가슴에 털이 많은 배우 데이비드 핫셀호프의 이름에서 따온 것이다-옮긴이)이란 이름을 붙였다.[14] 나는 데이비드 핫셀호프의 TV 드라마 〈베이워치Baywatch〉를 본 적은 없지만, 그의 털 많은 가슴과 이 심해 갑각류의 털 많은 가슴은 목적 자체가 아주 다를 거라고 확신한다. 2012년의 한 인터뷰에서 핫셀호프는 자기 딸이 랍스터 사진 한 장을 보내줬다며, "아주 웃기고 아주 멋지고 아주 사랑스럽다"고 말했다.[15] 나는 그가 이 랍스터들이 방귀 냄새 비슷한 것이 가득한 세계에서 살고 있으며, 멀리서 보면 마치 해저 위로 기어다니는 해골 더미 같다는 사실을 알고 있었을지 궁금하다.

좀 더 북쪽으로 올라가 인도양으로 가면, 어쩌면 가장 기괴할지도 모를 그런 동물들을 발견할 수 있다. 그렇다. 가슴에 털이 많은 랍스터나 숨 쉴 때 황을 내뿜는 거대한 관벌레보다 더 기괴한 동물로, 이들 역시 열수 분출공에 산다. "정말 펑크 록 밴드 같은 모습이에요." 센켄베르크 연구소에서 활동 중인 연체동물 전문가(또는 연체

극한 생존

동물학자) 줄리아 시그워트$^{Julia\ Sigwart}$의 말이다. "그리고 아주 전투적이라서, 무장한 채 언제든 전투 준비가 된 모습이죠." 2006년에 처음 발견된 비늘발달팽이는 몸에 검은색 금속판처럼 보이는 것을 달고 있는데, 그 모습이 얼핏 검투사의 가장 멋진 스커트를 두른 것으로 착각될 정도다.[16] 언론의 관심을 끌기 위해 이들은 과학 논문에서 '드라마틱한 용 모양의 동물'로도 불리고 '바다의 천산갑'으로 불리기도 했다.[17] 바다의 천산갑은 이들의 모습에서 포유동물 천산갑의 케라틴 비늘이 연상되는 데다, 또 천산갑처럼 멸종 위기에 놓여 있어서 붙은 이름이다. 껍데기에 코팅된 광물질은 숯 빛이며, 정원 달팽이보다는 암모나이트 화석에 더 가깝다. 당시에는 본 적이 없는 동물이었다. 그리고 그때 박사 과정을 밟고 있던 총 첸$^{Chong\ Chen}$이 달팽이의 내부를 들여다보면서 더욱 두드러진 독창성을 발견했다.[18] 거대한 관벌레와 마찬가지로, 이 달팽이 안에는 공생 세균들의 궁전이라 할 만한 커다란 트로포솜이 있었다. 그 외의 다른 모든 해부학적 부위는 이 트로포솜의 필요에 맞춰져 있었다. 강력한 심장은 달팽이의 혈액 대부분을 트로포솜으로 보냈고 큰 아가미는 필요한 가스를 공급해 주었다. 그리고 뇌는 아예 없었다. 그저 아주 단순한 신경계만 남았다. "달팽이의 해부 구조 전체가 사실상 세균들을 행복하게 만드는 쪽으로 변형되고 뒤틀려 있어요." 시그워트의 말이다. "세균들이 작은 운전대를 잡고 앉아 달팽이를 몰면서 미니언^{Minion}(미국 애니메이션 영화에 나오는 작은 캐릭터 – 옮긴이)처럼 비음 섞인 고음으로 '아니, 나는 이 환경에 있고 싶어. 열수 분출공에 더 가깝게 더 가깝게!'라고 외치는 모습을 상상해 보세요." 미니언이 떠오르는 콧소리 섞인 날카로운 목소리로 그녀가 내게 말했다.

결국 비늘발달팽이는 세균들의 욕망을 담는 그릇에 지나지 않는다. 그런 관점에서, 시그워트는 갑옷 치마가 연체동물이 아닌 미생물의 진화에 따른 적응의 결과가 분명하다고 생각했다. 언론 입장에서는, 포식자로부터 보호하기 위한 장치라는 생각이 그럴듯했다. "그게 펑크 록 서사와도 맞아떨어졌죠." 시그워트는 말했다. 그러나 열수 분출공 생태계와는 어울리지 않았다. "열수 분출공 환경에는 활동적인 포식자들이 거의 없어요. 환경 자체가 워낙 혹독한 데다 독성도 강하거든요. 분출공 굴뚝 바로 옆 열수 유체에 가까이 있을 때 특히 더 그렇죠." 시그워트의 연구실을 나선 뒤, 첸은 일본 해양-지구과학기술청에서 동료들과 함께 비늘발달팽이 연구를 계속 이어갔다. 그곳에서 그는 예상과 달리 달팽이가 몸에 두른 비늘이 갑옷이 아니라는 사실을 알게 됐다. 그 비늘은 촉매 변환기 같은 작용을 하는 돌출물로, 황 기반 신진대사에서 나오는 독성 부산물을 빨아들이는 역할을 했다.[19] 거북 등껍질과 마찬가지로, 일종의 갑옷이었지만 내부의 적에 대처하기 위한 적응의 결과물이었던 것이다.

"저는 생각했어요. '와, 이건 접근 방식이 완전히 다른 적응이네.'" 시그워트가 말했다. "그리고 나서 이 시스템에 대해 미생물학자들과 얘기해 보면 그들은 또 이렇게 말하죠. '줄리아, 세상은 전부 세균이 지배하는 거예요. 아직 몰랐어요?'"

열수 분출공에 사는 동물의 몸속 미생물만 연구하는 일은, 마치 나무를 단순히 '떠다니는 잎사귀 뭉치'라고 묘사하는 것과 같다. 잎만 본다고 해서 나무의 전체 모습을 알 수는 없다. 줄기는 어떻고? 뿌리는? 균류와 인근 나무들 사이에 형성되는 관계는? 열수 분출공의 미생물 집단을 이해하기 위해, 과학자들은 지하를 좀 더 깊이 파고들어가야 했다. 다만 이런 생태계가 해수면 아래 1킬로미터 넘는 곳에 있다면 그건 아주 힘든 일이다.[20] 수압이 엄청난 데다 칠흑 같은 어둠뿐이기 때문이다. 이때 드릴을 이용해 해저 아래쪽에서 샘플을 얻을 수도 있지만, 수중 화산을 연구할 때 좋은 점은 화산이 분출한다는 것이다. 이른바 '스노우 블로워' snow blower 현상으로 새로 노출된 해저의 균열을 통해 미생물들이 방출되는데, 미생물이 포함된 구름 같은 그 물질을 조사하면 지하에 어떤 생명체들이 살고 있는지 알 수 있다.

1998년 미국 서부 오리건주 해안에서 그런 현상이 발생했다.[21] '액셜 시마운트' Axial Seamount 로 알려진 그곳은 거대한 수중 분화구인 칼데라로, 해저가 벌어지면서 생긴 균열 지역이 두 곳 있었다. 균열은 북쪽과 남쪽으로 뻗어 있고 '경계 단층'이 고리 모양으로 칼데라의 세 면을 둘러싸고 있다. 다시 말해, 지질학적 측면에서 아주 활발한 움직임을 보이는 지역이었다. 액셜 시마운트에서는 지각판들이 서로 잡아당기면서 비틀리고 있었다. 30센티미터 너비의 균열에서 미생물들이 눈보라처럼 심해로 분출되기 시작할 때, 마침 무인 잠수정인 로포스ROPOS가 샘플을 채취하기 위해 그곳에 있었다.[22] 소형차 크기에 무게가 허머 H2(미국 자동차 허머 사의 SUV 차량-옮긴이) 정도 되는 이 잠수정은 진공청소기 같은 도구를 이용해 열수 분출구의 유체 1리터를 빨아들인 뒤 더없이 섬세한 그물망 필터로 미생물 물질을 걸렀다. 갑판으로 회수된 필터는 향후 분석을 위해 액체 질소 안에 냉동 보관됐다. 이후 우즈홀 해양연구소에서는 줄리 후버Julie Huber가 샘플의 유전자 서열을 이미 알려진 세균 및 고세균의 유전자 서열과 비교해 액셜 시마운트 아래쪽 바위에 어떤 생명체들이 살고 있는지 확인했다. 그 결과 생물 다양성이 엄청났고 200종 이상의 서로 다른 세균들이 확인됐다.[23] 어떤 세균들은 고온을 좋아했고, 어떤 세균들은 저온을 좋아했다. 어떤 세균들은 이산화탄소와 수소를 먹고 메탄과 물을 배출했으며, 어떤 세균들은 황을 신진대사에 이용했다. 해저 밑 약 500미터 지점에서 미생물들은 불과 물과 바위의 원초적 만남 속에 소용돌이치며 뒤섞이고 있었다. 무생명 가설은 한 번 더 뒤집혔다. 심지어 바다 밑 바위조차 생명으로 요동치고 있었던 것이다.

우즈홀 해양연구소 사무실에서 후버를 만났을 때, 20년 넘게 해저 아래쪽을 연구해 온 그녀는 또 다른 해양 조사 여행을 떠나려 하고 있었다. 사무실 밖에는 커다란 검은색 상자가 하나 있었다. 그녀의 모든 샘플 채취 장치와 다량의 접착테이프, 라벨이 들어 있었고 맨 위에는 짭짤한 비스킷 프레첼이 담긴 커다란 봉지가 있었다. 그녀는 내게 뱃멀미를 막는 데 프레첼이 최고라고 했다. 프레첼을 이용한 뱃멀미 방지법 얘기를 한 뒤, 그녀는 내게 자신이 하는 연구의 핵심은 생명체가 어떻게 어둠에 적응하는지 아는 것이라고 했다. 열수 분출공의 발견과 잠수정 앨빈의 잠수를 통해 그녀는 지구상에서 한때 생명체가 살기에 너무 혹독하다고 여겨졌던 장소를 다시 생각하게 됐다. 칼데라 액셜 시마운트의 균열을 비롯한 열수 분출공들은 '해저 밑으로 향하는 창'으로 알려져 있었다. 후버는 이 미지의 창을 가능한 한 많이 들여다보길 열망했다.

우리 태양계에 있는 다른 분출공들도 그 미지의 창에 포함된다. 그녀가 칼데라 액셜 시마운트에 관한 첫 논문을 발표한 지 3년 후인 2006년, 화성 탐사선 카시니Cassini는 토성의 위성인 엔셀라두스Enceladus를 돌며 그 위성의 남극에서 거대한 얼음 기둥들이 분출하는 모습을 촬영했다.[24] 지구가 받는 햇빛의 100분의 1밖에 못 받는 그 위성은 꽁꽁 얼어붙어서 생명이 없는 구체로 여겨졌는데, 이는 1789년 8월 29일 그 위성을 처음 발견한 윌리엄 허셜William Herschel 때부터 내려오는 천문학계의 추정이었다.[25] 그러나 화성 탐사선 카시니가 보내온 이미지들이 들려주는 이야기는 달랐다. 엔셀라두스 위성은 지질학적으로 활발한 움직임을 보였다. 주변 토성 위성들의 중력에 의해 끌어당겨지는[26] 20킬로미터 두께의 얼음 층 밑 남극 지역 일대에 깊이가 10킬로미터나 되는 액체의 바다가 숨겨져 있었다.[27]

나중에 계산해 본 바에 따르면, 이 위성 표면에서 분출되는 물은 제트기 속도로 뿜어져 나와 우주 안으로 수백 킬로미터를 날아가는 것으로 추정됐다(일부는 엔셀라두스 위성으로 다시 떨어지지만, 이 물은 토성의 유명한 얼음 고리 중 하나가 형성되는 데에도 기여한다).[28] 2008년 NASA의 엔지니어들은 탐사선 카시니에 암호화된 새로운 명령을 보내 엔셀라두스 위성을 다시 돌며 그 얼음 기둥 사이를 지나가게 했다. 칼데라 액셜 시마운트에서 무인 잠수정 로포스가 지하 유체 1리터를 샘플 채취한 것처럼, 탐사선 카시니는 엔셀라두스 내부를 맛봤다.[29] 짠 바다였다. 수소이온 농도(pH)가 높아, 배수관 세정제나 표백제와 크게 다르지 않았다. 산소는 설사 있다고 해도 아주 적었다.

줄리 후버는 나와 함께 건물 복도를 걸어서 프레첼 봉지가 들어 있는 검은 상자를 지나, 제자들과 박사 후 과정 연구원들이 지하 미생물을 연구하는 실험실로 들어갔다. 월요일 오전 9시가 막 지난 시간대라 텅 비었지만, 그들의 실험 도구와 표본들은 여전히 책상 위에 흩어져 있거나 인큐베이터와 냉장고 안에 보관되어 있었다. 후버는 앞면이 유리로 된 캐비닛을 열고, 연한 색 액체가 손가락 두 마디 정도까지 들어 있는 시험관을 집어 들었다. 나는 물을 넣어 묽어진 우유 같다고 생각했다. 사실 그것은 엔셀라두스 위성의 바다에 무엇이 함유되어 있는지에 대한 최선의 과학적 추정이 담긴 액체였다. 후버가 시험관을 들고 있는 모습을 보며, 나는 그녀가 무심코 샴페인 잔을 들어 올리듯 외계 행성의 한 조각을 들고 있다는 생각에 머리가 다 어지러웠다.

그 탁한 액체는 대학원생인 사브리나 엘카사스 Sabrina Elkassas가 만든 혼합물이었다. 내가 후버와 작별한 뒤 그녀는 자신의 연구 공간을 안내했다. 색색깔의 라벨이 붙은 시험관이 가지런히 쌓여 있는 자신의 책상에서 엘카사스는 내게 엔셀라두스 위성의 바다를 재현하기 위한 레시피가 적힌 A4 노트를 보여줬다. 그녀는 이를 42a라고 불렀는데, 공상과학 소설 《은하수를 여행하는 히치하이커를 위한 안내서》에서 따온 것이다. 그 책에선 숫자 42가 모든 의미, 즉 '삶과 우주와 모든 것에 대한 위대한 질문'에 대한 궁극적인 답을 뜻한다. 42a에서 첫 번째 알파벳인 a도 중요하다. 이것은 그녀의 첫 시도였고 성과가 있었다.

엘카사스는 애리조나주립대학교의 과학자 터커 엘리Tucker Ely와 함께 이 레시피를 만들어 냈다. 터커 엘리는 엔셀라두스 위성의 바다 모델들을 혼합해 한 가지 최선의 추정을 해낸 사람이었다. 그들은 그 혼합물이 그저 희석되지 않은 입자들의 덩어리를 형성할 것이라고 예상했다. 용액 속에서 녹지 못하고 가라앉아 버리는 '침전'은 높은 수소이온 농도에서 흔히 나타나는 현상으로, 화학적으로 서로 잘 섞이지 못한다는 신호였다. 엘카사스는 말했다. "모든 것이 섞이지 않고 그냥 용액에서 가라앉아 버려요. 하지만 이 엔셀라두스 혼합액은 모든 실험 용액 중 수소이온 농도가 가장 높으면서⋯ 침전물도 생기지 않는 유일한 경우예요. 이렇게 효과가 좋다니 정말 말도 안 되는 거죠. 이런 일은 절대 일어나지 않아요."

내 생각에 정말 말도 안 되는 건, 그녀가 그 용액에 미생물들을 넣었는데 그들이 아주 잘 자라고 있다는 사실이다. 후버가 보여준 시험관은 생명이 없는 액체가 아니라 미생물이 살아 있는 세상이었다. 그러나 이들은 외계 생명체가 아니다. 이들은 '진흙 화산'으로 알려진 거대한 평원들이 있는 지구의 '마리아나 전방호'Mariana Forearc라는 깊은 단층선에서 채취된 것이다. 해저 표면 아래 숨겨진 열수 생태계들은 열수 분출공에서 분출하지 않고 훨씬 낮은 온도에서 부글부글 끓는다. 이 특별한 진흙 화산은 두께가 5킬로미터이며 500킬로미터에 걸쳐 뻗어 있다. 블랙 스모커들은 해저에서 몇 미터 위로 분출하는 데 반해, 진흙 화산은 방대한 지역에 퍼져 있다.

엘카사스는 최근 마리아나 전방호 조사 여행에서 가져온 샘플 몇 개를 내게 보여줬다. 작은 플라스틱 튜브들 안에 들어 있는 몇 개의 젖은 원통형 암석이다. 가장 눈에 띄는 건 그 암석의 색깔인데, 밝은 파란색이라서 마치 스머프 시티Smurf city(만화영화 〈스머프〉에 나오는 파란색 작은 마을-옮긴이)의 기반암 같다. 그런 다음 그녀는 나사 뚜껑 하나를 열고 내게 냄새를 맡아보라고 한다. 썩은 생선 냄새. "그게 TMAO예요." 5장에서 언급했던 트리메틸아민-N-산화물이다. 또 다른 냄새는 썩은 달걀 냄새. "이제 해저 밑 지하 냄새가 어떤지 알겠죠?" 지구에서 발견된 곳들 가운데 마리아나 전방호가 엔셀라두스 위성의 바다와 가장 유사한 환경(높은 수소이온 농도, 낮은 산소 농도, 풍부한 암석 광물)이라는 걸 알고 있는 나는, 먼 위성도 비슷한 악취가 나는지 궁금해졌다. 아마 우리가 그 위성으로 보낼 수 있는 유일한 방문자는 자동 탐사 차량이나 10킬로미터 두께의 얼음 지표를 뚫을 수 있는 장비 정도일 것이다.

엘카사스는 자신이 배양 중인 미생물에 대해 아직 확실히 파악하지 못했지만, 그 미생물의 존재만으로도 나는 평소 외계 생명체를 얘기할 때 쓰는 단어들에 대해 여러 생각을 하게 된다. 이곳 지구 미생물의 끈질김과 가장 혹독한 환경에서도 자랄 수 있는 능력을 감안하면, 이제 엔셀라두스 위성이 생명체가 살 수 있는 곳인지의 여부는 더 이상 논쟁거리도 못 된다. 문제는 그곳에 실제 생명체가 존재하는가의 여부다.

우즈홀 해양연구소를 떠나기에 앞서 후버는 내게 엔셀라두스 위성에 존재할 외계 생명체는 아마 미생물일 것이라고 말했다. 아마 단세포 생명체의 세계일 거라고. 그러나 나는 우리가 알지 못하는 새로운 동물 패턴과 몸 형태가 있는 곳을 상상하지 않을 수 없다. 완전한 어둠 속에서 진화가 또 다른 빈 캔버스를 앞에 놓고 자기 내면의 기괴한 모습을 표현한 곳 말이다. 열수 생태계에 관해 우리가 배운 게 하나 있다면, 그건 바닷물과 녹은 바위들이 격렬하게 충돌하는 것이 생명의 탄생 비법이라는 것이다. 바다에서 가장 어두운 곳에, 에덴동산이 있다.

바다 밑 지하 세계는 육지 밑 지하 세계에 비하면 그 규모가 작다. 육지 밑 지하 세계의 경우 얇은 흙층 밑에서 바위층이 시작되어 지구핵 주변을 소용돌이치는 마그마까지 이어진다. 부피 측면에서 보자면, 육지 밑의 지하 생태계는 모든 바다를 다 합친 것보다 두 배나 크다.

후버가 최초의 심해 분출물 일부를 샘플로 채취한 1990년대 후반에, 육지 밑 지하 세계는 이미 훨씬 오래전부터 과학계의 관심을 받고 있었다. 이 지하 세계로 들어가는 방법은 대개 아주 거대한 드릴을 사용하거나 채굴용 터널을 따라 내려가는 것 중 하나였다. 대부분의 경우, 우리의 발밑 깊은 곳에서 생명체를 찾는 일은 석유나 희귀 광물 또는 금을 찾는 일과 병행됐다.

아주 비과학적인 샘플 채취 방식 때문에 지하 깊은 곳에서 생명체가 처음 발견됐더라도 그 빛을 잃곤 했다. 늘 오염이 문제였다. 암석 맨틀 깊은 곳에서 발견된 미생물은 드릴이 바위를 뚫고 들어가는 과정에서 지표면의 미생물이 드릴 날에 붙은 것일 수도 있고, 아니면 지상으로 올라와 실험실로 옮겨지는 과정에서 표본에 들러붙었을 가능성도 있었다. 1928년, 캘리포니아에서 활동하던 러시아 태생의 미생물학자 차스 립먼Chas Lipman은 "최근 수십 미터 깊이에서 끌어올린 200만 년 된 선신세기 암석에서 세균이 발견됐다"고 주장했다.[30] 그러나 믿을 수 없을 만큼 깊고 믿을 수 없을 만큼 오래된 땅 밑의 발견은 립면의 두 번째 샘플로 인해 빛을 잃었다. 그 샘플은 6억 5,000만 년 된 선캄브리아기의 암석 덩어리였는데, 거기에도 미생물이 들어 있었던 것이다. 20세기 중반 내내 여러 과학 문헌에 비슷한 발견들(가끔은 소금 광산에서의 발견)이 보고됐다.[31] 웨일스의 할렉에서 발견된 암모니아가 풍부한 토양, 뉴욕주에서 발견된 실루리아기의 소금, 잉글랜드 북동부 불비 지하 1,200미터 지점에서 나온 페름기의 탄산칼륨 광물 등이 그 좋은 예다. 모두 미생물이 들어 있었으며, 추정 연대는 6억 5,000만 년 전에서 2억 년 전 사이였다. 한 논문에선 이렇게 적었다. "적절한 조건만 주어진다면, 미생물은 생명에 아주 끈질긴 집착을 보일 수 있다."[32]

또한 이 지하 미생물을 연구하는 일은 시간을 거슬러 여행하는 것과도 같았다. 1960년대에 활동한 미생물학자 하인츠 돔브로프스키Heinz Dombrowski는 자신의 선캄브리아기 샘플에 살아 있는 세균 바실러스 서큘란스Bacillus circulans의 세포들이 들어 있는 모습을 보고 놀라 멍하니 있었다. 현미경에서 눈도 떼지 않은 채 그는 이렇게 썼다. "6억 5,000만 년 이상 휴면 상태에 있던 이 세균이 비로소 첫 세포 분열을 시작하고 있다."[33] 미생물학자의 입장에서, 그 순간은 마치 화석화된 공룡 알을 수집한 뒤 그것이 부화하는 걸 지켜보는 것과 같았다고 한다.[34]

사실 끊임없는 오염 문제 외에 감당하기 힘들 정도의 불신도 문제였다. 1994년 맥스 케네디Max Kennedy, 사라 리더Sarah Reader, 리사 스위에르친스키Lisa Swierczynski는 학술지 〈미생물학Microbiology〉에 이렇게 발표했다. "깊은 데서 발견된 고대 미생물에 관한 놀라운 주장으로 인해 여러 해 동안 추가 연구가 억제됐다."[35] 당시에는 발아래 바위 속에서는 아무것도 살 수 없다는 인식이 일반적이었다. 지하에 대한 연구가 늘어나면서, 그와 비슷하게 뉴턴식 회의와 비판도 늘어났다. 한쪽에선 밀어붙였고, 다른 쪽에선 굳건히 버텼다.

1980년대에 지하 연구를 시작한 지구화학자 바바라 셔우드 롤러Barbara Sherwood Lollar는 당시 상황을 이렇게 기억한다. "단순한 오염 문제가 아니라는 걸 사람들에게 납득시키는 일이 매우 어려웠습니다."

1996년 어느 날 롤러는 지하 미생물학 분야의 떠오르는 인물 중 하나인 툴리스 컬렌 온스톳Tullis Cullen Onstott의 전화를 받았다. 그는 당시의 교착 상태를 타개할 아이디어를 갖고 있었다. 그녀는 그가 "남아프리카공화국으로 가요"라고 말했던 것을 기억한다. "거기서 연구를 시작합시다." 지하 4킬로미터까지 뚫고 내려간 활기찬 금광이 있는 그곳에서, 그들은 아래쪽 지열 활동으로 가열된 세계에 들어가게 될 터였다. 섭씨 40도 이상의 온도 속에서, 더 선선한 위쪽 지표면이나 실험실에서 살 수 없는 호열성 미생물, 즉 열을 좋아하는 미생물을 조사할 수 있으리라. 셔우드 롤러의 말에 따르면, '이처럼 높은 지열 상승 상태'에서라면 아마 동료들도 이 특수한 미생물이 교차 오염에서 생긴 게 아니라는 사실을 더 잘 받아들일지도 몰랐다. 2021년 암으로 세상을 떠난 동료이자 친구인 툴리스 컬렌 온스톳에 대한 기억을 떠올리며 셔우드 롤러는 말했다. "그건 정말 영감을 준 선택이었어요."

그 깊은 광산 안에서, 두 사람은 섭씨 60도로 가열된 탄소가 풍부한 암석 안에 미생물이 살고 있다는 사실을 발견했다.[36] 온천에서 발견되는 미생물과 비슷하게, 그 세균의 종은 철을 이용해 신진대사를 했다. 온스톳이 광산의 좁은 수직 갱도에서 암석 조각을 떼어

내면서 가이거 계수기를 켜자 자연 방사선이 지직지직하며 튀는 소리가 들렸다. 샘플을 밀폐된 내열 봉투와 철제 용기에 담은 뒤, 그는 계속 광산 밑으로 내려갔다. 그 순간이 생명체가 지하에서 어떻게 살아가는지에 관한 그의 이론에서 중요한 부분으로 자리한 것은 이후의 일이다. 만일 이 미생물이 어둠 속에서 살아남기 위해 방사선의 힘을 사용하고 있다면 어떨까?

2000년에 다시 남아프리카공화국 금광을 찾은 온스톳과 셔우드 롤러 그리고 연구진은 자신들이 방사선을 발견한 모든 곳에서 수소 가스가 형성된다는 사실을 깨달았다. 셔우드 롤러는 말한다. "나는 종종 수소를 미생물 세계의 젤리 도넛이라고 부릅니다. 그게 있으면, 미생물들이 꼭 먹거든요." 암석 속에서 보글보글거리는 가스는 주로 우라늄과 칼륨에서 나오는 자연 방사선이 물 분자를 쪼갤 때 형성된다. 방사선 분해라고 알려진 이 현상은 새로운 것은 아니었다. 20세기 초에 이미 파리에 있는 마리 퀴리 연구소의 과학자 두세 명이 이 기본 방정식을 만들었다.[37] 수소 가스뿐 아니라 반응을 더 잘하는 다른 분자들도 형성될 수 있다. 이와 관련해 셔우드 롤러는 말한다. "물을 분해하면 수소가 생기시만 이처림 반응을 질하는 산화물도 생깁니다. 그리고 알고 보니 그 산화물이 주변 암석을 공격하면 황산염이 방출되기도 합니다." 열수 분출공에서 황을 빨아들이는 미생물처럼 이 세균 역시 황을 이용해 신진대사를 한다. 우리가 산소를 호흡하는 것과 같다.

적어도 생화학자들에게는 아주 단순한 방정식이었다. 그들은 이런 형태의 생명체를 '자동-암석-영양'auto-litho-trophy이라고 부른다. 기본적으로 암석(litho)을 먹고(trophic) 다른 그 어떤 입력도 필요하지 않은(auto) 미생물들이란 의미다. 이 세균은 지각 밑 깊은 데서 발견됐을 뿐 아니라 완전히 자급자족하고 있었다. 이들에겐 암석과 물 그리고 방사선 이외에는 아무것도 필요하지 않았다. 온스톳은 2012년에 한 인터뷰에서 이렇게 말했다. "이들은 빛도 먹이도 지표면에서 나오는 그 어떤 것도 필요 없습니다. 존재하는 데 필요한 모든 걸 갖추고 있고, 다른 생명체로부터 아무것도 요구하지 않습니다. 이런 생명체는 존재하지 않을 거라 여겨지죠. 모든 생명체는 다른 생명체에 의존한다고 생각해 왔지만, 이들은 그렇지 않습니다."[38] 우리는 지구에서 가장 멋지고 행복한 장소에 순위를 매긴다. 그러나 현재 살아 있는 생명체 중 가장 행복한 생명체는 아마 이 미생물일 것이다. 그리고 설사 그런 상을 받는다 해도, 이들은 아마 전혀 신경 쓰지 않을 것이다.

"틀림없이, 저 아래 있는 일부 생명체들은 이른바 '종속영양'hetero-trophic(다른 생명체를 먹고 사는 것 - 옮긴이)을 합니다." 셔우드 롤러가 내게 말했다. 그러나 지하에 사는 또 다른 미생물들은 물에 섞여 내려온 유기물이나 암석 속에 존재하는 유기물을 먹고 산다. 2011년, 온스톳과 동료들은 힘든 환경에서 살아가는 세균을 먹고 사는 작은 벌레를 발견했으며, 그 벌레에게 지하 세계의 군주 메피스토펠레스Mephistopheles(괴테의 작품《파우스트》에 나오는 악마)에서 따온 메피스토Mephisto란 이름을 붙였다.[39] 잠시 유명세를 타기도 한 그 벌레, 할

리세팔로부스Halicephalobus는 깊고 뜨거운 암석에서 산다고 하여 '지옥에서 온 벌레'라고도 불렸다. 사실 이 선충류 벌레는 아주 멋진 삶을 살고 있다. 따뜻한 환경 속에 살며 언제든 먹을 수 있는 미생물까지 풍부하니까. 포식자도 없고 경쟁도 없다. 지옥에서 온 이 벌레는 자신만의 천국에 살고 있다.

셔우드 롤러는 말을 이었다. "더 깊이 내려가면, 아주 오래됐으면서도 지표면에서 완전히 단절된 시스템 안으로 들어가게 됩니다." 일부 시스템은 10억 년 이상 단절되어 있었을 수도 있다(대화 중에 그녀는 10억 년 된 물 한 잔을 줄 수 있다고 말하면서도 권하지는 않았다). 초기에 발견된 생명체 중 상당수는 실제로 오염 문제에 휘말렸지만, 나중에 밝혀진 바에 따르면 대개 그것들은 놀라운 세계를 보여주고 있었다. 온스톳이 사망한 후에 나온 부고에서, 그의 전 동료 두웨인 모저Duane Moser는 이처럼 깊은 지하 생태계를 '전통적인 생물학 전체와 단절되어 있고 우리의 도시 및 정치 밑에서 끊임없이 움직이고 있으며, 시간에 대한 인식에는 전혀 관심이 없는 곳'이면서 '계절과 빙하기 그리고 심지어 대륙들조차 아무런 예고도 영향도 없이 왔다가 가는 곳'이라고 썼다.[40] 그러면서 그는 이를 '미생물 쥬라기 공원'이라 불렀다. 한편, 셔우드 롤러는 이 '심층 생물권'을 바다와 비교할 만한 곳으로 본다. 그 깊이를 가늠할 수 없고 표면 아래 수 킬로미터까지 생명으로 가득하며 아직 거의 미지의 영역이니까.

심층 생물권은 과소평가되고 있다. 해저 밑에 사는 미생물들은 지구 전체 생물량의 약 3분의 1을 차지할 가능성이 있으며, 이는 곧

탄소라는 생명의 원소를 막대한 양으로 저장한 거대한 탄소 저장고라는 뜻이다.[41] 우리가 전례 없는 속도로 탄소를 방출하는 지금 시대에, 심층 생물권은 우리 손이 닿을 수 없는 탄소의 비밀 금고와도 같은 존재다.

생명체가 지표수와 지표암에서 벗어나 살아간다는 것은 수리지질학적 분리와 같은 현상이다. 심층 생물권은 지구에서 생명체가 살 수 있는 곳에 대한 우리의 사고방식에 가장 큰 변화를 가져왔지만, 생명의 독립성이 나타나는 장소가 그곳만 있는 것은 아니다. 1986년, 루마니아의 한 풀밭 언덕의 지하 18미터 지점에서 비슷한 생태계가 발견되었다.[42] 흑해 연안에서 약 2킬로미터 떨어진 망갈리아 인근의 이 지역은 관광객도 주민도 거의 없는 한적한 땅으로, 당시 새로운 발전소 건설 후보지였다. 그러나 기반암의 균열 여부를 확인하기 위해 시추 작업을 하던 중 굴착기 하나가 동굴 층을 뚫고 들어가자 돌을 갈아내던 금속성 소리가 갑자기 멎었다. 붕괴 위험 때문에 발전소는 결국 다른 부지에 지어야 했다.

하지만 굴착 장비를 철수하기 전, 루마니아에서 활동하던 동굴학자 크리스티안 라스쿠Cristian Lascu가 새로 발견된 이 동굴을 조사했다. 당시 그는 자신이 200만 년 넘게 단 한 번도 인간의 발길은 물론, 그 어떤 외부의 영향조차 닿지 않은 세계로 들어서고 있다는 사실을 전혀 알지 못했다.

첫 동굴은 그가 연구해 왔던 다른 동굴들과 크게 다르지 않았다. 산소 수치는 아주 정상적이었다. 영양분은 거의 들어오지 않았다. 아주 습했다. 그러다가 동굴이 지하수 속으로 잠겨 들어갔다. 스쿠버 장비를 갖고 돌아온 라스쿠는 동굴 안에 공기가 있는 빈 공간이 여럿 있어 수면 위로 올라갈 수 있다는 사실을 알게 됐는데, 동굴이 수면을 따라 위아래로 오르락내리락하고 있었기 때문이다. 정말 놀라운 것은 바로 그 '공기 공간'이었다. 그러나 그 공간에서도 그는 등에 멘 산소통 없이는 숨을 쉴 수 없었다. 산소는 겨우 7퍼센트로, 지표면 산소의 3분의 1이었다.[43] 썩은 달걀 냄새가 났는데, 그건 황화수소의 특징이었다. 해저 열수 분출공과 마찬가지로, 그곳은 황을 좋아하는 세균들이 만들어 낸 세계였다. 벽을 덮고 자라며 수면 위에 떠 있는 것들이 풍부한, 다양한 동물 군집의 토대였다.

그곳에 거대한 벌레나 털복숭이 갑각류는 없었다. 루마니아어로 '작은 언덕'이라는 뜻인 이 '모빌레'Movile 동굴에 사는 동물들은 거머리와 달팽이, 쥐며느리, 거미, 전갈 비슷한 동물 그리고 지네 등 상대적으로 친숙한 동물이었나. 익숙한 생명체의 패턴과 형태를 갖고 있었지만, 그들만의 특별함도 있었다. 2020년에 실시된 마지막 조사 기준으로, 이 동굴에 사는 동물 57종 가운데 37종은 지구 어디에도 존재하지 않으며, 그들은 전적으로 산소가 부족한 공기와 황이 풍부한 물이 있는 소수의 공간에서만 살고 있다.[44] 길이가 21미터에 불과한 이 동굴은 지구의 전체 생물권 안에서 티끌만 한 존재이며, 길이 10센티미터의 지네가 최상위 포식자인 축소판 사파리다.

학술지 〈사이언스〉에 실린 이 동굴에 관한 첫 연구에서, 라스쿠와 연구진은 이 동물들의 화학적 구성을 보면 그것이 지표면 세계의 화학물질이 아니라 오직 세균들에만 의존한다는 증거를 밝혀냈다.[45] 모든 생명체는 탄소를 기반으로 하지만 탄소에는 동위원소라고 알려진 다양한 형태의 원소들이 있어, 어디서 온 것이냐에 따라 더 무겁거나 가벼울 수 있다. 예를 들어 식물에서 온 탄소는 대개 원자 질량이 더 무겁다(C14로 알려져 있다). 반면에 화학 합성에서 나온 (예를 들어 황을 좋아하는 세균에서 만들어진) 탄소는 대체로 더 가볍다(C13). 모빌레 동굴의 동물들을 상대로 이런 동위원소 비율을 측정해 본 라스쿠와 동료들은, 그 동물들이 식물성 물질과 관련된 것은 전혀 먹지 않았다고 거의 확신했다. 그들의 세계는 완전히 매트 같은 미생물 층을 토대로 삼고 있었다.

그렇다고 해서 100퍼센트 확실한 사실은 아니었다. 어떤 이론이든 한 가지 증거로는 그 기반이 취약할 수 있다. 그런데 같은 방향으로 향하는 다른 길도 있었다. 첫째, 모빌레 동굴 위쪽 지질은 점토층으로, 이는 침투 불가능한 장벽이었다. 둘째, 동굴이 발견된 바로 그 해에 체르노빌 원전 재앙이 일어나 방사성 입자들이 루마니아와 우크라이나 인근 국가들까지 퍼졌다. 보이지 않는 그 구름에서 나온 세슘과 요오드는 어디에서나 발견됐고, 광활한 땅을 가로질러 바다로 흐르는 물에서 특히 많이 발견됐다. 그러나 모빌레 동굴에서는 전혀 발견되지 않았다. 결국 그곳의 동물 집단은 풀이 무성한 평원

밑 몇 미터도 안 되는 지점에서 역사상 최악의 생태계 재앙을 피할 피난처를 찾은 것이다.[46]

 이 독특한 생태계를 보호하기 위해, 굴착기가 처음 땅속을 파고 든 지점에 공기 차단용 문이 달린 콘크리트 판이 설치됐다. 그 문은 1년에 한두 번만 열려, 전 세계에서 온 과학자들이 생물학적으로 완전히 단절된 이곳 생태계를 보고 냄새 맡고 샘플을 채취한다. 가장 최근 연구에 따르면 이 동굴은 500만 년 넘게 고립되어 왔는데, 500만 년 전이면 생명의 나무에서 인간의 가지인 호모^{Homo}가 막 자라나기 시작할 무렵이다. 이후 수천 년간 인간은 불을 이용하고 지구 곳곳을 돌아다니고 농업에 정착하고 석유의 힘을 발견하고 온실가스와 불안정한 원소들로 우리 주변을 데우고 오염시켰다. 모빌레 동굴의 동물들은 어둠 속에서 미생물 작물을 빨아먹으며 자신들의 조상으로부터 계속 멀어졌다.

 이제 지표면으로 되돌아가 보자. 당신의 상상력을 지구 맨틀 깊은 곳에 놓인 지층에서, 그러니까 수백만 년에 걸친 지질 역사 속에 쌓인 암석층에서 위로 끌어올려 보라. 만일 당신의 생각이 아직 남아프리카공화국의 광산 안에, 즉 머리에 매단 플래시 빛밖에 없는 좁은 터널 안에 머물러 있다면, 천천히 지상으로 올라오라. 다시 탁 트인 공기 속으로 나오면, 햇빛이 당신의 망막을 간지럽히고, 몇 시간 동안 햇빛을 못 본 뒤라 삶이 더 풍요롭게 느껴질 것이다. 식물들은 더 푸르고, 새소리는 더 달콤하다. 간질이고 장난치는 느낌까지 주며 산들바람이 피부를 스쳐 지나간다. 우리는 햇빛을 즐기고 어둠을 위협으로 느끼는 동물이다. 우리는 밤을 멀리하기 위해 불을 밝히고, 지구가 태양 주위를 돌 듯 모닥불 주위에 둘러앉는다.

정반대의 리듬 속에 살아가는 동물들도 있다. 그들에겐 햇빛이 위협일 수 있는데, 그건 햇빛으로 인해 자신이 포식자나 숨 막히는 열에 노출되기 때문이다. 우리는 주행성인데 반해 그들은 야행성이다. 태양이 없는 데서 살 경우, 그 장소와 시간은 더 풍요로우며 경쟁자가 더 적은 경우가 많다. 파나마에는 생활 주기를 밤 시간대에 맞춘 벌이 있는데, 생물 다양성이 높은 이 열대우림에선 낮 시간대에 분주히 먹이 활동을 하는 다른 종의 벌들이 워낙 많기 때문이다. 세계 곳곳에서는 수백만 마리의 명금류가 밤에 조용히 하늘을 날아가는데, 낮 시간대의 포식자도 피하면서 동시에 근육이 움직이며 에너지를 태울 때 몸을 식히기 위해서다. 인도네시아의 열대 밀림에서는 안경원숭이라 불리는 작은 영장류가 뇌보다 더 큰 눈을 이용해 달 표면에서 반사된 몇 안 되는 광자를 포착한다. 달이라는 천체의 구와 눈이라는 생물학적 구가 서로 교감하는 것이다. 과학 작가 맷 사이먼Matt Simon은 깜빡거리지도 않고 커다랗게 뜬 안경원숭이의 두 눈이 마치 '오 이런, 내가 오븐을 켜놓고 나왔나' 하는 표정 같다고 했다. 이처럼 어둠 속에서 사물을 볼 수 있게 적응하는 것은 야행성 동물들에게 흔한 일이다. 커다란 망원경이 더 먼 우주까지 볼 수 있듯, 커다란 눈은 밤에 더 많은 빛을 포착한다. 사자 같은 대형 고양잇과 동물처럼 망막 뒤에 빛을 반사하는 세포층이 있다면 더욱 좋을 것이다. 그러나 어느 여름날 저녁, 나는 시력이 극단적으로 좋은 훨씬 더 특별한 야행성 동물을 엿보고 싶어 했다. 그 동물은 멀리 떨어진 별에서 오는 몇 안 되는 광자만 이용해 단순히 형체를 보는 정도가 아니라 색까지 구분할 수 있다.

밤 10시 무렵, 나는 아이스크림 통과 스푼을 든 채 우리 집 정원에 앉아 있었다. 두 살 난 아이가 일찍 깰 때를 대비해 그 시간대에 나는 잠을 자진 않더라도 대개 침대에 있었고, 그래서 그 시간에 정원에 있는 것은 흔한 일이 아니었다. 나는 이웃집 정원에서 돌담을 타고 기어 넘어온 인동덩굴꽃을 바라보며 앉아 있었다. 노란 꽃잎과 흰 꽃잎이 트럼펫 모양으로 피어난 그 밝은 꽃에서는 바닐라에 재스민이 섞인 듯 달콤한 향기가 났고, 그 향기가 밤공기 중에 진하게 배어 있었다. 인동덩굴꽃 뒤쪽에는 오렌지 크기만 한 분홍색 장미가 몇 송이 피어 있었다. 정리되지 않은 채 빽빽하게 뒤엉켜 있는 담쟁이덩굴과 가시덤불 울타리에는 대나무 순들이 마치 돛대처럼 솟아 있었다.

나는 이 모든 광경을 자세히 보지는 못했다. 해는 이미 30분 전에 졌고, 별빛만 내 주변을 비추고 있었다. 돌담과 잎사귀와 장미의 윤곽만 보였으며, 모든 풍경이 단조로웠으며 회색빛 그러데이션을 띠고 있었다. 나는 모든 색깔과 꽃을 시력이 아닌 기억력으로 알아내고 있었다.

아이스크림 한 통을 다 먹고 하루를 마무리할까 고민하고 있을 때, 돌담 너머에서 작은 태엽 장난감 비행기의 날개가 서로 부딪치듯 요란한 소리가 들려왔다. 나는 단 이틀 밤의 관찰 끝에 좋은 결실을 맺을지도 모른다는 생각에 약간 놀라며 자리에서 몸을 일으켰다. 아이스크림은 탁자 위에 내려놓고, 좀 더 가까이 보기 위해 일어섰다. 그건 분명 나방이었다. 내가 봐온 나방 중에 가장 큰 나방으로, 날개폭이 몇 인치쯤 되어 보이며 크기가 거의 작은 새만 했다. 그러나 내 감각으로는 더 많은 걸 알아낼 수 없었다. 대체 어떤 종일까? 측면에 나 있는 연한 줄무늬 2개 외에 더 자세한 건 보이지 않았다. 그 반가운 손님을 내 딸의 게잡이 그물로 잡을까 하는 생각도 했지만, 다치게 하고 싶진 않았다. 그래서 나방이 꽃에서 꽃으로 날아다니다가 다시 돌담 너머 어둠 속으로 사라지게 내버려 두었다. 아이스크림은 여전히 손도 못 대고 손에는 초록색 게잡이 그물을 든 채, 너무 흔하지만 너무 보기 힘든 동물을 보며 멍하니 서 있었다.[47] 코끼리박각시나방은 거의 그 어떤 동물도 볼 수 없는 흐릿한 빛의 세계 속에 산다.

데일레필라 엘페노르 Deilephila elpenor(코끼리박각시나방의 학명-옮긴이)는 햇빛 속에서 네온 핑크색과 라임 그린색으로 반짝인다. 곤충치곤 크지만, 코끼리박각시나방이라는 일반적인 이름이 코끼리처럼 큰 덩치 때문에 생겨난 것은 아니다. 그보다는 나방의 머리와 배가 위쪽은 두껍고 아래쪽은 뭉툭하게 가는 것이 마치 코끼리 코 같다고 해서 생겨난 이름이다. 1990년대에 레이브 파티 rave party(테크

노 음악을 들으며 즐기는 밤샘 파티-옮긴이)를 위해 색칠한 작은 코끼리코 그림을 상상해 보라(날개폭이 12센티미터나 되는 줄홍색박각시나방처럼 훨씬 큰 박각시나방종도 있다).

강렬한 색깔과 크기 때문에 박각시나방은 나비관, 더 정확히 말하자면 나비·나방관에서 인기 있는 나방이다. 그러나 실제로 선택되는 종들은 대개 낮에 활동하는 주행성 종이어서 감상하기 쉽다. 벌새박각시나방이 특히 인기 있다. 코끼리박각시나방은 새벽(박명성 나방)부터 가장 어두운 밤(야행성 나방) 사이에 활동한다. 이들이 가장 좋아하는 꽃인 인동덩굴꽃이 공기 중에 가장 진한 향기를 퍼뜨리는 시간이다. 6월 초의 그날 밤에 향기를 따라 우리 집 정원까지 온 코끼리박각시나방은 아마 인동덩굴꽃의 노란 꽃잎과 흰 꽃잎 그리고 분홍색 장미들을 보았을 것이다. 밤 시간대에 내 망막 세포는 색은 못 보더라도 감도는 높이려 하는데, 이는 모든 포유동물의 공통된 특성이다. 그러나 코끼리박각시나방은 어둠 속에서도 계속 색을 볼 수 있는 것으로 알려진 최초의 종이다.

2002년에 알무트 켈버 Almut Kelber가 처음 코끼리박각시나방의 능력을 발견했다. 그로부터 20년도 더 지난 어느 날 우리는 화상 통화로 얘기를 나눴는데, 그때 나는 스위스에 있는 그녀의 집 거실에서 윙윙거리는 희미한 날갯짓 소리를 들을 수 있었다. 그녀는 수십 년간 박각시나방들을 길러오고 있다. 그녀가 웃으며 내게 말한다. "우린 얘들을 좋아해요. 그냥 반려동물처럼 돌보죠." 과거 스웨덴 룬드의 시각 연구 그룹에서, 그녀는 취미처럼 박각시나방을 키우던 것에서 더 나아가 획기적인 과학적 발견을 이뤄냈다. 주행성 박각시나방과 나비들이 색을 구분할 수 있다는 주장은 20세기 초부터 있었지만, 그것을 처음 증명한 사람은 켈버였다. 〈네이처〉에 발표된 그녀의 논문은 우리의 오랜 인간 중심적 맹목주의에 대해 다음과 같이 지적하며 시작했다. "인간은 밤에는 색을 구분 못 하며, 그래서 다른 동물들도 다 그럴 것이라고 추정해 왔다."[48] 그러나 코끼리박각시나방에게 인공 꽃을 먹이로 줌으로써, 켈버는 희미한 별빛만큼이나 약한 빛에서도 그들이 노란색과 파란색을 구분할 수 있다는 사실을 알게 됐다.

실험실이나 수족관 또는 동물원에서 어떤 동물을 실험하려면 먼저 훈련을 시켜야 한다. 그리고 설사 더없이 작은 곤충의 뇌라고 할지라도, 생태적으로 의미 있는 보상만 주어진다면 그 훈련은 어렵지 않다. 박각시나방에게 최고의 보상은 달콤한 간식이다. 자신의 실험용 비행 케이지 안에서, 켈버는 노란색 카드 조각들(단순한 가짜 꽃들) 뒤에 설탕물이 담긴 작은 캡슐을 놓아두었다. 카드에 난 작은 구멍 사이로 주둥이를 뻗어, 박각시나방은 자기가 가장 좋아하는 인동덩굴꽃의 진한 꿀을 빨아먹듯 설탕물을 빨아먹을 수 있었다. 이렇듯 보상을 주는 노란색 '꽃' 옆에는 달콤한 간식이 없는 다양한 회색빛 카드 여덟 장이 있었다. 인간도 아직은 색을 구분할 수 있는 (비록 서툴더라도) 시간대인 해 질 녘의 비교적 밝은 빛 속에서, 박각시나방은 노란색이 자기가 가장 좋아하는 색이라는 것을 빠른 속도로 배웠다. 미래에 선택의 기회가 주어진다면 그들은 노란색 카드를 고를 것이다.

그런 다음 캘버는 실험용 비행 케이지 위에 있는 수은등에 필터를 씌워, 주변 밝기를 해 질 녘 수준에서 별빛 수준으로 낮췄다. 이제 밝기는 햇빛이 있는 낮보다 무려 1억 배 낮았다.[49] 그녀의 눈에는 노란색 카드 조각이 그 선명함을 잃고 일부 회색 카드 조각들과 같아 보이기 시작했다. 이처럼 한 가지 색으로 보이는 세계에서는 노란색과 한 가지 특정 회색빛이 같은 밝기로 보여 구분되지 않는다. 그러나 6마리의 박각시나방은 전부 여전히 자신들이 가장 좋아하는 노란색 '꽃'에서 설탕물을 빨았다. 실제로 그들은 달빛이나 황혼 정도의 밝은 조명 속에서보다는 그런 정도의 어둠 속에서 더 나은 성과를 보였다. 오직 별빛만을 길잡이로 삼는 박각시나방의 눈은 지구에서 가장 '이 세상 것이 아닌 듯한' 기관이라고 해도 손색이 없다. 자신이 가장 좋아하는 색의 꽃을 찾기 위해 그들은 최소 4년 동안 진공 상태의 우주를 가로질러 온 광선을 길잡이로 삼는다.[50]

캘버는 전적으로 자신의 눈에만 의존하지 않고 대학에서 일하거나 공부 중인 성인 여섯 명을 실험에 참여시켰다. 그들 가운데 색맹은 없었다. 그리고 그들은 실험용 비행 케이지에 들어가지도 달콤한 보상으로 유혹당하지도 않았다. 눈이 어둠에 적응되자, 그들은 해 질 녘 초반과 후반의 빛과 달빛의 밝기에서도 노란색 원반들을 아주 잘 골라냈다. 심지어 별빛 아래에서도, 흰색보다는 검은색에 가까운 회색 원반에 비해 노란색 원반을 더 정확히 골라냈다. 그러나 그건 색채 시각이 아니었다. 그들의 눈은 빛의 강도 차이를 감지한 것이고, 노란색은 더 밝은 회색으로 보여 더 쉽게 알아볼 수 있었던 것이다. 그래서 노란색 원반 옆에 더 밝은 회색 원반을 놓자, 사람들은 겨우 50퍼센트의 확률로 노란색 '꽃'을 골랐다. 다시 말해 무얼 선택하는지는 완전히 복불복이었다. 켈버는 박각시나방이 감지할 수 있는 것이 비교적 밝은 노란색 꽃뿐만이 아니라는 사실을 보여주기 위해, 이번에는 파란색 원반을 이용해 같은 실험을 되풀이했다. 박각시나방들은 더 어두운 회색 옆에 있어도 여전히 파란색을 구분했다.[51] 그러나 사람들은 이번에도 구분하지 못했다.

이러한 실험의 결과는 너무 놀라웠다. 박각시나방의 망막 안에 있는 빛 감지 세포에 와닿는 광자 수를 추정해 본 결과, 켈버와 연구진은 박각시나방이 그런 일을 해낼 수 없었어야 한다는 결론에 도달했다. 완보동물의 빛 감지 세포든 거대 오징어의 농구공만 한 눈이든, 모든 시각기관의 빛 감지 능력은 완벽하지 못하다. 망막 안에 있는 세포들을 자극하는 빛 입자 신호는 늘 '잡음'에 의해 약화된다. 이때의 잡음이란 소리가 아니라 모든 생물학적 시스템 안에서 발생하는 세포들의 무작위 발화량이다. 턴테이블에서 나는 잡음, 즉 레코드판 홈에서 생겨나는 원치 않는 신호를 생각해 보라. 망막 안에서 일어나는 이처럼 잘못된 세포 발화로 인해 뇌에 잘못된 신호가 보내질 수 있다. 낮에는 그 잘못된 신호가 거의 감지되지 않는다. 그러나 빛의 밝기가 어둠에 가까워지면 더 많이 감지되기 시작하고, 그 결과 우리는 눈에 보이는 것을 믿지 못하게 된다. 다시 턴테이블 비유로 되돌아가, 볼륨을 줄이면 잡음이 더 뚜렷해진다. 과학적 용어로 이 현상을 '신호 대 잡음비'siganl-to-noise ratio라고 부른다. 그것이 시각의 한계를 결정한다. 잡음이 신호보다 더 커지면, 우리는 세상을 정확히 파악할 수 없게 된다.

그러나 박각시나방은 그렇지 않다. 그들의 광수용체에 와 닿는 광자의 양은 추정된 배경 잡음보다 적었다. 잘못된 발화가 의미 있는 발화보다 많았던 것이다. 켈버와 그녀의 룬드대학교 동료인 안나 발케니우스Anna Balkenius와 에릭 워런트Eric Warrant는 이렇게 적었다. "이런 상황에서 파란색과 회색을 신뢰할 만한 수준으로 구분한다는 것은 불가능하며, 특히 훈련에 쓰인 파란색과 중간 회색의 경우 더 그렇다."[52]

박각시나방은 시각의 생물학적 법칙을 깨고 있는 걸까? 아니면 그들은 우리가 설명할 수 없는 양자 세계의 어떤 법칙 같은 것에 따르고 있는 걸까? 꼭 그런 건 아니다. 밝혀진 바에 의하면, 그들의 망막은 어떤 신호든 더 오래 합산 처리해서, 충분한 광자를 감지해 해당 신호가 진짜인지 확인할 때까지 천천히 볼 수 있다는 데 그 해답의 일부가 있었다. 이런 과정을 '합산'이라 하는데, 이는 카메라의 셔터 속도를 느리게 설정해서 충분한 빛을 받아들여 이미지를 만드는 것과 아주 비슷하다. 놀라울 만큼 민감한 개구리의 눈을 연구하는 시각 과학자 카롤라 요바노비치Carola Yovanovich는 내게 이렇게 말했다. "말하자면 시각 시스템은 서로 다른 픽셀 크기를 사용하는 일에 적응합니다. 아주 밝을 때는 아주 작은 픽셀들을 가지고도 아주 높은 해상도의 이미지를 얻을 수 있는데, 그건 각 픽셀에 충분한 빛이 들어오기 때문입니다. 그런데 빛이 적을 때 그렇게 작은 픽셀을 유지한다면 빛이 전혀 들어오지 않을 픽셀이 많아지는데, 그건 그 픽셀에 떨어지는 광자가 거의 없기 때문입니다. 결국 픽셀이 많이 비어 있게 되는 겁니다. 그래서 당신은 이렇게 말할 수 있겠죠. '좋아, 그럼 픽셀 4개를 하나로 합쳐 최소한 약간의 빛이라도 들어오게 하자.' 그러면 물론 해상도, 즉 이미지의 선명함은 잃겠지만 최소한 뭔가는 보게 되는 겁니다." 이런 방식의 합산 덕에 은하수 사진이 찍히고 북미의 숲속에서 반딧불의 네온 빛 초록 궤적이 포착된다. 희미한 광원으로부터 최대한 많은 빛을 끌어들이는 것이다. 박각시나방의 눈에는 수백 개의 렌즈가 있어 각 광수용체로 빛을 집중시키며, 그 결과 신호를 증폭시켜 잡음을 극복해서 어둠 속에서도 색색깔의 꽃을 구분할 수 있는 것이다.

"이걸로 모든 게 설명된다고 생각진 않습니다." 에릭 워런트가 말했다. "물론 합산 덕에 어느 정도 진전은 본 것 같습니다. 하지만 아직은 충분치 않다고 느낍니다. 이 미스터리를 완전히 푼 건 아니에요." 룬드의 시각 연구 그룹에서 켈버를 지도하면서, 워런트가 수년간 관심을 보여온 주요 연구 대상은 야행성 벌이다. 야행성 벌은 울창한 정글의 어둠 속에서 둥지에서 꽃까지 이동할 때, 초당 광수용체 세포에 와 닿는 고작 5개의 광자만 길잡이로 삼는다.[53] "그건 아무것도 아닙니다." 워런트가 내게 말했다. 게다가 이 벌은 주행성 벌의 눈도 갖고 있다. 박각시나방처럼 많은 렌즈로 빛을 하나의 광수용체로 모으는 눈을 갖고 있는 것이 아니라, 모든 광수용체에 빛을 모으는 렌즈가 단 하나씩 달린 일반 주행성 곤충의(집파리와 같은) 표준 겹눈을 갖고 있는 것이다. "이들의 눈은 박각시나방의 눈에 비하면 빛에 수백 배는 덜 민감합니다." 워런트의 말이다. "하지만 이 벌은 경쟁과 포식자 그리고 기생충 때문에 열대우림 안에서 야행성 생활을 할 수밖에 없었습니다. 그래서 매우 부적합한 눈을 갖고 있으면서도 점점 더 밤에 피는 꽃들을 이용하게 된 겁니다."

그러면서 워런트는 이렇게 덧붙였다. "그들은 어쩔 수 없이 그렇게 살지만, 그러면서도 아주 잘해내고 있고 그 효과까지 보고 있습니다." 바쁘게 돌아가는 세상에서 살아남고 번성하기 위해, 동물들은 얼핏 보기에는 전혀 적합해 보이지 않는 환경에도 적응할 수 있다. 1977년 열수 분출공이 발견된 이래 어둠 속 생명체들은 단순히 생물권의 소수 집단으로 등장했을 뿐 아니라, 아주 다채로운 모습으로 폭발적인 확산을 보이고 있다.

8장

독이 가득한 낙원

방사선을 먹고 사는 생물

꿀벌들이 발치에서 조용히 윙윙거리며 날아다니는 가운데, 우리는 눈앞의 기운 넘치는 말 4마리를 주시하면서 보랏빛 히스 덤불 사이를 조심스레 나아간다. 머리를 흔들거나 옆구리를 살짝 깨물 때만 풀 뜯기를 멈추는 어린 수컷 말들은 가장 오래되고 가장 야생성이 강한 말 중 하나인 '프르제발스키'Przewalski 말이다.[1] 이 말은 스페인 북부에 있는 선사시대 자연공원인 팔레올리티코 비보에 살고 있다. 이곳은 유구한 역사를 자랑하는 장소로 현재의 땅 소유주들이 홍적세기의 한 장면을 재현하려 애쓰는 중이다. 어깨가 우람하고 갈기가 흐트러진 유럽 들소, 고대의 소 오록스처럼 보이고 행동하도록 사육되는 커다란 뿔 달린 소, 그리고 지금 내가 바라보고 있는 프르제발스키 말과 털이 많고 날씬한 버전의 경주마 같은 회갈색 '타르판'tarpan 말이 이곳에 지내고 있다. 막 베어낸 볏짚 같은 색에 두툼한 갈색 갈기를 가진 프르제발스키 말은 유난히 머리가 큰 조랑말을 연상케 하며, 풀을 뜯어 먹을 때마다 강력한 턱 근육이 움찔거린다. 스페인 북서부 오비에도대학교에 몸담고 있는 온화한 말투의 생태학자 헤르만 오리사올라Germán Orizaola는 지금 이 말들의 똥을 채집하러 와 있다.

그 전날 아스투리아스 공항에서 차를 몰고 2시간을 달려 그를 방문하기로 했을 때만 해도, 나는 그가 샘플 말똥 하나만 필요로 한다고 생각했다. 말이 똥을 누면 그걸 집어 들고 떠나면 끝이라고 말이다. 그러나 곧 4마리 말 모두의 샘플을 수집해야 한다는 사실을 깨달았다. 보통 얼마나 걸리냐고 물어보자, 벌 소리와 종달새의 지저귐 때문에 잘 들리지도 않을 만한 목소리로 오리사올라가 대략적인 시간을 알려준다. 때론 1시간쯤이라고 그가 말한다. 또 오전 10시에 시작했는데 오후 3시가 되어서야 끝난 날도 있다고 했다. 길어질 수도 있을 하루를 대비해 나는 자외선 차단제를 바르고 작은 물병의 물을 아껴 마셨다. 오전 11시가 다 되어가고, 옅은 구름 사이로 해가 드러나기 시작했다. 바스락거리는 우리의 발걸음 소리와 벌들의 소리, 종달새의 지저귐 외에 들려오는 소리는 단 하나, 자신을 말이라고 믿는 아주 늙은 당나귀 로물리토Romulito가 크게 내지르는 '히이잉' 소리뿐이다.

우리는 탁 트인 방목장에서 풀을 뜯는 말 몇 마리를 따라간다. 방목장 한쪽에는 울창한 침엽수림이 있고, 다른 한쪽에는 울퉁불퉁하게 뒤틀린 오크트리로 가득한 계곡이 있다. 늙은 당나귀 로물리토만 빼면, 이곳은 잃어버린 세계를 빼닮았다. 그러나 오리사올라에게 이곳은 체르노빌 연구에 아주 유용한 대체지다.

오리사올라는 방사선에 오염된 환경에서 생명체들이 어떻게 적응하고 번성할 수 있는지에 관심이 많다. 자연의 힘으로 회복된 우크라이나 체르노빌 인근 원자력 발전소 주변 지역에는 지금 늑대와 멧돼지 그리고 사슴들이 살고 있으며, 1998년 이후에는 프르제발스키 말들이 무리를 지어, 아니 정확히 말해서 수컷 1마리와 여러 암컷으로 이루어진 하렘을 이루며 살고 있다.[2] 그들의 발과 발굽 아래 땅속에는 1986년 4월 26일 원자로 4호기 폭발 이후 방출된 방사선 입자들이 여전히 묻혀 있어서 방사선 계측기를 대면 백색 소음 같은 치직 소리가 들린다. 전하를 띤 입자들이 주변으로 튀는 소리다. 만일 그 입자들이 동물의 몸속으로 침투한다면 여러 방식으로 DNA가 파괴될 수 있다. 다시 말해 이중 나선 구조가 끊어질 수 있고, 사다리 모양의 두 버팀대가 절단되는 이른바 '이중가닥 절단'이 발생할 수 있으며, 이중 나선의 한 가로대, 즉 염기 하나가 원래 위치에서 날아가 '단일 염기 변이'가 발생할 수 있고, 방사선 입자의 방출로 손상된 DNA의 특정 지점 주변이 부풀어 오르는 병변이 생길 수도 있다.

그러나 이 모든 교과서적인 방사선 피해 사례에도 불구하고, 체르노빌 주변에서는 생명체들이 자라고 있다. 이 지역에 다시 동물 31마리를 들여온 것이 시작이었다. 출입금지 구역 전역에 자동카메라를 설치한 뒤 진행한 최신 조사(총 41만 1,000장의 사진을 찍었다)에 따르면, 현재 건강한 동물 개체 수는 150마리로 추정되는데, 이는 20년 만에 다섯 배 증가한 수치다.[3] 2016년부터 2019년까지 오리 사올라는 매년 2주 동안 보호복이나 다른 어떤 개인 보호장비 없이 체르노빌 출입금지 구역 남쪽을 돌아다녔다. (출입금지 구역 남쪽은 방사선 수치가 더 낮은데, 1986년 봄에 주로 북서풍이 불어 방사성 잔해의 상당

부분이 러시아와 스칸디나비아 쪽으로 날아갔기 때문이다.) 그의 방사선 계측기에서 가끔 치직 소리가 났지만, 주로 자연의 소리였다. 새들의 지저귐과 개구리 울음소리 그리고 원자력 발전소가 푸른빛과 불을 내뿜으며 폭발하던 당시의 땅에서 발아해 자라난 3미터 높이의 오크나무와 사시나무, 자작나무의 잎이 바스락거리는 소리 말이다. 그는 2019년 자신의 블로그에 이렇게 썼다. "멧돼지와 노루, 붉은 날다람쥐, 토끼들이 있었고 한 장소에는 큰 소, 어쩌면 유럽 들소의 것으로 보이는 똥도 보였다. 새들의 경우 먹황새, 멧닭, 벌매, 백조, 검은배제비갈매기, 유럽꾀꼬리, 뻐꾸기, 개개비… 등이 있었다."[4]

"너무도 아름다운 곳이에요." 나와의 첫 영상 통화에서 오리사올라가 말했다. 그의 말에 따르면, 특히 요오드처럼 가장 위험한 방사성 핵종(방사성 입자)은 오래전에 사라졌고, 출입금지 구역에는 이제 손에 들고 있어도 해가 없는 플루토늄처럼 더 오래가지만 더 약한 방사성 핵종만 남아 있다. 방사선은 섭취할 때만 내부 장기들까지 튄다. 몸 밖에 있을 때는 피부라는 두꺼운 벽을 뚫지 못한다.

"이제 이 구역에 남아 있는 방사선은 사고 당시 방출된 방사선의 10퍼센트도 안 됩니다." 그가 내게 말했다. "90퍼센트는 사라졌죠." 그러면서 그는 덧붙였다. "참고로, 제가 체르노빌 출입금지 구역에서 보내는 2주 동안 노출되는 방사선량은 마드리드에서 뉴욕까지 왕복하는 비행기를 탈 때 노출되는 방사선량과 같습니다."

방사선에 대한 과학적 관심은 핵탄두나 원자력 발전소 폭발 시 나오는 극단적인 수준의 방사선에 치우치는 경우가 많다. 우리는 급성 방사선 노출이 생명에 미치는 영향(그리고 그 심각한 피해)에 대해 아주 많은 사실을 알고 있지만, 낮은 수준의 그리고 만성 방사선 노출이 생명에 미치는 영향에 대해서는 그렇지 않다. 급성 방사선 노출은 조직이 녹고 살이 타며 DNA가 파괴되는 그 섬뜩한 특성 때문에 이목을 끄는 데 반해, 만성 방사선 노출은 부수적인 요인들이 많아 원인을 확실히 규명하기가 어렵다. 예를 들어 누군가가 65세에 암으로 죽을 경우, 누가 그게 1986년 체르노빌 근처에 있었기 때문이라고 단정할 수 있겠는가? 오리사올라는 사람들의 관심을 더 오래 지속시키며 환경과 관련된 방사선 쪽으로 주목하도록 애쓰는 생태학자 중 한 명일 뿐이다. 그는 핵폭발처럼 드라마틱한 사건은 HBO 방송 같은 곳에 맡기고 과학은 중요한 이야기에 관심을 돌려야 한다고 말할지도 모른다.

오리사올라에 따르면, 프르제발스키 말은 출입금지 구역에 살 경우 대형 포유류의 건강에 어떤 영향이 있는지 완벽하게 보여주는 동물이다. 이 말들은 1998년에야 이곳에 들여왔기 때문에, 1980년대 말과 1990년대 초에 이 지역을 휩쓴 극심한 수준의 방사선은 경험하지 않았다. 다른 연구팀들이 체르노빌과 그 인근 도시 프리피야트에서 사람들이 철수한 뒤 남겨져 야생화된 개들을 연구하는 데 비해, 말을 연구하는 오리사올라는 이 말들을 통해 더 많은 발견을 할 수 있다고 생각한다. 말들이 폭발 당시 체르노빌에 없었기 때문이다. 대형 동물은 만성적이고 낮은 수준의 방사선 노출 상태에서 어떻게 살아남을까? 그는 아주 잘 살아남는다고 추정한다.

프르제발스키 말의 똥, 즉 오리사올라가 '갈색 금'이라 부르는 표본을 채집함으로써 연구자들은 말 자체에 관해 많은 정보를 얻을 수 있었다. 우선 그 속에 포함된 기생충의 개체 수를 세어 말의 건강 상태를 파악할 수 있고, 말의 게놈 일부에 대한 염기서열 분석도 가능하다. 오리사올라는 특히 이 DNA 샘플을 통해 원자로 폭발 이후 40년이 지난 지금까지도 여전히 유해한 수준인 방사선에 이 말들이 어떻게 적응하고 있는지 알고 싶어 한다.

방사선 노출의 파괴적인 영향을 줄여주는 공통적인 유전적 메커니즘이 존재할까? 혹은 오리사올라 자신도 추측에 가깝다고 인정하는 가설처럼, 수십 년 전 거의 멸종 직전까지 갔던 이 말들이 방사선 덕분에 되살아난 것일 수도 있을까?

현재 살아 있는 모든 프르제발스키 말의 계보는 1992년 포획된 상태에서 야생으로 복귀한[5] 단 13마리까지 거슬러 올라간다.[6] 문제는 이 13마리가 극도로 낮은 유전적 다양성을 가진 조상 집단이었다는 점이다. 그렇다면 혹시 체르노빌 주변의 방사선이 돌연변이 효과를 일으켜 유전적 다양성을 높여주고, 그 결과 취약했던 개체들이 더 안정적인 개체로 변한 것일까?

우리가 영상 통화로 이야기하든, 스페인 북부 현장이나 실험실에서 이야기하든, 에든버러 학회에서 이야기하든, 오리사올라가 방사선을 대부분의 사람이 보지 못하는 방식으로 보고 말한다는 것은 분명하다. 그러니까 그는 방사선이 결코 해롭기만 한 것이 아니며, 생명체가 함께 자라온 온도나 물과 같은 환경 변수라고 보는 것이다. 오리사올라는 말한다. "우리는 방사선을 인공적이고 이상한 것으로, 그리고 동물들이 자연 상태에서 노출당하지 않는 것으로 생각하곤 했습니다. 그러나 아닙니다. 우리는 늘 방사선에 노출되어 있으며, 방사선은 어디에나 있습니다." 태양에서 오는 자외선, 섭씨 400도까지 가열된 열수 분출공의 물에서 나오는 적외선 방사선, 기반암 내 우라늄이나 라돈의 분자 붕괴 그리고 심지어 우리가 먹는 바나나 같은 음식 속에 들어 있는 방사성 칼륨 등, 생명체는 방사선의 힘과 잠재적 위험에서 멀리 떨어져 있던 적이 전혀 없다.[7]

방사선에는 우리의 망막이 감지하고 혼합하는 파란색, 초록색, 빨간색 같은 가시광선도 포함된다. 그러나 우리가 가장 자주 주목하는 것은 방사성 원자에서 나오는 방사선이다. 라돈, 플루토늄, 우라늄처럼 불안정한 방사성 핵종이 붕괴하면서 생겨나는 이 방사선은 전리 방사선 ionizing radiation이라 불린다. 이 방사선이 안정적인 원자들을 이온으로 쪼개는 힘을 갖고 있어, 안정적인 원자에서 전자를 하나 떼어내 불안정하게 반응하는 원자로 만들기 때문이다. 자연 상태의 전 세계 암석에서 발견되는 이 방사성 원소들은 채굴되고 정제된 후 원자로 안의 중심부라는 부자연스럽게 좁은 공간에 배치된다. 예를 들어 체르노빌 원자로 4호기에는 20톤 이상의 우라늄-235 $^{235\text{-}U}$가 한데 모아져 연료봉 안에 압축됐다.[8] 숫자 235는 원자의 질량수와 관련이 있다. 산소는 16-O, 황은 32-S 그리고 좀 더 나아가 생소한 원자인 뢴트게늄은 222-Rt로 표기할 수 있다. 유일한 차이라고 하면 앞서 나열한 것들은 안정적인 원자들로, 각 중심 핵 안에서 양성자와 중성자의 수가 균형을 이루고 있다는 점이다. 그러나 우라늄-235는 안정적이지 않다. 주로 자연 상태에 있는 우라늄 원소는 238-U이다. 즉, 이 방사성 핵종은 질량이 줄어든 상태다. 핵의 일부가 방출되고, 붕괴하고 있는 것이다. 노벨상 수상자 마리 퀴리는 이를 '방사능'이라 불렀다.

우라늄-235가 붕괴할 때, 핵을 이루는 입자 일부가 주변으로 방출된다. 총알보다 대포알이 더 큰 것처럼, 일부 방출 입자는 다른 입자보다 훨씬 크고 강력해 더 큰 피해를 일으킬 수 있다. 알파 입자, 베타 입자, 감마선 등 용어는 중요하지 않다. 핵심은 이들이 방사성 핵종 주변을 자유롭게 관통하는 다양한 발사체 역할을 한다는 사실이다.

방출 입자 중 일부는 수명이 길고 세기가 약해서 잎사귀의 표피나 피부 표면에서 대부분 막힌다. 반면, 더 무겁고 강력한 입자들은 나뭇가지와 뼈 같은 단단한 구조까지 뚫고 지나갈 수 있다. 이러한 방사성 핵종들이 한곳에 모여 있으면, 예컨대 빽빽하게 포장된 우라늄 연료봉 내부처럼 방출 입자들이 서로 영향을 미쳐 주변 원자들이 파열될 만큼 강력한 원자포 효과를 일으킬 수 있다. 잘 알려진 것처럼 핵분열은 막대한 에너지를 방출하고, 이 에너지가 물을 끓여 증기를 만든다. 생성된 증기는 일련의 터빈을 통과하며 전력을 생산한다.

1986년 4월 26일 체르노빌 원자로 폭발 당시, 핵분열 반응은 초임계 상태에 도달했고 압력이 한계까지 쌓인 증기가 폭발하면서 원자로 내부 중심부의 파편들이 사방으로 흩어졌다. 이때 방사선의 위력은 전례 없는 규모로 발휘되었다. 그럼에도 체르노빌 일대는 완전히 생명체가 살 수 없는 황무지로 변하지는 않았다. 지구 역사상 최대 규모의 원자력 사고 이후 몇 년 만에, 생명체들은 단순히 회복하는 데 그치지 않고 다시 번성하기 시작했다.

전리 방사선의 잠재적 힘을 알기 전에 사람들은 결과에 거의 신경 쓰지 않고 그 비밀을 알아내려 했다. 19세기 말에 발견된 X선 방사선은 피부를 태우는 것으로 알려졌고, X선 기사들은 이를 중단해야 한다는 신호로 보기보다는 방사선량 측정 기준으로 삼았다.[9] 홍반이 생기는 시간, 그러니까 피부가 붉어지고 염증이 생기고 화상을 입기 시작하는 시간을 측정한 것이다. 그러고 나서 몇 년 후, 라듐이 강한 녹색 빛을 발한다는 사실이 발견되었고, 그러자 시계 제작자들은 그 물질을 시계 문자판의 숫자와 바늘에 발랐다. 좀 더 구체적으로 말하면 시계 문자판에 칠을 하던 젊은 여성들은 붓의 끝을 핥아 뾰족하게 만들었고, 그럴 때마다 방사선이 바로 그들의 입으로 들어갔다. 아이러니하게도 그들에게 주어진 시간은 점점 짧아지고 있었다. '라듐 걸'로 불린 그 여성 중 상당수가 암으로 죽었는데, 죽기 전에 치아가 빠지고 턱이 무너졌다. 당시 살아 있던 그 누구보다 방사선에 대해 많은 걸 알고 있던 마리 퀴리는 피치블렌드와 토버나이트라는 광물이 그 속에 함유된 우라늄보다 훨씬 더 방사성이 강하다는 사실을 알아냈다. 그래서 그녀는 그 광물 안에 분명 방사성이 훨씬 더 강한 다른 입자가 있을 것이라는 이론을 내놨다. 낡은 헛간 안에서 보호 장비도 없이 미지의 원소를 추적하면서, 퀴리는 과학 분야에서 새로운 지평을 열고 있었지만 동시에 자기 몸을 망가뜨리고 있었다. 1898년, 그녀는 두 가지 새로운 원소인 폴로늄(출생지인 폴란드에서 이름을 따왔다)과 라듐을 발견했다고 발표했다.[10] 그로부터 30년 후, 그녀는 여러 해에 걸쳐 쇠약해진 끝에 결국 방사선 중독으로 인해 골수 안에서 새로운 혈구가 생성되지 않는 재생불량성 빈혈로 세상을 떠났다.[11] 많은 라듐 걸 역시 같은 질병으로 사망했다.

    방사선의 유해 효과가 아주 치명적인 폭탄을 만드는 데 이용된 시기인 20세기 중반에 이르러서도 여전히 개인의 안전에 대한 고려는 거의 없었다. 1946년 5월 21일 오후 3시 20분, 미국 뉴멕시코 로스앨러모스에서 작은 원자로 핵을 다루던 물리학자 겸 화학자 루이스 슬로틴Louis Slotin은 베릴륨 차폐판을 고정하던 드라이버를 놓쳐 플루토늄 핵 위에 떨어뜨렸다.[12] 그러자 핵폭탄의 두 부분이 맞닿았고, 방 안에 있던 일곱 명은 오븐 문을 열었다 닫을 때처럼 뜨거운 공기가 밀려오며 핵 부분에서 파란 섬광이 뻗어 나오는 걸 보았다. 여전히 베릴륨 차폐판을 붙잡고 있던 슬로킨은 재빨리 그것을 들어 올려 바닥에 내던짐으로써 핵분열 반응을 끝냈다. 눈 깜짝할 그 순간조차 이미 너무 길었다. 건물을 나선 뒤 슬로킨은 구토했다. 방사선 피폭의 흔한 부작용이었고, 바로 병원으로 실려 갔다. 설사를 하고 손과 팔에 물집이 생기는 등 몸 안팎으로 방사선에 피폭되어(한 의사는 그 상태를 '입체적 햇볕 화상'이라 불렀다[13]) 고통 받던 슬로킨은 곧이어 '완전한 신체 기능 붕괴'를 겪으며 죽었다. 사고가 일어난 지 채 9일도 안 된 5월 30일 오전 11시의 일이었다.

체르노빌 원자력 발전소 폭발 역시 인간의 실수(그리고 그 특정 유형 원자로의 설계 결함)에서 비롯된 것이었지만, 당시 방출된 방사선의 양인 10억 퀴리는 인류가 전혀 경험해 보지 못한 수준이었다. 발전소의 작업자들과 폭발 몇 분 뒤 불길을 잡기 위해 달려온 소방관들은 혀에서 금속 맛이 나고 살이 타는 듯한 느낌으로만 알 수 있는 보이지 않는 힘에 의해 서서히 파괴되고 있었다. 그러나 이번에도 역시 생명이 버텨줄 것이라는 믿음이 있었다. 작가 애덤 히긴보덤Adam Higginbotham은 자신의 책《그날 밤 체르노빌》에서 이렇게 적고 있다. "방사선을 두려워하는 사람들이 실은 가장 위험하며, 방사선이라는 유령 같은 존재를 사랑하고 받아들이며 그 변덕을 이해하는 사람들 중에는 가장 강력한 감마선 폭격도 견뎌내 예전처럼 건강해질 수 있다고 믿는 이들도 있었다."[14] 발전소의 몇몇 노동자는 방사선은 워낙 무해해서 '빵에 발라 먹어도 좋다'는 말까지 들었다.[15] 그러나 몇 주가 지나자 그들의 몸은 물집이 잡히고 타들어 가다 마침내 녹아내리기 시작했다. 이 '급성 방사선 증후군'으로 50명이 죽었다. 그리고 이후로도 수년간 4,000여 명이 여러 형태의 암으로 인해 목숨을 잃을 것으로 추정됐다.[16]

방사선은 뢴트겐 수치나 퀴리 수치로는 측정할 수 없는 강력한 힘을 갖고 있다. 아마 보이지 않기 때문이겠지만, 사람의 생명에 꼭 필요한 생화학 구조를 거침없이 파괴하고 있을 때조차도 겉보기엔 안전한 것처럼 보일 수 있다. 마치 마술이나 종교처럼, 방사선은 우리가 어떤 이야기를 하느냐에 따라 유혹하기도 하고 변하기도 한다. 마리 퀴리의 폴로늄 연구부터 체르노빌 재앙에 이르기까지, 사람들은 가장 강력한 이 힘에 정면으로 맞서고 있다. 경외감에 빠지든 무지에 빠지든 가차 없는 방사성 입자들은 거의 같은 방식으로 DNA 가닥을 뚫고 지나간다.

DNA 이중 나선 가닥을 방사선 입자가 뚫고 지나간다는 말은 당연히 건강에 해로운 일처럼 들린다. 그러나 사실 이는 세포 기능과 유지 관리 과정에서 정상적으로 일어나는 현상 중 하나다. 마치 수리가 필요한 자동차를 고치듯, DNA 역시 손상되면 복구할 수 있다.

세포 안에는 항상 DNA 유지·관리 단백질이 존재하는데, 이들은 유전자 서열에서 변형이나 손상을 감지하면 두 가지 대응을 한다. 필요하다면 더 큰 시스템을 위한 희생으로 세포를 아예 제거하거나, 혹은 손상된 부위에 정확한 유전자 암호를 재삽입해 DNA를 수리한다. 일부 동물들이 극단적인 수준의 방사선에도 살아남을 수 있는 이유가 바로 이 탁월한 DNA 복구 능력 덕분이다.

가장 놀라운 사례 중 하나는, 내가 집 근처에서 채집한 이끼 속에서 발견한 작은 힙시비우스속 완보동물이다. 1장에서 소개한 완보동물 연구자 밥 골드스타인은 2023년 발표한 논문을 위해 흥미로운 실험을 진행했다. 그는 신발 상자 크기의 방사선 조사 장치를 사용했는데, 이 장치는 미생물이나 완보동물처럼 작은 샘플에 정확히 계산된 양의 전리 방사선을 쬘 수 있다.

골드스타인은 설명했다. "이 장치는 워낙 작아서 사람이 들어갈 수조차 없어요. 하지만 만약 들어가서 전리 방사선을 맞는다면, 2~3분 안에 죽게 될 겁니다. 그런데 완보동물은 그 안에서 무려 하루에서 이틀 정도 버틸 수 있습니다. 이틀이 지나야 절반 정도가 죽을 정도죠."

연구팀은 완보동물을 하루 동안 방사선 조사 장치에 넣어둔 뒤, 이들의 DNA를 분석했다. 그 결과, DNA 손상이 상당히 누적되어 있음을 발견했다. 그러나 골드스타인은 덧붙였다. "놀랍게도 그 농물을 24시간 뒤에 다시 확인해 보면 멀쩡합니다. DNA 손상이 거의 사라진 거예요."[17] 이러한 DNA 복구 반응은 완보동물만의 특수 능력이 아니다. 동물계 전반에서 비슷한 원리가 작동한다. 대부분의 동물은 유사한 단백질을 이용해 DNA 손상을 감지하고, 손상 부위에 달라붙어 변형된 유전자 서열을 원래 상태로 복원하는 작업에 착수한다. 골드스타인은 이렇게 비유했다. "완전히 새로운 렌치나 드라이버를 발명하는 건 아니에요. 똑같은 도구를 쓰지만, 대신 그걸 100만 개쯤 만들어 사용하는 셈이죠."

골드스타인의 말에 따르면, 완보동물이 방사선에 노출됐을 때 하는 일은 DNA 유지 관리 단백질을 '놀라울 정도로 대량 생산하는 것'이다. 어떤 경우에는 방사선을 쬐기 전보다 최대 300배까지 증가하기도 한다.[18] 하지만 이 같은 DNA 복구 반응은 완보동물에게 매우 큰 영향을 미쳐, 다른 기본적인 세포 기능들이 일시적으로 중단된다. 세포가 평소 필요로 하는 다른 중요한 단백질의 생산까지 멈추는 것이다.

"내 생각에 이건 전시 상황에서 공장들이 하는 일과 비슷해요. 원래 신발을 만들던 공장이 갑자기 군수품을 생산하는 것과 같죠. 우리가 예상했던 것보다 훨씬 극적인 변화입니다." 골드스타인이 말했다.

DNA 복구는 이렇듯 손상된 부위를 복원하는 방식으로 볼 수도 있지만, 완보동물 중 일부는 아예 DNA 손상 자체를 막는 전략을 사용한다. 라마조티우스속에 속하는 완보동물들은 Dsup, 즉 '손상 억제자'damage suppressor라는 유전자에 의존한다. 이 유전자는 DNA에 달라붙어 방사선으로 인한 절단을 막아주는 단백질을 생산한다.[19]

이 과정을 이해하려면 DNA가 세포핵 안에서 어떤 구조를 이루고 있는지 먼저 알아야 한다. 잘 알려진 이중 나선 구조는 DNA를 설명하는 가장 기본적인 모양이지만, 실제 세포 안에서 DNA가 존재하는 방식은 훨씬 더 복잡하다.

캘리포니아대학교 샌디에이고 캠퍼스에서 완보동물의 손상 억제자를 연구해 온 생화학자 그리셀 크루즈-베세라Grisel Cruz-Becerra는 이렇게 설명한다. "그냥 알몸 상태의 DNA가 세포핵 안을 자유롭게 돌아다니는 게 아니에요. 대부분의 DNA는 히스톤 단백질에 감겨 압축되어 있으며, 단순한 나선 구조가 아니죠."

이처럼 세포핵 안에서 히스톤 단백질에 감겨 여러 겹으로 꼬여 있는 DNA 덩어리를 뉴클레오솜nucleosome이라 한다. 크루즈-베세라에 따르면, 손상 억제자 단백질은 뉴클레오솜의 특정 지점에 결합해 DNA가 무질서하게 풀리지 않도록 안정화하며, 방사선에 의한 DNA 절단을 막는 역할을 한다. 2019년에 발표된 한 논문에서 크루즈-베세라와 제임스 카도나가James Kadonaga 그리고 샌디에이고 연구팀은 완보동물의 손상 억제자가 척추동물의 HMGN 단백질과 짧은 DNA 서열을 공유한다는 사실을 밝혀냈다. 이 단백질은 인간을 포함한 척추동물에도 존재하며, 완보동물의 뛰어난 회복력의 작은 흔적으로 남아 있는 것이다.

이 구조가 정확히 어떤 사실을 의미하는지는 아직 밝혀진 바가 없다. 분명한 것은 손상 억제자가 생물학적 물질이 손상되는 것을 막는 데 사용될 수 있다는 점이다. 손상 억제자는 그간 식물과 파리는 물론 심지어 배양된 인간 세포에도 삽입되었으며, 방사선이나 활성산소종(신진대사의 부산물로, ROS라고 부른다) 같은 스트레스 요인에 노출되는 상황에서 매번 세포의 수명을 늘려주고 있다. 손상 억제자 연구는 아직 걸음마 단계지만, 크루즈-베세라는 그것이 생명 공학 분야, 특히 해로운 돌연변이를 바로잡기 위해 새로운 유전자 서열을 몸속에 전달하는 유전자 치료 분야에서 가능성이 있다고 본다. 그러나 현재 이 형태의 의학적 DNA 복구는 새로운 유전자가 우리 몸속에서 얼마나 오래 살아남을 수 있는지에 의해 제한된다. 바이러스나 세균도 그렇지만, 뭐든 새로운 존재는 우리 면역 체계에 의해 바로 파괴된다. 그러나 손상 억제자가 있다면, 아마 이 반응이 완화되면서 유익한 DNA 서열이 목적지에 도달할 시간을 벌 수 있을 것이다.

완보동물은 왜 그렇게 방사선에 강한 걸까? 사실 그들은 여과되지 않은 태양광선이나 골드스타인의 연구실에서 사용하는 방사선 조사기 혹은 원자력 발전소 폭발로 방출되는 방사선에 직접 노출될 가능성이 거의 없다. 그렇다면 그 놀라운 내성은 어디에서 비롯된 걸까?

그 해답은 1장에서 살펴본 극단적인 적응 전략, 즉 물 스트레스에 대한 대응과 연결된다. 골드스타인이 말했다. "탈수 상태에서 살아남도록 진화했다면, DNA를 보호하고 복구하는 능력이 탁월할 수밖에 없습니다. 지금 우리가 할 수 있는 가장 명확한 설명이죠."

DNA 복구와 DNA 보호, 이 두 가지는 완보동물이 강력한 방사선 폭발 속에서도 살아남을 수 있는 핵심 전략이다. 그러나 생명의 나무에서 다른 가지로 시선을 돌려보면, 세 번째 선택지가 나타난다. 아직 미묘하고 충분히 입증되지 않았지만, 이 전략은 지구 생명체에 관한 우리의 이해를 극적으로 바꿀 잠재력을 가지고 있다.

  부패 중인 식물과 동물의 잔해를 먹고 사는 끝없이 창의적인 곰팡이들. 어쩌면 이들은 방사선을 마치 무한히 차려진 뷔페처럼 에너지원으로 활용하고 있는지도 모른다.

  체르노빌 원자력 발전소 폭발 이후 10년이 지난 1997년 5월, 넬리 즈다노바Nelli Zhdanova는 현장 조사를 위해 폐허가 된 발전소 인근을 찾았다.[20] 방사선에 노출된 나무들은 우주 광선총으로 꿰뚫린 듯한 흔적이 남았다. 세포 손상으로 잎과 줄기가 붉게 변해, 멀리서 보면 마치 넓은 숲 전체가 붉은 바다처럼 보였다. 나뭇잎들은 광합성 조직이 파괴되어 잿빛으로 말라붙은 채, 마치 영원히 불타버린 듯한 모습을 하고 있었다. 원자로 본체는 당시 '석관'이라는 별명이 붙은 콘크리트 가림막으로 덮여 있었다. 즈다노바와 동료들이 가림막 내부, 벽과 천장 그리고 케이블 통로처럼 화학적 오염물질 제거 작업이 이루어지지 않은 구역들을 살펴보자, 놀랍게도 그 '죽음의 구역' 안에서도 생명이 자라고 있음이 분명하게 나타났다.

  바퀴 8개짜리 탐사 차량으로만 접근할 수 있는 어느 건물에서는 한쪽 벽을 따라 검은 흔적이 남아 있었고, 사람의 출입이 불가능한 그곳에서 곰팡이가 번식 중이라는 사실을 확인할 수 있었다. 인접한 방에서는 즈다노바와 한 동료가 전신을 감싸는 플라스틱 방호복

독이 가득한 낙원

을 입고 작업을 했다. 두 사람의 얼굴은 플라스틱 차폐판으로 완전히 가려져 있었고, 산소통과 연결된 긴 플라스틱 튜브가 방호복 엉덩이 부분까지 이어졌다.[21] 마치 꼬리로 숨을 쉬는 외계 생명체 같은 모습이었다. 즈다노바는 면봉을 벽과 천장에 갖다 대어 표본을 채취한 뒤, 영양분이 풍부한 젤리가 담긴 페트리 접시에 옮겨 담았다.[22] 이후 두 달간 표본을 그대로 두었다. 그 결과 버려진 원자로 내부에서 무려 37종의 곰팡이가 번식하고 있음을 확인했다.[23]

그중 가장 흔한 종은 클라도스포리움 스페로스페르뮴Cladosporium sphaerospermum 으로, 사실상 거의 모든 표본에서 발견됐다. 또 다른 대표 종인 페니실리움 히르수툼Penicillium hirsutum 역시 샘플을 채취한 10곳 중 9곳에서 검출되었다. 즈다노바와 동료들은 보고서에 이렇게 발표했다. "우리의 계산에 따르면, 이 곰팡이들이 노출된 방사선량은 최소 수백 시버트^{Sv}에 달하는 것으로 보인다. 참고로 인간은 단기간에 2~10시버트만 쬐어도 심각한 방사선 질환을 겪고, 생명이 위태로워질 가능성이 매우 높다."[24] 국제적으로 원자력 산업 종사자의 방사선 노출 한계치는 연간 약 0.05시버트에 불과하다. 그러나 이 곰팡이들은 단 몇 시간 만에 그 한계치를 뛰어넘는 방사선량에 노출되고 있었다.

이러한 연구 결과가 담고 있는 중요한 함의는 대체로 잘 알려지지 않았다. 즈다노바 연구진은 논문에 이렇게 적었다. "다행히 체르노빌의 사례는 전례가 없는 사건이다."[25] 체르노빌 재앙의 규모와 비교할 만한 사례는 없었고, 그와 맞먹는 수준의 방사선 노출 사고 또한 없었다. 그만큼 체르노빌 폭발 사건은 재앙 가운데서도 가장 극단적인 사례였다.

사실 곰팡이는 체르노빌보다 훨씬 오래전부터 가장 방사능이 강한 환경에서도 발견되어 왔다. 비키니 환초 핵 실험장부터 다른 원자력 발전소의 폐수 샘플에 이르기까지, 고방사선 환경에 곰팡이가 존재해 왔다는 사실은 오래전부터 알려져 있었다. 그러므로 체르노빌 역시, 아니 심지어 체르노빌조차도 이 강인한 생명체들이 충분히 서식 가능한 환경이었다.

즈다노바는 학술지 〈진균학 연구Mycological Research〉에 발표된 6쪽짜리 논문에서 채취한 샘플의 80퍼센트가 검게 색소화된 곰팡이류이며, 이는 집 안에 습한 구석에서 흔히 볼 수 있는 검은 곰팡이와 유사하다고 적었다.[26] 이러한 관찰을 바탕으로 즈다노바는 한 가지 흥미로운 가설을 제시했다. "어쩌면 곰팡이의 색소화와 매우 높은 수준의 방사선을 견디는 능력 사이에는 상관관계가 있을 수도 있다. 덕분에 이들이 단순히 살아남는 것에 그치지 않고 오랫동안 활발히 성장할 수 있는지도 모른다."[27]

연구를 마친 즈다노바는 우크라이나 국립과학원에 있는 자신의 연구실로 돌아와, 현장에서 관찰했던 패턴 중 하나를 집중적으로 분석하기 시작했다. 원자로의 흑연봉 잔해에서 자라난 곰팡이들은 강한 방사선 입자에서 떨어져 있을 때보다 오히려 더 가까이 있을 때 더 많은 균사(아주 가는 뿌리 모양의 곰팡이 구조)를 뻗는 듯했다. 이 현상은 곰팡이들이 단순하게 우연히 포자가 흩날려 그곳에 떨어진 것만은 아닐 수도 있다는 가능성을 제기했다. 식물의 뿌리가 수분을 향해 자라듯, 곰팡이 역시 방사선의 근원 쪽으로 적극적으로 자라난 것처럼 보였다.

이러한 '방사선 지향성' 현상에 대해 즈다노바를 비롯한 일부 과학자들은, 곰팡이가 흑연봉 쪽으로 자라는 이유가 흑연봉 속에 포도당 골격을 이루는 원소인 탄소가 들어 있기 때문일 수도 있다고 추정했다. 즈다노바는 이 가능성을 검증하기 위해 탄소 요인을 제거한 실험을 진행했다. 체르노빌에서 채취한 몇몇 곰팡이 표본을 페트리 접시 뚜껑으로 방사선의 근원과 물리적으로 분리한 채 근처에 두었는데, 그 결과 곰팡이 표본의 86퍼센트가 여전히 전리 방사선 방향으로 자라는 모습을 확인했다.[28]

방사선 지향성, 즉 곰팡이가 전리 방사선 쪽으로 자라는 현상은 실제였다. 2007년, 핵화학자 에카테리나 다다초바Ekaterina Dadachova와 분자생물학자 아르투로 카사데발Arturo Casadevall은 이 현상에 대해 새로운 관점을 제시했다.[29] 검은 곰팡이들이 우리가 생명을 위협한다고 여기는 방사선 방향으로 움직인 이유는, 단순히 그곳에 경쟁자나 포식자(예를 들어 아메바는 곰팡이를 먹는다)가 없어서가 아니라 오히려 방사선을 적극적으로 찾아 나섰기 때문이라는 것이다. 두 사람은 이를 설명하기 위해 '방사선 합성'radiosynthesis이라는 개념을 만들었는데, 이는 햇빛보다 약 100만 배나 강한 방사선 환경에서 작동하는 극단적인 형태의 광합성에 해당한다. 하지만 곰팡이가 이처럼 폭발적인 방사선 에너지를 활용하려면 그 세기를 더 낮고 다루기 쉬운 수준으로 변환해야 한다. 여기서 핵심 역할을 하는 것이 멜라닌이다. 멜라닌은 햇빛을 받아 우리 피부를 갈색으로 만들고, 체르노빌 원자로 4호기 내부에서 곰팡이를 검게 만드는 색소이기도 하다.

다다초바는 말했다. "전리 방사선의 에너지는 정말, 정말 높습니다. 그것은 곰팡이를 비롯한 어떤 생명체가 필요로 하는 수준보다 훨씬 더 높죠. 그래서 멜라닌은 일종의 방사선 변환 장치입니다." 마치 고전압 플러그를 크리스마스트리 전구나 면도기에 맞는 전압으로 낮추듯, 멜라닌은 곰팡이 세포에 모든 것이 타버리지 않을 정도로만 방사선이 흡수되도록 조절한다. 오리사올라는 제자 파블로 부라코Pablo Burraco와 함께 체르노빌을 방문했을 때, 역사적으로 방사선 수치가 높았던 지역에 서식하는 송장개구리들이 출입금지 구역 밖의 개구리보다 더 어두운 색을 띤다는 사실을 깨달았다.[30] 이는 단순한 상관관계일 뿐이지만, 곰팡이와 개구리 모두 방사선 수치가 높은 지역일수록 더 많은 멜라닌을 생성한다는 사실은 멜라닌이 이 생명체들을 방사선으로부터 보호하는 데 중요한 역할을 한다는 강력한 근거가 된다.

그러나 곰팡이에게 멜라닌은 단순한 보호막 이상의 의미를 가진다. 멜라닌은 곰팡이에게 변환 장치이자 발전소이며, 보호자이자 에너지 공급자다. 다다초바와 카사데발은 주로 병원체로 연구되는 일반 곰팡이종을 대상으로 실험을 진행했는데, 그 결과 전리 방사선에 노출된 곰팡이의 성장률이 노출되지 않은 곰팡이보다 무려 두

독이 가득한 낙원

배 반이나 높다는 사실을 발견했다.[31] 다른 모든 영양분과 에너지원을 배제한 상태에서 이루어진 이 실험을 통해, 두 사람은 곰팡이가 생명체의 새로운 에너지 획득 수단을 활용하고 있을 가능성을 제기했다.

그들은 논문에 이렇게 적었다. "최근 보고들에 따르면, 특정 형태의 생명체들은 기존과 다른 비전통적인 형태의 에너지를 활용할 수 있다.[32] 심해 열수 분출공에 서식하는 미생물이나 수소가 스며든 깊은 지하 환경에서 사는 미생물들이 그 예다. 이러한 선례를 바탕으로 우리는 이 곰팡이들이 방사선을 신진대사 에너지로 활용할 수 있을 것이라고 조심스럽게 추정한다." 광합성, 화학 합성, 그리고 방사선 합성. 어쩌면 이 세 가지가 지구 생명체가 진화해 온 세 가지 근본 축일지도 모른다.

다다초바는 현재 식물 생물학자들과 협력해 멜라닌의 복잡한 작동 원리와 그것이 광합성에 필적할 만한 기능을 하는지를 밝히려 하고 있다. 그러나 이 주제는 한 연구실에서 다루기에는 너무 방대했고, 그동안 별다른 자금 지원도 없었다. 다다초바와 카사데발이 맞닥뜨린 가장 큰 장벽은 과학계의 불신이었다. 두 사람은 만약 생명체가 직접 방사선을 에너지원으로 활용해 자기 자신을 유지하는 세 번째 자가영양 방식을 발견했다면, 당연히 연구 결과가 학술지 〈사이언스〉나 〈네이처〉에 실릴 것이라고 생각했다. 하지만 실제로 이들의 연구는 당시 급진적이고 주목도 높은 논문을 찾고 있던 새로운 무료 공개 학술지에 게재되었다. 카사데발은 이렇게 말했다.

"사람들에게 '곰팡이가 방사선을 먹고 자란다'는 사실을 보여주면, 평생 방사선은 몸에 해롭다는 말만 들어온 사람들은 쉽게 받아들이지 못할 겁니다." 그는 심사 과정에서 들은 말을 기억했다. "한 심사관이 이렇게 말했어요. '이 연구에서 잘못된 점은 찾을 수 없지만, 이건 거의 종교에 가깝습니다. 믿거나 말거나죠.'" 방사선이라는 주제 자체가 사람들의 인식을 쥐고 있을 만큼 강렬했던 것이다.

흥미로운 점은, 이 곰팡이들이 사실 너무나 평범한 존재라는 데 있다. 다다초바는 말했다. "이 곰팡이는 어디에나 있습니다. 체르노빌에 있는 곰팡이들도 모두 흙에서 온 거예요. 그들 중 상당수가 멜라닌을 만들어 낼 수 있기 때문에 그 환경을 이용하기 시작한 겁니다." 이 곰팡이 중 일부는 면역 체계가 약해진 사람들을 감염시켜 병을 일으키기도 한다. 기회만 주어지면 흙에서 쉽게 나타나기 때문에 기회성 병원체라고도 불린다. 카사데발은 말했다. "곰팡이 질환은 의학 분야에서 비교적 새로운 질병입니다. 바이러스와 세균은 그 기원이 선사시대까지 거슬러 올라가지만, 곰팡이는 20세기 후반에 이르러서야 인간에게 진정한 문제가 되기 시작했어요." 그는 이어서 설명했다. "20세기 후반에 이루어진 의학적 진보는 면역력 약화를 대가로 얻은 측면이 큽니다. 장기이식 환자들이 있고, 암 환자들이 있으며, 에이즈 바이러스[HIV] 전염병도 있죠. 면역력이 약해지면 곰팡이 질환이 심각한 문제로 떠오를 수밖에 없습니다." 곰팡이의 유연성은 진화가 만들어 낸 놀라운 성취 중 하나다. 하지만 그렇다고 해서 곰팡이가 면역력이 약한 사람들에게 끼치는 심각한 폐해를 잊어서는 안 된다.

　방사선 합성 가설을 발표한 뒤, 다다초바는 멜라닌의 의학적 활용 가능성에 대해서도 연구를 이어갔다. 2012년, 그녀는 실험용 쥐에게 여러 종류의 검은 버섯을 먹이는 실험을 진행했는데, 쥐들이 '치사량 수준의 방사선'에 노출되고도 살아남을 수 있다는 사실을 발견했다.[33] 만약 이와 같은 보호 메커니즘이 인간에게서도 확인된다면, 방사성 물질 근처에서 일하는 사람, 고강도의 방사선 치료를 받는 암 환자, 그리고 우주로 장기간 여행하는 우주비행사에게도 적용할 수 있을 것이다. 이어 2020년, 다다초바의 연구실에서는 실제 곰팡이를 사용하지 않고도 수용성 멜라닌만으로 쥐를 해로운 전리 방사선으로부터 보호할 수 있다는 사실을 추가로 입증했다.[34] 다다초바는 이렇게 설명한다. "우리는 방사선 조사 이후 최대 48시간까지도 멜라닌이 입과 위장관을 전리 방사선으로부터 보호해서 쥐들의 죽음을 근본적으로 막아준다는 사실을 밝혀냈습니다. 부디 그런 일이 일어나지 않길 바라지만, 이는 핵 사고나 핵전쟁 등으로 대규모 방사선 노출이 발생할 경우 매우 중요한 의미를 가집니다. 방사선에 노출된 뒤 약물을 복용해야 하는 사람들이 엄청나게 많아질 테니까요. 하지만 약을 투여할 수 있는 시간은 많지 않습니다. 따라서 방사선 노출 후 24시간에서 48시간 사이에 사람들을 보호할 수 있는 일종의 완화제를 개발하는 것이 필수입니다."

　우크라이나 인접 국가의 주민들이 요오드화칼륨을 복용해 방사성 요오드가 갑상선에 흡수되는 것을 막으라는 권고를 받았던 것처럼, 미래에는 핵 사고가 발생할 경우 특정 곰팡이 균류 섭취가 생존을 위한 필수 전략이 될지도 모른다.

멜라닌이 풍부한 곰팡이들은 방사선을 잘 다루기 때문에, 우리는 그 곰팡이를 효율적으로 활용하는 방법을 모색할 필요가 있다. 이와 관련해 카사데발과 다다초바는 NASA 엔지니어들과의 논의에서 흥미로운 아이디어를 제안했다. 바로 멜라닌화된 곰팡이를 이용해 우주비행사를 방사선으로부터 보호하자는 것이다.

그 방법은 우주선을 납이나 두꺼운 금속으로 감싸는 대신, 곰팡이 포자 집단을 우주선 외벽 안쪽 빈 공간에 배치하는 것이다. 그렇게 하면 곰팡이들이 우주비행사의 배설물을 영양분으로 삼아 살아남으며, 우주선 외부의 고치 같은 공간에서 자라난다. 이 곰팡이들은 우주선 밖에서 날아드는 방사선 공격이 있을 경우 생물학적 방패 역할을 할 수 있다.

카사데발은 말했다. "우리가 화성에 가려면 방사선 문제를 해결해야 하는데… 그게 인간이 우주에서 아주 오래 살아남는 데 가장 큰 걸림돌이 될 겁니다." 흔히 전염성 병원체나 식품 오염의 원인으로 여겨지는 곰팡이가, 역설적으로 생명체가 살 수 없는 행성으로 향하는 험난한 여정에서 인류를 지켜주는 보호막이 될지도 모른다. 대기나 오존층 같은 보호막이 전혀 없는 행성에서 살아남기 위해 인류는 곰팡이로 이루어진 방사선 보호막을 몸에 둘러 활용할지도 모른다.

생태학자 헤르만 오리사올라의 입장에서 보면, 체르노빌 주변에서 생명체들이 번성하는 현상은 전혀 놀라운 일이 아니다.[35] 방사선이 초래하는 위협은 사실 인간이 최근 수백 년 동안 만들어 낸 환경 교란과 비교하면 훨씬 작다. 인간은 수십만 년간 존재해 왔지만, 방사선은 태양과 지구가 탄생한 이래 줄곧 지구 환경의 일부였다. 생명체는 물과 암석에 의해 형성된 것처럼 방사선의 영향 속에서도 진화해 온 존재다.

    두말할 필요도 없이 방사선에 대한 인식은 최근 들어 크게 변화했다. 20세기의 상당한 시간 동안 방사선은 양이 많든 적든, 급성이든 만성이든 암 발병률과 사망률을 높이는 위험 요인으로만 여겨졌다. 심지어 라돈에서 나오는 자연 방사선조차도 사망률 증가와 연관된다는 연구가 있었다. 여기에 제2차 세계대전, 냉전 시기의 핵실험, 체르노빌 원전 폭발 등으로 방출된 핵 낙진에 대한 공포가 겹치면서 '방사선은 무조건 해롭다'는 인식이 강하게 자리 잡았다.

    그러나 1980년대 이후 일부 과학자들은 조금 다른 시각을 보여주는 증거들을 제시하기 시작했다. 섬모충, 수중 조류, 광합성 세균 등 단세포 생물을 대상으로 한 연구에서 자연 방사선에 소량의 전리 방사선을 추가했을 때 오히려 번식률이 높아진다는 사실이 밝혀진 것이다. 프랑스 국립과학연구센터CNRS의 한 연구팀은 피레네산맥 아래 연구실에서 짚신벌레와 수중 조류를 키웠는데, 소량의 방사성 코발트 60-Co에 노출된 경우 번식률이 높아졌다.36 흥미롭게도, 자연 방사선을 차단했을 때는 오히려 번식률이 낮아졌다. 이 연구 결과는 미국 과학자들에 의해 재현되었고, 과학계에서는 '생명체가 최적으로 번성하기 위해서는 일정량의 방사선이 필요한 게 아니냐'는 의문이 제기됐다. 즉, 모든 방사선이 해로운 것이 아니라 '적정 방사선량'이라는 것이 존재할 수 있다는 가설이다. 이는 지구상의 생명체가 원래부터 방사선에 둘러싸인 환경에서 진화해 왔다는 사실과도 밀접한 관련이 있다.37

이러한 현상은 미생물에서만 관찰되는 것이 아니다. 2006년, 도쿄 저선량 연구센터의 사카이 카즈오酒井和男가 이끈 한 연구에 따르면 0.5그레이(23일 동안 1.2밀리그레이)의 방사선에 노출된 실험용 쥐들은 방사선에 노출되지 않은 쥐들에 비해 항산화제 생산이 증가하고 DNA 복구 능력이 향상되었다.38 다시 말해, 소량의 방사선이 세포 보호와 복구 메커니즘을 활성화하는 것으로 보인다. 마찬가지로 다른 연구들에서도 소량의 방사선이 면역 체계를 강화하고 염증을 줄이며 손상된 세포의 사멸을 촉진할 수 있다는 결과가 보고되었다. 실제로 사카이의 실험에서 이후 더 많은 방사선에 노출된 쥐들은 방사선에 전혀 노출되지 않은 쥐들보다 DNA 손상 수준이 현저히 낮았다. 즉, 전리 방사선은 독이 아니라 일종의 백신에 더 가까울 수도 있는 것이다.

이처럼 방사선량에 따라 효과가 달라지는 것을 '호르메시스 가설'hormesis hypothesis이라 하는데, 이는 많은 독성 자극이 소량일 경우 오히려 유익한 효과를 낼 수 있다는 보다 일반적인 개념이다.[39] 그러나 이 가설을 뒷받침하는 실험실 증거가 있음에도 불구하고 고려해 봐야 할 다른 연구도 많다. 예를 들어 여러 해 동안 많은 사람의 건강을 추적 관찰한 유행병학 연구들에 따르면, 낮은 수준의 방사선 노출로 인해 혈액암 및 심장병 발병 가능성이 커질 수 있다. 태아기나 어린 시절에 방사선에 노출될 경우 특히 더 그렇다.

방사선(햇빛 입자와 방사성 입자 모두)의 해로움에 대해 얘기할 때, 인간은 예외 대상이다. 우리는 오래 산다. 우리는 성숙해진 뒤에 번식한다. 우리는 아이를 낳은 후에도 오래 활발한 활동을 한다. 그리고 여성들은 완경 이후에도 30~40년은 더 살 것으로 기대된다.

그럼에도 호르메시스 가설 덕에 체르노빌 이야기에는 아직 입증되진 않았지만 매혹적인 에필로그가 더해진다. 적은 양의 방사선이 실제로 늑대와 멧돼지 그리고 다른 동물들의 건강을 증진해 주고 있는 건 아닐까? 특히 유전적 다양성이 거의 없는 말 집단의 후손인 프로제발스키 말은 면역 체계와 항산화 및 DNA 복구 기능 향상으로 많은 이익을 보고 있는지도 모른다. 한때 치명적이었던 체르노빌 낙진이 이제는 유전적 다양성 확보에 필요한 변화를 일으키고 있는 걸까? 설사 이 동물들 사이에서 암이 증가한다 해도, 그것이 정말 번식이나 생존에 영향을 미치게 될까?

인간과 달리 대부분의 야생 동물은 번식 적령기를 지나면 오래 살지 못한다. 노화 관련 질환들이 인간에게 큰 문제가 되는 것은 우리가 번식 이후에도 오랫동안 노화 상태로 살아가기 때문이다. 머짢아 경쟁자에게 짓밟히거나 늑대에게 잡아먹힐 수도 있는 어린 말의 입장에서는 살아가면서 훗날 암을 유발할 수도 있는 돌연변이는 별 의미가 없다. 특히 혹독한 겨울에는 굶어 죽을 수도 있고 얼음 덮인 호수에 빠져 죽을 수도 있다. 옆구리에 난 상처는 쉽게 감염될 수 있어서 한창의 나이에 세균으로 죽을 수도 있다. 이처럼 인간 이외의 관점에서 보자면, 한때 '죽음의 구역'이라 불렸던 체르노빌 출입 금지 구역은 이제 소량의 전리 방사선을 제공해서 오히려 면역 체계를 강화하고 DNA 복구 및 항산화 물질 분비를 촉진해 줄 일종의 회복의 장소처럼 느껴진다.

프르제발스키 말은 처음 몇 달간(요오드) 또는 몇 년간(세슘) 분해되었을 고선량의 방사성 핵종을 경험하지 않았기 때문에, 어쩌면 적절한 때에 적절한 장소에 있었던 사례라고 할 수도 있다. 그런 관점에서 볼 때, 나는 오리사올라가 왜 말똥 채집에 그렇게 진심인지 이해가 됐다. 그는 내게 이렇게 말했다. "이들이야말로 더없이 흥미로운 종이에요." 그런 뒤 그는 체르노빌에 있는 개들에 관한 연구는 언론의 관심을 끌 수는 있겠지만, 그곳의 떠돌이 개들이 여전히 출입금지 구역에서 사람들에게 먹이를 받아먹고 보살핌을 받고 있어 그 연구가 근본적으로 여러 결함을 안고 있다고 했다. "이제 우리에게 남은 건 기다림이에요."

우리는 굳이 체르노빌 출입금지 구역을 찾아가거나 우주를 떠도는 완보동물을 떠올리지 않고도 방사선을 견디는 생명체들의 능력에 감탄하게 된다. 방사선생물학 분야에서 가장 중요한 발견은 1954년 미국 오리건주의 다진 쇠고기 통조림에서 나왔다고 해도 과언이 아니다.[40] 그 당시에 통조림 식품은 표준적인 관례에 따라 방사성 코발트로 멸균되었다. 그러나 1956년 학술지 〈농업 및 식품과학 생물학Agricultural and Food Sciences Biology〉에 발표된 과학자들의 보고에 따르면, 문제의 통조림 속 고기는 완전히 멸균되지 않았다. 그 고기 속에는 한 종의 세균이 있었는데, 흔히 4마리가 한 집단으로 뭉쳐 분홍빛을 띠는 미생물 데이노코쿠스 라디오두란스Deinococcus radiodurans였다. 마리아나 해구의 달팽이물고기가 그렇듯, 지구에서 가장 강인한 이 미생물 역시 분홍빛 솜사탕 같은 색을 띤다.

열에 강한 개미나 붕어와 마찬가지로, 데이노코쿠스 라디오두란스 또한 다양한 미생물 중에 하위 구성원에 속한다. 그래서 대개는 개체 수가 아주 적지만, 전리 방사선이 폭발해 더 우세한 이웃들을 다 죽여버리면 방사선에 강한 이 미생물은 경쟁이 사라진 상태에서 개체 수를 대폭 늘릴 수 있다. 400그램짜리 다진 소고기 덩어리는 이들에게 정복해야 할 세계다. 1956년에 통조림에서 발견된 이후, 데이노코쿠스 라디오두란스가 인간에게 치명적이라고 여겨지는 수준보다 1,000배나 더 강한 방사선에도 살아남는 비결을 밝히기 위해 과학자들이 이 생명체를 깊이 파고들어 연구했다. 그 비결은 이 미생물의 유연한 세포막 주변의 두툼한 덮개인 세포벽에서부터 시작한다. 지붕이 슬레이트와 방수막, 목재, 단열재, 석고보드로 이루어지듯, 데이노코쿠스 라디오두란스의 세포벽 역시 다층 구조로 되어 있어 가장 폭발적인 방사성 핵종까지 걸러내는 여과 장치 역할을 한다.[41] 세포 안쪽은 망간으로 가득 채워져 있는데, 망간이란 원소는 이 미생물의 단백질을 감싸는 금속 갑옷 역할을 한다. 그 단백질은 마치 지나치게 열성적인 관리인들처럼 DNA와 다른 단백질 복합체가 손상될 경우 바로바로 복구 작업에 들어간다. 그리고 풍부한 항산화 물질들은 불가피하게 생겨나는 유해한 활성산소종ROS을 제거한다.

방사선 저항력에 관한 한, 데이노코쿠스 라디오두란스는 완보동물과 비교해도 독보적인 존재다. 과학자들은 심지어 실험실에서 보관 중인 이 미생물의 DNA 속에 암호화된 메시지를 새겨 넣었는데, 이는 아마 핵 재앙 이후에도 해독 가능한 DNA 가닥일 것이다.

그럼에도 방사선에 대한 저항력을 진화시키는 일은 생각만큼 어렵지 않다. 2009년, 위스콘신-매디슨대학교와 루이지애나주립대학교 연구자들은 일반적으로 방사선에 매우 민감한 세균으로 알려진 대장균 집단을 데이노코쿠스 라디오두란스에 필적할 정도로 강인한 미생물로 만드는 데 성공했다.[42] 그들이 사용한 방법은 단순했다. 자연선택 과정을 실험실 환경에서 극단적으로 가속화한 것뿐이었다.

마이클 콕스Michael Cox와 존 바티스타John Battista가 이끈 연구팀은 실험실에서 배양한 대장균을 전체 세포의 99퍼센트를 죽일 정도의 방사선에 노출시켰다. 그런 극한 조건에서도 소수의 세포는 살아남았다. 연구팀은 이렇게 살아남은 1퍼센트를 다음 세대의 조상으로 선택했고, 세대가 거듭될 때마다 방사선의 강도를 조금씩 높여나갔다. 대장균의 세대 주기가 몇 시간에 불과하다 보니 진화는 초고속으로 진행되었다. 단 20세대가 지나자, 원래 방사선에 취약했던 대장균은 무려 3,000그레이Gy의 방사선을 견딜 수 있는 능력을 갖추게 됐다. 이는 데이노코쿠스 라디오두란스가 견딜 수 있는 5,000그레이 기록에 근접한 수치였다.

이 연구가 진행된 지 몇 년 뒤, 위스콘신-매디슨대학교 박사 과정에 있던 로즈 번Rose Byrne은 방사선 저항력을 갖춘 이 대장균들의 게놈을 분석했다. 놀랍게도 변화는 예상보다 훨씬 적고 단순했다. DNA 복구에 관여하는 유전자에서 단 세 가지 돌연변이만으로도 방사선 저항력이 극적으로 향상된 것이다. 번은 2014년에 학술지 〈e라이프eLife〉에서 "DNA 복구 시스템은 '생물학적인 가변성'을 지닌다"고 설명했다.[43] 과학 잡지 〈사이언티픽 아메리칸〉의 한 기자는 이 연구 결과를 다루며, "언젠가 방사선 저항력을 지닌 인간이 등장할 수도 있다"고 과장되게 주장하기도 했다. (물론, 대장균처럼 우주비행사 지망자들의 99퍼센트를 희생시키며 20세대에 걸친 실험을 할 필요는 없고, 우리는 유전자 치료에서 사용하는 정밀한 변형 기술을 택할 가능성이 높다.)

한편, 토양 미생물 군집의 일부에 불과한 데이노코쿠스 라디오두란스가 현실에서 식품 보존 시설이나 실험실에서 사용하는 수준의 방사선에 노출될 가능성은 거의 없다. 그렇다면 왜 이 미생물은 현실 세계에서는 결코 마주하지 않을 극한 환경에서도 살아남을 수 있는 능력을 타고났을까? 완보동물의 경우와 마찬가지로 그 해답은 물, 혹은 물의 부재에 있다. 실제로 한 연구에서는 미국 소노란 사막에서 채집한 미생물 샘플 역시 방사선에 대한 높은 저항력을 지니고 있음이 확인됐다.[44] 이는 곧 '무수 생존', 즉 물을 잃은 상태에서도 세포 구조를 유지하며 생존하는 능력이 생명체에게 최악의 시나리오에 대비할 수 있는 진화적 전략임을 보여준다. 불안정한 원자의 힘을 발견해 낸, 고도의 지능을 지닌 털 없는 영장류 인간의 진화 역시 어쩌면 이런 맥락 속에서 이해될 수 있을지도 모른다.

스페인 북부 도시 부르고스 외곽에서 말똥을 채집한 그다음 날, 나는 헤르만 오리사올라와 그의 동료이자 아내인 아나 엘리사 발데스Ana Elisa Valdes를 오비에도대학교 연구실에서 만났다. 도시 남쪽에 위치한 캠퍼스 위에는 잿빛 구름이 드리워져 있었다. 선사시대 자연공원인 팔레올리티코 비보의 탁 트인 야외 울타리 안에 있을 때와는 달리, 연구실 안에서는 말똥 냄새 때문에 공기가 더 탁하게 느껴졌다. 마치 머리를 퇴비 더미 속에 들이민 느낌이었다. 선인장과 높이 1미터쯤 되는 산세베리아들이 들어 있는 중앙 유리 온실을 내려다보며, 발데스는 DNA 염기서열 분석을 앞두고 각 말똥 덩어리에서 2그램의 샘플을 채취해 DNA 보존용 완충액이 담긴 시험관 안에 집어넣었다. 나머지 말똥 덩어리들은 2일, 4일, 7일, 14일 그리고 마지막으로 28일 동안 가만히 놔두고, 그때마다 똥이 마르면서 DNA가 온전히 보존되어 있는지 검사한다. 이렇게 말똥 샘플을 다양한 시간 동안 밖에 놔두면, 각 샘플을 분석해 오염이나 분해로 인해 필요한 유전자 정보가 언제 사라지는지 알 수 있다. 이런 과정이 필요한 것은 선사시대 자연공원에서와는 달리 체르노빌의 프르제발스키 말들이 가능한 한 인간을 피하려 하기 때문이다. (초기에 서구 박물관에서 이 말을 잡으려고 해봤으나, '워낙 경계심이 많고 빨라서… 잡기가 어려웠다'는 것으로 입증됐다는 기록이 있다.[45]) 그래서 이 말의 똥을 주우려면, 스페인에서처럼 그냥 기다려서는 안 되고 직접 찾아 나서야 한다. 만일 오리사올라가 다시 체르노빌을 찾는다면, 말들이 보통 숲이 우거진 지역에서 밤을 보낸다는 사실을 미리 알고 그곳에서 눈에 보이는 가장 신선한 똥을 골라야 할 것이다.

캐주얼한 폴로넥 셔츠를 입고 테이블에서 발데스 옆자리에 앉은 오리사올라는 말똥 샘플을 찻잎 거름망으로 걸러내 디지털 현미경 밑에 놓은 뒤 기생충을 찾았다. 그 기생충은 대개 벌레와 다른 장내 세균의 알로, 체르노빌 말들의 몸 안에 들어 있는 것과 비교하기 위한 대조 샘플이다. 나는 두 사람에게 그들의 관계와 자녀에 대해 그리고 어디서 만났는지 등을 물었다. 발데스가 스웨덴의 웁살라대학교에서 처음 만났다고 답했다. 그녀는 식물 유전학을 연구하고 있었고, 오리사올라는 북극 개구리를 연구하고 있었다. 둘 다 생물학 전공이라는 사실을 제외하면, 두 사람의 관심사는 달라도 그렇게 다를 수가 없다. 둘은 모두 자신이 자란 스페인으로 돌아가 아이들을 키우고 싶어 했다. 나는 두 사람이 언젠가 서로 붙어 앉아서 멸종 위기에 빠진 말들의 똥을 들여다보고 있을 거라고 과거에 예상이나 했을지 하는 생각을 했다.

그날 실험실을 나설 때, 오리사올라가 했던 한마디가 마음에 유독 오래 남았다. "방사선은 결국 스스로 사라집니다." 몇 주가 걸릴 수도 있고 몇 년이 걸릴 수도 있지만, 방사성 입자는 언젠가 붕괴한다는 의미였다. 그는 덧붙였다. "스스로 정화되는 종류의 오염이죠." 인간이 초래한 수많은 재앙 중에서 체르노빌 사건은, 사실 우리의 화석연료 의존, 플라스틱 중독, 그리고 결코 분해되지 않은 채 먹이사슬을 따라 축적되는 무기 화합물 사용 같은 문제들에 비하면 상대적으로 작은 문제일지도 모른다. 우리가 남기는 발자취는 점점 더 커져만 갈 뿐, 좀처럼 사라지지 않는다.

체르노빌에서 방출된 방사성 요오드는 1986년 여름에 이미 사라졌다. 몇 달 동안은 강력한 전리 방사선을 내뿜었지만, 결국 붕괴해서 흔적을 남기지 않았다. 그렇다고 해서 우리가 자연계에 미친 영향을 특정한 한 날짜에 한정할 수 있는 것은 아니다. 1986년 4월 26일의 체르노빌 원자로 폭발보다 오히려 더 큰 영향을 미치는 것은 인간이 자연에 오랜 시간 다량으로 배출하는 오염 물질이다.

자연계에 대한 인간의 영향은 너무나 광범위하고 다면적이다. 지구가 하나의 거대한 생명체처럼 스스로를 조절한다고 주장한 제임스 러브록James Lovelock은 인간의 개입을 최소화한 과감한 대안을 제시하기도 했다. 그는 "우리는 방사성 폐기물을 열대우림에 두어야 한다. 그래야 인간이 접근하지 못하고, 그곳의 동물들을 보호할 수 있다"라고 말했다. 그의 발언은 충격적이지만, 역설적으로 인간의 활동으로 인한 피해보다 오히려 방사선이 빠르게 사라진다는 사실을 강조하는 주장으로 들린다.[46]

에필로그

아이러니하게도, 지구 생명체들의 가장 큰 위협은 지구에 살고 있던 생명체 중 하나였다. 그 소모적인 생명체는 새로운 기체로 대기를 오염시켜 거의 모든 다른 생명체들이 살 수 없는 대기로 변화시켰다. 새로운 기체는 불에 잘 타는 가연성을 갖고 있었고, 그 이전엔 그렇게 높은 밀도로 존재한 적이 없었다. 지구 역사에서 그 순간은 '지구가 겪은 가장 큰 오염 위기의 순간'이라 불린다.[1]

그러나 이 이야기는 현재의 상황을 설명하는 것이 아니다. 또한 그 오염의 근원도 화석연료 연소가 아니다. 지금으로부터 약 20억 년 전, 지구 바다에 살던 세균들은 세포를 유지하기 위해 완전히 새로운 방식을 진화시켰다. 태양광을 이용해 물을 분해하고, 이산화탄소를 흡수해 에너지를 얻는 방법, 즉 광합성의 탄생이었다. 이른바 '남세균'^{cyanobacteria}들이 광합성의 힘을 처음으로 발견한 것이다. 이산화탄소^{CO_2}의 탄소^{C}는 물^{H_2O}의 수소^{H}와 결합해 당과 다양한 탄소 화합물을 만들었고, 남은 산소^{O}는 서로 결합해 이산소$^{O_2,\ dioxygen}$

라는 '폐기물'로 방출됐다.

그전까지 대기 중 산소 농도는 약 0.0001퍼센트에 불과했던 것으로 추정되지만, 남세균이 내뿜은 산소가 빠르게 쌓이면서 대기는 산소로 가득 찼다. 문제는 이 갑작스러운 변화가 당시 지구를 지배하던 혐기성 미생물들에 치명적이었다는 점이다. 산소가 없는 환경에서 번성하던 생명체들이 산소에 질식했고, 지구는 우리가 지금 알고 있는 의미에서 '산소로 숨 쉬기 시작'했다. 린 마굴리스와 도리온 세이건 Dorion Sagan 은 《마이크로 코스모스》에서 이렇게 설명했다. "산소와 빛에 노출되면, 적응하지 못한 생명체들의 조직은 바로 파괴된다. 약 20억 년 전, 언제든 화학 반응을 할 준비가 되어 있던 물질들이 고갈된 상태에서 대기 중에는 산소가 빠르게 축적되었고, 그 결과 전 지구적인 재앙이 초래됐다."[2] 당시 생명체는 대부분 미생물이었지만, 이 사건은 지구 역사상 가장 규모가 큰 멸종 사건 중 하나로 불린다.

그러나 대재앙 이후, 생명체들은 오히려 번성의 길로 들어섰다. 산소라는 '독성 기체'로부터 자신을 보호하기 위해 미생물들은 혼자 살아가는 것보다 더 안정적이고 생산적인 공생 관계를 구축하기 시작했다. 모든 곰팡이, 식물, 동물을 포함한 복잡한 생명체들의 진화는 산소가 풍부해진 바다에서 시작됐다. 우리의 '생명나무'를 거슬러 올라가 보면, 지구가 경험한 생물학적 지배력의 가장 큰 전환점은 바로 이 시기였다. 마르타 소사 토레스 Martha Sosa Torres 와 동료들은 《이산소의 마법 The Magic of Dioxygen》에 이렇게 썼다. "논란의 여지는 있지만, 산소를 만들어 낸 남세균의 진화는 생명체의 진화가 시작된 이래 가장 주목할 만한 사건으로 볼 수 있다."³

물론 이 멸종 사건이 실제로 일어났는지를 두고는 여전히 논쟁이 있다. 지구에 이미 존재하던 일부 미생물은 DNA를 파괴하는 유해한 방사선에 수십억 년 동안 노출되어 왔기 때문에, 그 과정에서 산소에 대한 선천적 내성을 진화시켰을 가능성도 있다. 고대 시대의 화석 증거는 매우 제한적이다. 그러나 마굴리스와 세이건이 말한 '산소 대학살'Oxygen Holocaust이라는 표현을 쓰지 않더라도, 이 변화가 지구 생명체에게 상상할 수 없을 만큼 큰 전환점이었다는 사실에는 이견이 없다. 변화의 시작점은 미생물이었다. 바다 전체에 퍼져 충분한 햇빛이 드는 곳이라면 어디서든 물을 흡수하고 산소를 내뿜던 미생물이 지구 환경을 근본적으로 바꾸어 놓았기 때문이다.

'대산화 사건'Great Oxidation은 이후 생명체가 끊임없이 환경에 적응하고 혁신을 거듭하는 과정에서 벌어진 수많은 대멸종 사건의 서곡이었다. 예컨대, 오르도비스기 말기에는 동물 대부분이 바다에서 살고 있었고, 가장 큰 포식자는 식탁만 한 크기의 바다전갈이었다. 그런데 이 시기에 지구는 5대 대멸종 사건 중 첫 번째를 맞게 된다. 약 4억 4,000만 년 전 육상에서 나무가 진화해 깊은 뿌리를 내리기 시작했고, 종국에는 강인한 씨앗을 발아해서 생명이 살기 어려운 초대륙 판게아 내륙까지 퍼져 나갔다. 이 거대한 식물은 광범위하게 번성하며 대기 중 이산화탄소를 대량 흡수했고, 그 결과 지구는 온실 같은 환경에서 '얼음 행성'으로 변했다. 피터 브래넌Peter Bran-

에필로그

nen은 자신의 저서《대멸종 연대기》에서 이렇게 말했다. "오늘날 나무들은 생명을 주는 자비로운 존재로 여겨지지만, 지구 최초의 숲들은 종말을 예고했는지도 모른다."[4] 당시 약 85퍼센트의 종이 멸종한 것으로 추정된다.

생명이 생명을 죽이는 또 다른 비극은 훨씬 후에 나타났다. 페름기 대멸종을 초래한 대륙 화산들의 폭발과 백악기 말기의 소행성 충돌 및 화산 폭발 이후에, 그러니까 약 10만 년 전에, 직립 보행을 하는 유인원종 인간이 또다시 전례 없는 전 지구적 변화를 몰고 올 진화를 했다. 지능을 갖게 된 것이다. 다른 동물도 변화하는 세상에 적응하고 또 그런 세상에서 배울 수 있는 인지 능력을 갖고 있었지만, 호모 사피엔스는 진화 추세의 궁극적인 정점에 올라 그때까지의 모든 영장류와 조류 그리고 두족류를 넘어섰다. 그리고 앞서 광합성을 처음 시작한 남세균과 마찬가지로, 활용되기를 기다리고 있던 강력한 에너지원인 탄화수소를 발견했다. 탄소가 풍부한 생명체들의 화석화된 잔해인 가스와 석탄 그리고 석유는 인류의 이동, 의사소통, 지구 생명체들을 지배하는 일 등을 가능하게 해주었다.

불과 2세기 전, 눈에 보이지도 않고 냄새도 없는 기체인 이산화탄소가 대기 중으로 대량 방출되기 시작했다. 오늘날 우리가 경험하고 있는 극심한 폭염, 통제 불가능한 산불, 초강력 허리케인과 같은 기후 변화는 바로 그 시점에서 비롯되었다. 우리는 이 과정을 매우 상세히 이해하고 있으며, 심지어 미래를 예측할 수도 있다. 한 예측에 따르면, 앞으로 100년 뒤에는 매년 수백만 명이 열로 인해 목숨을 잃을 수 있다고 한다. 그럼에도 우리 자신과 지구를 공유하는 동물들의 생존이 위협받는 상황에서 우리는 여전히 이 흐름을 멈추는 데 더디다.

개인적으로 나는 인간이 지구 환경에 미치는 영향을 비교적 쉽게 받아들이는 편이다. 그 이유는 우리보다 훨씬 앞서 남세균과 나무들이 이미 거대한 변화를 일으킨 전례가 있기 때문이다. 진화와 멸종은 언제나 불가분의 관계였다. 그러나 대산화 사건, 오르도비스기 대멸종, 그리고 오늘날의 기후 변화를 동일한 기준으로 비교할 수는 없다. 첫째, 남세균과 나무들은 자신들이 지구 환경을 변화시킨다는 사실을 전혀 알지 못했다. 반면 우리는 우리의 행동이 지구에 어떤 영향을 미치는지 너무나 잘 알면서도 수십 년간 같은 행동을 반복해 왔다. 지금 이 순간에도 우리는 대기를 오염시키고, 지구를 뜨겁게 만들며, 더 많은 화재와 혼란을 불러오고 있다. 대부분의 경우 죄책감도 없이, 완전히 의식적인 선택으로 그렇게 하고 있다는 사실이 문제다. 둘째, 남세균과 초기의 나무들은 광합성을 통해 생존하기 위해 이산화탄소를 흡수하고 산소를 배출해야만 했다. 그러나 인간은 화석 연료를 사용하지 않고도 충분히 생존할 수 있다. 이는 곧 우리가 변화할 수 있는 존재라는 사실을 의미한다.

과거 남세균, 화산, 소행성 충돌은 모두 무자비하고 무의식적으로 대멸종을 불러왔다. 그러나 우리는 인류 역사상 처음으로 스스로 대멸종을 초래할 수도 있는 동시에, 행동을 바꿔 자연의 회복을 도울 수도 있는 존재다. 문제는 선택의 방향이다. 아직 탄소 순배출

제로라는 목표, 즉 인류가 먹고, 움직이고, 에너지를 쓰면서도 대기 중에 이산화탄소를 추가로 배출하지 않는 상태에 도달하려면 갈 길이 멀다. 오늘날의 탄소 배출 속도는 페름기 대멸종 시기와 비교해도 전례가 없을 만큼 빠르지만, 변화를 감당할 우리의 역량은 그 속도를 따라가지 못하고 있다.

그렇다고 해서 희망이 없는 것은 아니다. 비관적인 전망과 환경 단체 저스트 스톱 오일Just Stop Oil의 다소 비현실적인 이상주의 사이에서, 믿기 어려운 수준의 전환이 이미 시작되고 있다. 생명체가 과거에 방사선, 햇빛, 황 같은 새로운 에너지원에 적응하며 진화했듯, 인류 역시 화석 연료에서 재생 가능한 전기 에너지로의 대전환을 진행 중이다. 한때 석탄, 석유, 가스를 대체하기에는 지나치게 비싸다고 여겨졌던 태양광과 풍력은 이제 전 세계 인구의 80퍼센트 이상에게 가장 경제적인 에너지원이 되었다.[5] 실제로 2010년부터 2020년까지 단 10년 동안, 태양광 패널에 사용되는 광전지의 비용은 무려 85퍼센트나 하락했다.[6]

그러나 태양과 바람의 힘을 활용하는 것과 태양 중심부에서 일어나는 핵융합을 지구에서 재현하고 활용하는 것은 전혀 차원이 다른 일이다. 2023년 12월 5일, 샌프란시스코에서 동쪽으로 160킬로미터 떨어진 로렌스 리버모어 국립연구소 연구진은 수소 원자로 이루어진 양귀비씨 크기의 구체에 192개의 고출력 레이저를 발사해서 태양 중심부와 같은 온도에 도달하게 했다.[7] 그 결과 지구상에서 통제 가능한 핵융합 반응이 일어났다. 지구에서 이런 규모의 핵융합을 본 것은 과거 수소폭탄 실험뿐이었다. 그러나 이번 실험은 달랐다. 처음으로 통제된 환경에서 지속 가능한 핵융합을 시작할 수 있었고, 이는 무한한 에너지를 향한 인류의 긴 여정에서 중요한 출발점이 되었다. 원자폭탄을 개발한 로버트 오펜하이머 Robert Oppenheimer가 "이제 나는 죽음이 되었고, 세계의 파괴자가 되었다"라고 말했던 순간 이후, 핵융합 기술은 지구를 파괴할 힘이 아니라 지구의 잠재적 구원자가 되었다.

상당한 규모의 핵융합 기술은 기대되는 기술이지만, 상업적인 활용 단계에까지 이르려면 아마 수십 년은 더 지나야 할 것이다. 대형 레이저 수백 대의 가동도 그렇고, 다이아몬드로 된 수소 함유 캡슐 수천 개의 생산도 그렇고 현재 기술의 비효율성(에너지 2단위 투입으로 에너지 3단위 생산) 또한 모두 막대한 투자를 필요로 한다. 로렌스 리버모어 국립연구소의 책임자 킴 부딜 Kim Budil은 최초의 핵융합 반응을 라이트 형제가 해낸 최초의 비행에 비유한다.[8] 그녀의 연구소에서 핵융합 반응이 일어난 날의 120년 전인 1903년 12월, 라이트 형제의 비행기 '라이트 플라이어' Wright Flyer는 12초 동안 공중에 떠 있으면서 축구장 길이의 절반도 안 되는 40미터를 날아갔다.[9] 유일한 차이점이라면, 오늘날의 비행기는 탄소 배출만 늘렸으나 핵융합 기술은 탄소 배출을 줄일 것이라는 점이다.

우리는 지금 창의력을 이용해 화석 연료의 의존도를 줄이고 있지만, 그 어떤 기술 혁신 없이도 탄소 발자국을 획기적으로 줄일 수 있는 방법도 있다. 농업 분야에서의 탄소 배출량은 전 세계 탄소 배출량의 25~30퍼센트인데,[10] 이는 4퍼센트도 채 안 되는 항공 여행 분야에 비하면 훨씬 큰 비율이다.[11] 2023년 학술지 〈네이처 푸드Nature Food〉에 발표된 영국에 살고 있는 5만 5,000명을 대상으로 한 연구에 따르면, 식물 기반 식단을 택한 사람들은 하루에 100그램 이상의 육류를 섭취하는 '육류 다량 섭취자'에 비해 개인의 탄소 발자국을 75퍼센트까지 줄일 수 있다.[12] 식물 기반 식단을 택할 경우 탄소 배출 감소 외에 토지 이용 및 물 소비, 수질 오염(호수와 바다에서 '죽음의 구역'을 만드는 부영양화) 측면에서도 비슷한 수준의 탄소 배출 감소가 관찰되었다. 연구진은 무시되기 쉬운 무미건조한 데이터에만 의존할 게 아니라 보다 설득력 있는 호소로 변화를 촉구할 필요가 있다는 사실을 확신했다. 그래서 그들은 이렇게 적었다. "동물성 식품 소비와 그것이 환경에 미치는 영향 간의 관계는 명확하며, 따라서 동물성 식품 소비를 줄일 것을 촉구해야 한다."[13]

이처럼 보다 친환경적인 경제와 재생 가능한 에너지를 위한 싸움이 이어지는 가운데, 과학자들과 환경보호론자들은 자신이 관심 있는 종과 생태계가 파멸에 이르지 않도록 열심히 노력하고 있으며, 또 그 종들이 갈수록 살기 힘들어지는 세상에서 회복력을 쌓고 유지할 수 있게 돕느라 바쁘다. 세계 곳곳에서는 지금 가지산호들이 계속 번식되고 교배되면서 더 따뜻해지고 산성화된 바다에서도 견딜 수 있는 회복력 높은 산호초가 생겨나고 있다. 나무들이 씨앗을 맺고 여러 세대에 걸쳐 '이주'하는 속도보다 기후 변화 속도가 더 빨라서, 나무들은 계속 북쪽으로 이동하고 있다. 특히 엘크혼 산호처럼 개별 종이 생태계 전체의 토대가 될 수도 있지만, 동시에 생물 다양성이 지금의 다변한 세계에서 장기적인 회복력의 열쇠인 것도 사실이다. 함께 사는 종이 많을수록, 그 종이 점진적인 변화나 즉각적인 변화에 더 잘 대처할 수 있게 되는 것이다. 생물 다양성은 기후변화라는 불가피한 상황에 맞서는 자연의 완충 장치다. 그래서 바다의 해양보호 구역이나 육지의 국립공원이 중요한 것이다. 그런 곳들이 기후를 바꾸진 못하더라도, 최소한 자연의 다양한 조각, 즉 주변 환경의 변화에도 살아남을 수 있는 동물과 식물, 균류, 미생물 집단을 보존해 줄 수 있으니까.

지질학 분야에서도 마찬가지다. 한 지역 안에 있는 암석과 토양이 다양할수록 변화하는 기후에 대한 회복력 또한 더 커진다. 미국에서는 그렇게 '회복력이 있는 주요 지역'을 서로 연결하는 것이 최우선 과제가 되었으며, 그 결과 앞으로 수년간 다양한 종이 서로 다른 미세 기후 사이를 이동하며 피난처를 찾을 수 있게 되었다. 설사 자신의 이전 서식지가 살기 힘든 곳이 된다 해도, 지질 및 생물 다양성, 기후로 인해 생겨난 인근 장소들은 여전히 고향처럼 느껴질 것이다. 2023년 〈미국 국립과학원 회보〉에 실린 한 연구에서 저자들은 이렇게 말한다. "이처럼 지구물리학적 다양성을 지닌 지역 덕에, 환경보호론자들은 단순히 종 및 서식지 손실의 단기적 요인에 대응하기보다는 자연으로 하여금 급변하는 지구에 적응할 수 있게 해줄 방법들을 구상하는 데 도움을 줄 수 있다. 그리고 역동적이면서도 다양하고 적응력 높은 자연계를 유지하는 것이 그들의 목표다."[14]

이처럼 폭넓고 장기적인 환경 보전 접근 방식을 '자연 무대 보존'이라고 한다.[15]

환경 보전 전략이 핵심 종이나 생물 다양성 또는 지질학 중 어디에 초점을 맞추든, 결국 승자와 패자가 생기기 마련이다. 종은 멸종하게 되고, 하위에 있던 열세종이(예를 들어 잡초) 우세종이 될 수도 있다. 그러나 생명은 지속될 것이다.

나는 모든 희망이 사라진 것만 같을 때 종종 시선을 다시 생명 자체로 돌리곤 한다. 이전 장에서 살펴본 동물, 식물, 그리고 곰팡이가 내게 알려준 사실은 단순하다. 생명은 어떤 재앙을 만나더라도 놀라운 회복력을 발휘한다는 것이다. 완보동물들은 바다가 끓어올라 증발하지 않는 한 죽지 않을 것이고, 유공충들은 인간이 만든 죽음의 구역에서도 여전히 번성한다. 심지어 임박한 재앙의 상징처럼 여겨지는 북극곰조차 얼음이 녹아내리는 상황 속에서도 새로운 서식지를 찾아 적응하고 살아남을 방법을 모색하고 있다.

물론 가슴 아픈 일도 일어날 것이다. 놀랍고 아름답고 독특한 생명체 중 일부는 영영 사라질 수밖에 없다. 과거 도도새와 태즈메이니아호랑이가 과도한 사냥으로 멸종했듯, 기후 변화로 인해 서식지가 지나치게 따뜻해지고 산소가 부족해지거나 혹은 그 어떤 종도 감당하기 어려운 혼란이 닥쳐 결국 희생양이 생길 가능성도 크다.

그러나 설령 여섯 번째 대멸종이라는 최악의 시나리오가 펼쳐진다 해도, 지구의 생명 역사에서 볼 때 생명체의 회복은 가능할 뿐 아니라 오히려 새로운 형태의 생명이 등장하는 데 꼭 필요한 과정일지도 모른다. 장구한 세월의 관점에서 보면 멸종은 살아 있는 행성의 자연스러운 일부다. 오늘날 우리가 살아가는 이 포식자와 희생자들의 세계 역시 과거 바다 생명체의 96퍼센트를 사라지게 만든 대멸종의 산물이다. 그리고 포유류가 지배하는 시대를 연 계기는 결국 소행성으로 인한 공룡의 멸종이었다.

한 가지 확실한 사실은 있다. 한 행성에서 생명이 한 번 시작되면 완전히 사라지기는 매우 어렵다는 것이다. 나는 종종 수백만 년 후의 지구를 상상한다. 언젠가 생태계가 경쟁이나 포식이 아니라 협력과 조화를 중심으로 돌아가, 지나치게 환경 파괴적인 인간의 행동에 자연의 균형추가 되어 줄 수 있지 않을까 하는 생각을 한다.

이 책을 집필하기 위해 조사를 시작한 이후, 나는 지구 생명체들의 창의력과 회복력에 대한 믿음이 더 굳건해졌다. 생명은 에너지원만 존재한다면 진화를 통해 그것의 활용 방법을 반드시 찾아낸다. 방사선으로 물을 수소와 산소로 분해하는 미생물, 열수 분출공에서 황을 에너지원으로 삼는 세균, 햇빛을 이용하는 식물까지 생태계의 토대는 매우 다양하다. 시야를 넓히면 태양계 안에도 실제 생명체가 존재할 가능성이 있는 행성과 위성들이 있다. 심지어 햇빛 없이도 생명이 존재할 수 있다는 사실이 발견되면서, 생명이 살 수 있는 우주의 범위는 과거보다 훨씬 넓어졌다.

에필로그

예전에는 '골디락스 존'Goldilocks zone, 즉 액체 상태의 물이 존재할 만큼 빛과 온도가 적절한 영역만이 외계 생명체 탐사의 핵심 기준이었다. 그러나 이제는 꼭 그렇지만은 않다. 토성과 목성의 위성들이 이웃 위성의 중력 간섭으로 활발한 지질 활동을 하며 바다를 유지하고 있듯, 태양계의 가장 먼 영역에서도 충분히 지질 활동을 통해 바다가 형성될 수 있다. 수조 개의 태양계가 모여 수십억 개의 은하를 이루는 우주를 생각해 보면, 어둠 속에서도 생명체가 존재할 수 있는 행성과 위성은 헤아릴 수 없을 만큼 많다.

지구의 자전은 생명체들에게 낮과 밤의 규칙적인 순환을 제공해 왔다. 산소가 없는 연못 속 거북, 말라붙은 이끼 속 완보동물, 얼음 속에서 겨울을 나는 개구리처럼 지구 생명체들은 몇 달 동안 휴면 상태를 유지하는 방법을 이미 터득해 왔다. 나는 상상한다. 무한한 우주의 어딘가에는 자전은 하지 않지만 태양 주위를 공전하는 데 수개월이 걸려, 하루가 지구의 계절만큼 긴 행성이 있을지도 모른다. 그곳의 한쪽 면은 반년 동안 햇빛을 받지만, 나머지 반년은 어둠 속에서 혹독한 겨울을 맞이하는 세계다. 그곳의 생명체들은 이곳 북극곰이 물개 지방을 먹고 겨울을 대비하듯 충분히 먹이를 저장해 긴 겨울을 준비할 것이다. 또 어떤 생명체들은 이곳 땅다람쥐처럼 땅속에 몸을 숨기거나, 완보동물처럼 스스로를 동결시킨 채 긴 겨울을 버티며 살아남을지도 모른다.

내 책상 위에 놓인 노트북과 메모 더미 옆에는 말라버린 흙이 담긴 유리그릇이 하나 있는데, 나는 그 흙 안에서 처음 야생 완보동물을 발견했다. 그들의 세계는 물이 증발하면서 사라졌다. 그 흙에 내가 물 한 방울을 떨어뜨린다면, 그들은 툰 상태에서 되살아나 모든 환경 스트레스에 대해 오만하게 느껴질 정도의 '화학적 무관심'을 보일 것이다. 내가 한 행동, 그러니까 유리그릇 속 흙을 말라버리게 내버려 둔 것은 그들의 생존에 아무런 영향을 주지 못한다. 완보동물 집단은 지구에서 일어난 다섯 번의 대멸종 사건을 모두 견뎌냈으며, 가장 혹독한 환경에서도 견디는 능력 덕에 영구동토 깊은 곳에 묻힌 씨앗처럼 힘든 시기를 헤쳐 나올 수 있었다. 나는 이 에필로그를 쓰기 전에 유리그릇에 물을 추가해, 그들이 휴면 상태에서 깨어나는 과정을 기록하려 했다. 그러나 결국 조금 더 내버려 두기로 했다. 이 유리그릇은 훨씬 더 강력한 무언가를 상징한다. 내 손바닥 안에 들어올 정도로 작은 세계 안에 존재하는 저항과 회복력의 상징 말이다.

감사의 글

이 책에 담긴 이야기들을 취재하면서 100명이 넘는 과학자들을 만나는 즐거움을 누렸다. 직접 만나든 그들의 연구실에서 만나든 야외 현장에서 만나든, 각 대화는 각 장의 구조와 내용에 많은 영향을 주었다. 일부 취재원들은 정말 아낌없이 시간을 내주어서 오전이나 오후 내내 자신의 연구를 설명해 주었고 이메일을 통해 후속 질문들에도 답을 해주었다. 그래서 매켄지 게린저, 요한나 웨스턴, 레스 벅, 맷 파멘터, 헤르만 오리사올라, 파블로 부라코, 심 세르다, 리카르도 아밀스, 엘리스 말로니, 브라이언 르윈, 스티브 돈트에게 특히 깊은 감사를 전하고 싶다.

또한 감사의 말을 전하면서 사과도 덧붙이고 싶다. 책을 제작하는 프로젝트에서는 가장 읽기 쉬운 책을 만들기 위해 가지치기를 해줘야 한다. 내가 만나거나 이야기를 나눠본 몇 분의 경우 최종 원고에는 포함되지 않았지만, 그 모든 대화가 이 책의 내용에 영향을 쳤다는 사실을 알고 조금이나마 위안을 얻으시길 바란다.

이 책이 조악한 제안서에서 깔끔한 원고로 변해가는 과정에서 여러 명이 도움을 주었다. 내 놀라운 출판 에이전트로 펠리시티 브라이언 어소시에이트 소속이기도 한 캐리 플리트, 내 편집자인 W.W. 노튼 출판사의 제시카 야오와 애틀랜틱 북스 출판사의 드러먼드 모이어, 철저하고 세심한 교정 작업을 해준 탬신 셸턴 그리고 영국에서 처음 이 책 판권을 사준 제임스 나이팅게일과 포피 햄프슨에게 감사드린다. 또한 내가 정한 지나치게 촉박한 마감에도 불구하고, 과학적으로 최대한 정확한 내용을 담기 위해 이 책 초고를 읽어주신 다음 여러분께도 감사드린다. 엘리스 말로니, 앤드루 드로셰, 줄리아 시그워트, 바바라 셔우드 롤러, 크리스틴 라이드레, 헤르만 오리사올라, 아르투로 카사데발, 멜로디 클라크, 딜런 슈빌크, 맷 파멘터, 사브리나 엘카사스, 크리스 구글리엘모, 에카테리나 다다초바, 로이드 펙, 매켄지 게린저, 레스 벅, 폴 얀시, 알무트 켈버, 프랑크 반 브뢰컬런, 심 세르다, 에릭 워런트, 조안 번하드, 돈 라슨, 브라이언 반스, 신디 모리스, 요한나 웨스턴.

마지막으로 가족들에게 고마움을 전하고 싶다. 내가 유럽과 북아메리카 대학, 연구실, 현장으로 취재를 다닐 때, 내 아내 부시는 쌍둥이를 임신한 몸으로 세 살짜리 아이까지 돌보면서 이 책에 소개해도 좋을 만큼 용감하게 극한 환경을 견뎌주었다. 취재 여행을 간소화하려 애썼지만, 나는 일주일 넘게 집을 비운 적이 많았다. 거의 늘 컨디션도 안 좋은 상황에서 상상하지도 못할 수준의 불편을 견뎌내 준 그녀의 힘과 의지는 생명체의 놀라운 회복력을 상기시켜

준다. 사랑스러운 쌍둥이 아들을 세상에 내놓으면서 우리는 둘 다 더 강해졌지만, 두 아이가 서로 짠 듯 돌아가며 잠을 못 자게 만드는 상황에선 우리 둘 다 더 강해졌다고 느낄 새가 없었다. 그리고 놀라운 우리 딸 니에베에게도 고마움을 전하고 싶다. 과감히 히말라야 산맥 위를 넘어가는 줄기러기만큼 굳센 니에베, 네가 자라는 걸 지켜보는 건 내게 정말 큰 행운이란다. 나는 네가 이 세상에서 너만의 특별한 틈새를 찾아낼 거라는 것을 믿어 의심치 않는다.

나는 어두운 밤에, 그리고 보모와 아버지, 어머니 덕에 몇 시간 동안 양육 부담에서 벗어날 수 있었던 날들에 이 책을 썼다. 여러 차례의 편집과 교열 작업 그리고 내가 만나본 과학자들의 검토까지 거쳤는데도 오류가 있다면, 그건 순전히 졸음 때문에 멍해진 나의 뇌 탓이다. 이 책을 위해 각종 조사를 하고 글을 쓰는 것은 즐거운 일이었으며, 일상의 스트레스와 끊임없이 쏟아져 나오는 우울한 뉴스로부터 해방되는 일이기도 했다. 여러분이 이 책을 읽는 것도 즐거운 일이었길 바란다.

옮긴이의 글

　이 책에서 저자는 과학적으로 입증된 사실을 토대로 우리의 기존 상식을 훌쩍 뛰어넘는 생명체들의 다양한 생존 전략을 소개하고 있다. 책에 등장하는 여러 생명체의 놀라운 생명력과 회복력 사례는 단순히 생물학적 호기심을 채워주는 차원을 넘어, 우리 인간이 살아가며 겪게 되는 여러 위기와 어려움을 어떻게 극복할 수 있을 것인가에 대한 깊은 통찰력도 제공한다.

　번역 작업을 하면서 가장 충격적으로 다가왔던 점은, 우리가 생존 불가능하다고 여기는 극한 상황에서도 생명체들이 기적처럼 살아남아 번성한다는 사실이었다. 예를 들어, 현미경으로만 보이는 작고 귀여운 완보동물은 영하 200도의 차디찬 액체 헬륨 속에서도 7개월을 살아남고 펄펄 끓는 물속에서도 30분 동안 살아남으며 모든 생명체를 죽이는 강력한 방사선과 유독 가스 속에서도 살아남고 심지어 진공 상태의 우주에서도 살아남는다. 가히 '작은 불사조'라 해도 좋을 생명력이다. 우리는 보통 생명이 유지되기 위해선 물과 산소, 음식, 적정 온도와 압력, 빛 등이 꼭 필요한 조건이라고 생각한다. 그러나 그런 생각을 비웃듯, 물과 산소와 먹이 없이도 몇 달이고 몇 년이고 견뎌 살아남는 생명체들이 있다.

온몸이 얼음덩어리처럼 꽁꽁 얼어붙어도 살아남고 심해의 그 엄청난 수압 속에서도 살아남으며 불구덩이 같은 열 속에서도 살아남고 몇 년간 아무것도 먹지 않고도 살아남는 생명체들. 이 모든 건 단순한 생물학적 기적이 아니라 극한 상황에서도 지속 가능한 생명력을 만들어 낸 진화의 결과로, 우리는 이런 생명체들을 통해 생명에 대한 전통적인 개념에 대해 그리고 또 생명의 본질에 대해 다시 생각하게 된다. 생명이란 그저 '존재하는 것'이 아니라, 주어진 상황 속에서 어떻게든 헤쳐 나가야 하는 기나긴 싸움임을 상기시키는 것이다.

그렇지만 이 책이 단순히 기상천외한 생명체들의 이야기를 모아 놓은 것은 아니다. 이 책에 등장하는 생명체들이 보여주는 생존 방식은 우리가 일상에서 겪는 어려움과도 연결되어 있다. 때론 삶이 너무 벅차고 도무지 버틸 힘이 나지 않을 때도 있지만, 자연 속 작은 생명체도 자신만의 방식으로 버티며 살아남는 모습을 보며, 우리도 조금 더 힘을 낼 수 있지 않을까 하는 생각이 든다.

이 책에 등장하는 생명체들처럼 우리 역시 때때로 고통과 좌절, 예기치 못한 상황에 직면한다. 그 순간, 이 책에 담긴 여러 생명체의 생존 이야기가 큰 위안과 격려가 되어줄 것이다. 그들도 하는데 우리라고 못 할 게 무엇인가? 그들이 보여주는 끈질긴 생명력과 회복력을 우리의 삶에도 적용해 볼 수 있을 것이다. 우리가 직면한 문제들이 아무리 크고 복잡해 보인다 해도, 이 책에 등장하는 생명체들이 견뎌내는 극한 상황을 떠올리며 다시 한번 자신을 다잡을 수 있을 것이다. 이 책은 말한다. 인간을 포함해 무릇 생명이 있는 모든 존재는 우리가 생각하는 것보다 훨씬 더 강하고 유연한 존재라고.

  이 책에서 소개되는 생명체들은 기존에 우리가 규정하고 있던 생명의 한계와 범위를 대폭 확장한다. 책을 덮는 순간, 여러분은 삶의 여러 장애물이 절망적인 것만은 아니라는 사실을 깨닫게 될 것이다. 생명체들의 생존 전략은 과학적 사실에 뿌리를 두고 있지만, 우리가 그들로부터 배우는 것은 과학적 사실 그 이상이다. 이 책은 우리에게 살아가는 방법에 대해 다시 생각하게 만든다. '참고 버티는 것' 자체가 이미 하나의 큰 성취다.

주

프롤로그

1. https://www.youtube.com/watch?v=kux1j1ccsgg&ab_channel=JourneytotheMicrocosmos
2. Slack, 1861.
3. Mathews, 1938, p. 620.
4. Ibid., pp. 620–21.
5. Goldstein, 2022, p. 188.
6. Rebecchi et al., 2011, p. 98.
7. Jönsson et al., 2008.
8. Sloan, Batista & Loeb, 2017.
9. Vecchi et al., 2021.
10. Grinnell, 1917, p. 433.
11. Eiseley, 1957.
12. Carson, 1962.
13. Solnit, 2005.

1부. 생존의 비밀 – 생명의 세 가지 조건이 없다면

1장. 메마른 세상 – 물 없이 생존하기

1. 힙시비우스 엑셈플라리스의 초기 실험실 표본은 1987년, 잉글랜드 북서부 맨체스터 외곽에 살던 아마추어 완보동물 연구자 밥 맥너프Bob McNuff가 한 연못에서 채집한 것이었다. 그는 틈만 나면 자신의 정원에 있는 작은 연구실에서 시간을 보냈다. 이웃들이 창고를 잔디 깎는 기계, 퇴비, 거미줄이 낀 화분들을 보관하는 용도로 쓰는 동안, 맥너프의 창고는 항상 깨끗하게 유지되었고 오로지 힙시비우스 엑셈플라리스의 번식 실험을 위해서만 사용되었다. 맥너프는 죽음을 앞두고 호스피스 치료를 받기 전까지도, 자신의 완보동물들에게

새 보금자리를 찾아주는 데 온 힘을 쏟았다. 한 완보동물 연구자는 나에게 이렇게 말했다. "그는 자신이 키우던 완보동물들을 캐롤라이나 바이올로지컬Carolina Biological로 보내 연구용 공급을 확대했어요. 덕분에 누구든 쉽게 표본을 구입해 연구할 수 있게 된 겁니다. 정말 놀라운 일이죠! 솔직히 저는 호스피스 치료를 받게 되는 상황에서도 제 버킷리스트에 그런 일을 넣을 수 있을지 잘 모르겠습니다."

2   Goldstein, 2022.
3   완보동물 분류학자들은 완보동물종의 수가 그보다 최소 두 배는 더 많다고 추정한다.
4   Goldstein, 2022.
5   Clark-Hatchel et al., 2024.
6   Chavez et al., 2019.
7   Goldstein, 2022, p. 178.
8   완보동물만큼 유명하지는 않지만, 담륜충 역시 놀라운 동물이다. 한 집단으로서 이들은 수백만 년 동안 유성 생식은 하지 않았다. 또한 역사적으로 수컷을 만든 적도 없다. 무성 생식으로 번식하면서 유전적 다양성을 높여왔고, 주변의 미생물과 동물들로부터 유전 물질을 흡수함으로써 유전적 다양성을 늘려고 그 덕에 진화도 할 수 있었다. 이 같은 '수평적 유전자 이동'은 한때 불가능하다고 여겨졌던 일이다. 그런데 실은 이것이 무성 담륜충이 살아남은 비결이다. 2014년에 실시된 한 연구에 따르면, 담륜충은 '무성 상태에서도 수백만 년간 살아남고 다양화될 수 있었다'. (Hespeels et al., 2014.)
9   Keilin, 1959.
10 Cornette & Kikawada, 2011.
11 인간의 경우 체내 수분이 10퍼센트 줄어들면 어지럽고 경련을 일으키기 시작하며, 20퍼센트가 줄어들면 생명까지 위험하다. (Møbjerg & Neves, 2021, p. 1.)
12 Crowe, 2015.
13 Møbjerg & Neves, 2021, p. 1.
14 LePrince & Buitink, 2015, p. 372. Claude Bernhard, 1878.
15 Rebecchi, Boschetti & Nelson, 2020, p. 2790.
16 Nelson, Bartels & Guil, 2019, p. 186.
17 Murray, 1910.
18 Nelson, Bartels & Guil, 2019, p. 171.
19 Nelson, Bartels & Guil, 2019, p. 165.
20 Ibid., p. 79. '1제곱미터당 최대 1,400만 마리.'
21 Ibid., p. 170.
22 Ibid., p. 174.
23 Dastych, 2011.
24 Jørgensen & Kristensen, 2001.
25 Nelson, Bartels & Guil, 2019, p. 172.
26 Greven, 2019, p. 8.

27 Keilin, 1959, p. 156: '오늘날, 특히 이탈리아에서는 자연사에 관심 있는 학자든 아마추어든, 이 놀라운 부활을 스스로 즐기면서 학식 있는 다른 친구들의 호기심을 만족시켜 주지 않는 사람은 없다.'
28 Ibid., p. 153.
29 Jönsson & Bertolani, 2001, p. 122.
30 Ibid.
31 Guidetti & Jönsson, 2002.
32 Keilin, 1959, p. 166.
33 Tsujimoto, Imura & Kanda, 2015.
34 브라인슈림프가 애완용으로 판매될 수 있었던 것은 순전히 건조 상태에 대한 이들의 내성 때문이었다. 이들은 건조된 상태로 펫샵과 사람들의 집으로 옮겨질 수 있다. 물을 더하면 이들이 나타나 헤엄을 친다. 이 친숙한 동물 외에 훨씬 더 친숙한 효모를 생각해 보자. 이 단세포 곰팡이 역시 수 개월간 건조 상태로 견딜 수 있는데, 이들이 캘리포니아 같은 와인 생산 지역에서 건기에도 살아남을 수 있는 비결이다.
35 Westh & Ramløv, 1991.
36 Goldstein, 2022.
37 Oliver et al., 2020.
38 Ibid.
39 Ibid., p. 7.5.
40 Ibid., p. 7.10.
41 Ibid., p. 7.8.
42 Farrant & Hillhorst, 2022.
43 Ibid., p. 84.
44 Dai, 2011.
45 Henschel et al., 2018, p. 3.
46 Cooper-Driver, 1994, p. 5.
47 Ibid., p. 6.
48 Krüger et al., 2017.
49 Henschel et al., 2018.
50 Cooper-Driver, 1994, p. 2.
51 Henschel et al., 2018, p. 4.
52 Krüger et al., 2017.
53 https://www.kew.org/plants/welwitschia-mirabilis
54 Hamilton & Seely, 1976, p. 284.
55 Louw, 1972, p. 298.
56 Ibid., p. 299.
57 Parker & Lawrence, 2001, p. 33.

58　Hamilton & Seely, 1976, p. 285. 최대: 34퍼센트.
59　Mitchell et al., 2020.
60　Bentley & Blumer, 1961.
61　Comanns et al., 2015.
62　Phil Withers, University of Western Australia, speaking to In Situ Science, Ep. 27, Thorny Devils, pangolins and other outliers.
63　Seely & Hamilton, 1976.
64　Mitchell et al., 2020.
65　Bhushan, 2019.
66　Mitchell et al., 2020.
67　D'Odorico, Porporato & Runyan, 2019, p. 3.
68　Eshel et al., 2021, p. 1.
69　Morong, 1891, p. 39.
70　Squeo et al., 2008.
71　Morong, 1891, p. 40.
72　Ibid., p. 42.
73　Vorhies & Taylor, 1922, p. 14.
74　Schmidt-Nielsen & Schmidt-Nielsen, 1949, p. 181.
75　Nagy & Gruchacz, 1994, p. 1474.
76　Schmidt-Neilsen, 1962, p. 24.
77　Schmidt-Nielsen & Schmidt-Nielsen, 1949, p. 183.
78　Schmidt-Nielsen & Schmidt-Nielsen, 1950.
79　인간에게도 같은 일이 일어난다. 체내 수분이 15퍼센트 줄어들게 되면, 그 대부분은 혈장에서 빠져나가 땀으로 바뀌면서 아주 위험한 폭발적 열 상승을 겪게 된다. 땀의 증발은 우리 몸을 시원하게 유지해 주기도 하지만, 탈수로 우리를 죽이기도 한다. (Schmidt-Neilsen, 1962, p. 16.)
80　Ibid.
81　Ibid.
82　Ibid. p. 14.
83　Ibid. 이변온성이 적응인지 아니면 물 부족에 따른 어쩔 수 없는 반응인지는 여전히 논란의 여지가 있다. 우리는 이런 현상이 일어난다는 사실만 알면 충분하다. 세부적인 내용은 학자들에게 맡기도록 하자.
84　Hetem et al., 2012, p. 442, Table 2.
85　Taylor, 1969, p. 95.
86　Ibid.
87　Feng & Zhang, 2015.
88　Prugh et al., 2018.

89 Ibid.
90 '거대'는 상대적인 표현이다. 이 거대 캥거루쥐는 캥거루쥐 20종 가운데 가장 큰 종이지만, 그럼에도 여전히 당신 손바닥 위에 앉아 몸을 구르고도 남을 만큼 작다.
91 Prugh et al., 2018.
92 Podrabsky & Wilson, 2016, p. 500: '아프리카산 노토브란키우스과(70종 이상)와 남아메리카산 리불루스과(250종 이상)'
93 Calviño et al., 2023, p. 1.
94 Hartmann & Englert, 2012.
95 Podrabsky, Carpenter & Hand, 2001, R130.
96 Ibid., R126.
97 Fishman et al., 2008.
98 Vrtílek et al., 2018.
99 Ibid., R823.
100 Podrabsky et al., 2007, p. 2255.
101 Ibid., p. 2255.

2장. 숨 막히는 생존 – 산소 없이 생존하기

1 Olson, 1932, p. 286.
2 Musacchia, 1959.
3 Ultsch & Jackson, 1982, p. 23.
4 Rich, 2003. 산소 호흡에서는 ATP가 약 30분자 생성되는 반면, 무산소 호흡에서는 ATP가 단 2분자만 생성된다.
5 Warren & Jackson, 2016.
6 Cleary, 2020.
7 두터운 빙하가 대륙을 덮기 시작한 258만 년 전의 지질학적 시대.
8 Ultsch, 2006.
9 Belkin, 1963.
10 엄밀히 말하면 '글리코젠', 즉 긴 포도당 사슬들로 이루어진 분자.
11 교과서에 따르면 젖산은 무산소 신진대사의 결과물이다. 그런데 이 책을 쓰기 위해 조사하던 중, 그 설명이 틀렸다는 사실을 알게 되었다. 우리 몸은 젖산을 만들지 않는다. (Hochachka & Mommsen, 1983.) 운동을 할 때조차 그렇다. 그런 일은 아예 일어나지 않는다. 실제 원리는 조금 다르다. 생화학자의 입장에서는 이 '조금'이 매우 중요하다. 산소가 부족할 때 근육 세포가 방출하는 것은 사실 젖산이 아니라 젖산염이다. 젖산염은 음전하를 띠고 있어 세포를 산성화하지 않는다. 산성화의 원인은 다른 데 있다. 세포의 에너지 통화인 ATP가 ADP와 양성자(H+)로 분해될 때 그 양성자가 축적되면서 산성이 생기는 것이다. 운

액의 산도(pH)는 문자 그대로 '수소의 힘'을 의미한다. H+ 이온이 많을수록 용액은 더 산성화된다. 예를 들어 혈액은 pH 7.4로 중성 상태지만, 무산소 신진대사가 진행되면 그 균형이 깨진다. 그래도 그냥 젖산이라고 간단히 말하는 게 더 쉽지 않나?

12 Jackson, 1997.
13 Jackson, 2004.
14 Pamenter, 2008, p. 2.
15 Lari & Buck, 2021.
16 Gasiorowska, 2021.
17 Hochachka, 1986.
18 Galli & Richards, 2014.
19 Pamenter, 2008, p. 3.
20 Tyack et al., 2006.
21 Hindell et al., 1991.
22 Thompson et al., 2012.
23 Greenall, 2024.
24 Tyack et al., 2006, p. 4239.
25 Quick et al., 2020.
26 Ibid., p. 5.
27 Borboroglu & Boersma, 2013.
28 Kooyman & Ponganis, 1998, p. 19.
29 Kendall-Bar et al., 2023.
30 Roth, 2023.
31 Danovaro et al., 2010.
32 Bernhard et al., 2015, p. 2.
33 Neves et al., 2014, p. 5: Fig. 5.
34 이들은 성체다. 이 동물의 라이프 사이클은 믿을 수 없을 만큼 복잡해서(여러 유충기와 유충 이후 단계들을 거친다) 아직도 완전히 밝혀지지 않았다. 히긴스 유충이라 불리는 한 유충 형태는 시느러미나 가시 모양의 발가락이 있어, 그걸 이용해 물속에서 플랑크톤 사이를 지나간다.
35 Kristensen, 1983.
36 Neves et al., 2014.
37 Neves et al., 2014, p. 3.
38 Danovaro et al., 2010, p. 2.
39 Ibid., p. 2.
40 Bernhard et al., 2015.
41 Ibid., p. 17.
42 Sagan, 1979.

43 Bernhard et al., 2015.
44 Ibid., p. 5.
45 WHOI, 2016.
46 Gomaa et al., 2021.
47 Ibid., p. 1.
48 엄밀히 말하면 '세포 소기관'으로, 엽록체와 미토콘드리아는 몸의 장기처럼 기능하지만 세포 안에 들어 있다.
49 Gomaa et al., 2021.
50 Schmidtko, Stramma & Visbeck, 2017.
51 Limberg et al., 2020, p. 25.
52 Rabalais et al., 2002, p. 237.
53 무산소 바다는 오늘날 '죽은 지대'라 불리기도 하지만, 대부분의 지구 역사에서 무산소 바다는 일반적이었다. 광합성은 약 20억 년 전에 진화해 대기와 얕은 바다를 산소로 채우기 시작했지만, 빛이 닿는 곳(수심 약 200미터) 아래쪽은 여전히 무산소 상태이거나 극도의 저산소 상태로 남아 있었다. 깊은 바다가 산소로 호흡하는 생명체들을 맞이하기 시작한 것은 약 5억 년 전이다. 이런 관점에서 본다면, 현재의 탈산소화 추세와 무산소 상태에서 사는 동물이 별로 낯설지 않게 느껴질 것이다. 정체된 분지의 바닥에서 자라고 번식하는 로리키페라는 모든 동물의 조상들이 어떤 상태였는지 엿보게 해주는 존재로, 무산소 상태가 일상이던 시절을 떠올리게 하는 존재이기도 하다.
54 Rabalais et al., 2002, p. 237.
55 https://www.epa.gov/
56 Rabalais & Turner, 2021, p. 119.
57 Ibid., p. 119.
58 Rabalais & Turner, 2019, p. 117. 면적은 20,000제곱킬로미터로, 뉴저지주(19,050제곱킬로미터)보다 약간 크고 웨일스(20,779제곱킬로미터)보다는 조금 작다.
59 Gokkon, 2018.
60 Shoubridge & Hochachka, 1980.
61 Ibid.
62 Sayer et al., 2010.
63 Holopainen et al., 1997.
64 Ibid., p. 18.
65 Shoubridge & Hochachka, 1980, p. 309.
66 Lefevre, 2017.
67 이러한 지리적 한계선에 있는 곳들이 기온이 너무 차가워지는 지역은 아니다. (Ultsch, 2006, p. 351.) 보다 북쪽 기후에서는 겨울이 조금 더 길고 봄과 여름은 너무 짧으며, 그래서 거북들이 겨울을 난 연못에서 나와서 다른 거북과 짝짓기를 하기 어렵다. 느리더라도 꾸준히 가면 오만하고 성급한 토끼와의 경주에서 이길 수 있을지 몰라도, 그것이 피할 길

없는 캐나다 겨울의 혹한 앞에서는 잘 통하지 않는다. 그런데 기후 변화로 기온이 올라가면서 얼어붙을 듯 추운 겨울이 점점 더 짧아지고 있어, 이 거북들은 아마 느리게나마 점점 더 북쪽으로 이동해 새로운 땅을 개척하고 그리 머지않은 미래에 북극권 안에서 번식하게 될 수도 있다.

68 Jarvis & Sherman, 2002.
69 Jarvis et al., 1994, p. 47.
70 Jarvis, 1981.
71 벌거숭이두더지쥐에 대한 보고는 19세기 말에 처음 나왔으며, 1981년에 이르러 본격적으로 과학계의 관심을 끌게 된다. 케이프타운대학교에서 박사 과정을 밟고 있던 제니 자비스가 바로 그해에 이들의 진사회성에 얽힌 비밀을 알아낸 것이다. 이 종의 경우 번식을 담당하는 암컷뿐 아니라 여러 유형의 일꾼들, 즉 '계급'도 존재했다. 어떤 개체들은 굴을 파는 일을 했다. 또 어떤 개체들은 새끼를 돌봤다. 그리고 커다란 수컷들이 있었는데, 그들은 거의 하는 일 없이 빈둥대다가 가끔 여왕과 짝짓기했다. 이후에 낸 논문에서 자비스는 '화산자들'volcanoers이라는 또 다른 계급을 설명했는데, 그들 역시 비교적 큰 개체들로 굴을 판 뒤 남은 흙과 잔해를 밀어 올려 위쪽 세상으로 내보내는 일을 했다.
72 Jarvis et al., 1994, p. 51.
73 Jarvis & Sherman, 2002, p. 2: '건기가 되면 먹이가 심각하게 부족해진다.'
74 Jarvis & Sherman, 2002, p. 5.
75 Buffenstein et al., 2022, p. 126.
76 Jarvis & Bennett, 1993.
77 야생에서 포획된 한 벌거숭이두더지쥐 암컷은 11년 동안 900마리의 새끼를 낳았다. (Jarvis & Sherman, 2002, p. 3.)
78 Faulkes, 1990.
79 벌거숭이두더지쥐에 관한 한 많은 오해가 있어, 2021년에 수십 명의 연구자들이 벌거숭이두더지쥐에 대해 잘못 알려진 정보 28가지를 취합해 리뷰 논문을 쓰기도 했다. 먼저 이들은 특정 통증 수용체를 잃었지만, 꼬집을 경우 찍찍거리며 소리를 지른다. 암 발생률이 낮지만 암에 대한 면역력이 있는 건 아니다. 이들도 늙는다. 통증에서부터 암과 체온 조절 그리고 저산소증에 이르기까지, 벌거숭이두더지쥐에 관한 이야기에는 과장이 덧붙여지는 경향이 있다. (Buffenstein et al., 2022.)
80 Larson & Park, 2009, p. 1634.
81 Ibid.
82 Park et al., 2017.
83 Ivy et al., 2020.
84 Jarvis & Sherman, 2002.
85 Jarvis & Sherman, 2002, p. 4.
86 Wlaschek et al., 2023.
87 Jackson, 2013, p. 99.

3장. 단식의 달인들 – 먹이 없이 생존하기

1 유럽 찌르레기의 몸 길이는 19~23센티미터이며, 커먼 푸어윌의 몸 길이는 19~21센티미터다.
2 Jaeger, 1948, p. 45.
3 Ibid.
4 Ibid.
5 이들이 속한 과의 라틴어 학명인 Caprimulgidae('염소'+'젖을 짜다')에서도 이런 믿음을 엿볼 수 있다.
6 Bent, 1940, p. 193.
7 Jaeger, 1948, p. 45.
8 Jaeger, 1949.
9 Ibid., p. 105.
10 Ibid., p. 107.
11 Ibid., p. 106.
12 Ibid., p. 108.
13 Ibid.
14 Ibid., p. 109.
15 Burtt Jr, 2015, p. 961.
16 Ibid.
17 Marshall, 1955.
18 Ibid., p. 130.
19 Ibid., p. 132.
20 Ibid., p. 134.
21 수컷들에게 음낭이 있다는 점도 보레오유테리아의 특징이다.
22 Dausmann et al., 2004.
23 Devereaux et al., 2023, p. 2.
24 Burgin et al., 2018.
25 이 대멸종의 원인이 무엇인지에 대해선 여전히 논란의 여지가 있지만, 엄청난 양의 용암 분출로 인해 지구 기온이 섭씨 5도 오르고(수백만 년에 걸쳐) 바다들이 황화수소로 오염되며 해양 생명체들에게서 산소가 고갈된 것이 원인일 가능성이 크다. (Erwin, 1990, p. 70.)
26 Sahney & Benton, 2008, p. 759.
27 Ibid., p. 71.
28 Benton & Wu, 2022, p. 2.
29 Ibid.
30 Barnes, 1989.
31 정확히 0.73제곱킬로미터.

32 Li et al., 2007.
33 Shine et al., 2002.
34 집쥐도 들어왔지만, 그들이 이 섬에서 진화한 것은 아니다.
35 Shine et al., 2002. p. 7.
36 Secor, Stein & Diamond, 1994.
37 Ibid.
38 Ibid., p. 703.
39 Ibid.
40 Secor & Carey, 2016, p. 779.
41 Baker, Harington & Symes, 1963.
42 대부분의 경우 새끼는 2마리지만 때론 1마리 또는 3마리(아주 드물게는 4마리)다.
43 가장 큰 북극곰은 몸무게가 1,002킬로그램(1톤 조금 넘는다)인 수컷이었다. 큰 불곰 또는 회색곰의 몸무게는 약 750킬로그램까지 나갈 수 있다. 곰 이외에 가장 큰 육식동물은 호랑이로, 몸무게가 300킬로그램 정도다.
44 곰과에 속하는 곰으로는 흑곰, 아시아 흑곰, 불곰, 판다곰, 느림보곰, 말레이곰, 안경곰, 북극곰을 꼽을 수 있다. '베어'라는 이름을 가진 귀여운 반려견이 많지만, 그들은 곰과는 아무 관련이 없다.
45 Secor, Stein & Diamond, 1994, p. 701.
46 Best, 1984.
47 Derocher, 2022.
48 Ford, Werth & George, 2013, p. 701.
49 https://iwc.int/
50 Mayne et al., 2019.
51 Battley, 2001.
52 Rea, 1995.
53 Ibid.
54 Ibid.
55 Ibid.
56 Reiter, Stinson & Le Boeuf, 1978.
57 de Cabo & Mattson, 2019, p. 2544.
58 Bulog et al., 2000, p. 87.
59 붉은털원숭이에 대한 이 묘사는 메릴랜드 소재 노화연구소에 살았던 한 붉은털원숭이 셔먼에 대한 묘사를 토대로 한 것이다.
60 de Cabo & Mattson, 2019.
61 Ibid.
62 Hearing, 2004.
63 Ibid.

주

64 마그네슘과 칼륨이 고갈될 경우에도 신경세포 신호 전달 및 근섬유 수축 장애가 생긴다.
65 Hearing, 2004.
66 Routti et al., 2019.
67 Stempniewicz, Kulaszewicz & Aars, 2021.
68 Laidre et al., 2022.
69 새들은 한때 여름 서식지 안에 머물지만, 보였다 안 보였다 해서 숨바꼭질을 아주 잘한다고 여겨졌다.
70 북극제비갈매기는 남극제비갈매기로 부를 수도 있다.
71 Gill Jr, 2009, p. 449.
72 Ibid., p. 450.
73 Robbins, 2022.
74 Gill Jr et al., 2009, p. 453: '생물량 기준으로 세계에서 가장 풍부한 곳 중 하나.'
75 Piersma & Gill Jr, 1998.
76 Guglielmo, 2018.
77 Ibid., p. 3.
78 Ibid.
79 Rattenborg et al., 2016.
80 최근 몇 년간 황해의 갯벌 30퍼센트가 간척 사업이나 오염으로 사라졌다. (Studds et al., 2017.) 큰뒷부리도요의 한 아종은 100퍼센트 황해를 중간 기착지로 이용하기 때문에, 최근 몇 년간 이들의 개체 수가 줄어든 것은 놀라운 일도 아니다. (Ibid.) (Gill Jr et al., 2009.)
81 달은 지구에서 38만 3,400킬로미터 떨어져 있다.

2부. 극한 환경과 진화 – 그럼에도 살아남은 동물들

4장. 얼어야 산다 – 극저온

1 Clarke, Barnes & Hodgson, 2005.
2 Ibid.
3 Ibid.
4 Beers & Jayasundara, 2015, p. 1835.
5 Chenuil et al., 2017.
6 Ibid.
7 Eastman, 1993.
8 Rinaldi, 2006, p. 761.
9 Scambos et al., 2018.
10 Wienecke, 2010.

11 Clayton, 1776, p. 103.
12 Cooke, 2018.
13 Clarke & Crame, 1989.
14 Bista, 2023.
15 Eastman, 2005.
16 Frederich, Sartoris & Pörtner, 2001.
17 Eastman, 2005, p. 100.
18 Ibid.
19 Ibid., p. 97.
20 Ibid., p. 100.
21 Bista et al., 2023.
22 Rudd, 1954.
23 Eastman, 1999.
24 Sidell & O'Brien, 2006.
25 Ibid.
26 Ibid. 이는 부분적으로는 아이스피시의 낮은 신진대사율로 설명될 수 있으며, 그 결과 에너지 예산에서 다른 모든 것들이 차지하는 에너지 비중이 워낙 적어 심혈관계가 상대적으로 더 큰 에너지 비율을 차지한다.
27 Ibid.
28 Ibid.
29 DeVries, 2017.
30 Meister et al., 2018.
31 DeVries, 2017.
32 해저 관측 및 수심 측정 시스템 Ocean Floor Observation and Bathymetry System.
33 Purser et al., 2018.
34 Purser et al., 2022.
35 Kock & Kellerman, 1991, p. 135.
36 Ibid., p. 138.
37 Ibid., p. 139.
38 맥머도만에서는 이 연약한 여과섭식 동물들이 해저 바다의 55퍼센트를 덮고 있다. (Konecki & Target, 1989.)
39 Larson & Barnes, 2016.
40 Storey & Storey, 1996, p. 376.
41 Ibid., p. 371.
42 Ibid., p. 377.
43 Storey & Storey, 1988.
44 Wasserman, 2009.

45　Storey & Storey, 1988.
46　Kennelly et al., 2007.
47　Woo & Yamamoto, 2020.
48　Huang et al., 2021.
49　Sattler et al., 2001, p. 239.
50　모든 구름이 그런 것은 아니며, 기온이 섭씨 0도 아래일 때만 그렇다.
51　Morris et al., 2013, p. 95.
52　Sattler et al., 2001.
53　Ibid., p. 96.
54　Failor et al,, 2017.
55　Morris et al., 2008, p. 328.
56　Sands et al., 1982; Morris et al., 2014.
57　Barnes, 1989.
58　모든 곤충이 초냉각 상태에 들어가는 것은 아니다. 포도당 같은 당을 이용해 송장개구리처럼 얼어붙어 잘 통제된 얼음덩어리로 변하는 곤충들의 사례도 많다. 북극 털곰나방의 애벌레들은 1년 중 11개월을 얼어붙은 상태로 보내며, 먹이를 먹기 위해 여름에 몇 주 동안만 모습을 드러낸다. (Kukal, Serianni & Duman, 1988.) 이렇게 성장 기간이 아주 짧다 보니, 날개 달린 성충 단계로 탈바꿈하기까지 10년 넘게 걸리기도 한다. 따라서 순록 사냥을 하는 북극곰들이 사는 캐나다 엘즈미어섬의 툰드라 지역 풀밭 위를 날아다니는 나방은 열네 살쯤 됐을 수도 있다.
59　Sformo et al., 2009.
60　Carrasco et al., 2012., p. 1221.
61　Ibid., p. 1220.
62　Tøien et al., 2011.
63　Regan et al., 2022.
64　Daan, Barnes & Strijkstra, 1991.
65　Jessen et al., 2015.
66　Daan, Barnes & Strijkstra, 1991.
67　동결보존 분야는, 미래의 의학 기술로 질병을 치료할 수 있으리라는 희망을 안고 뇌사 상태의 인체를 냉동시키는 사이비 과학인 냉동인간학과 혼동해서는 안 된다. 말기 암을 치료할 수 있는 시대에 다시 깨어나 사회로 돌아가고 싶어 하는 사람들의 이야기 자체는 분명 감동적이다. 하지만 이 같은 '죽음 이후의 재탄생'은 본질적으로 죽음을 받아들이는 하나의 방식일 뿐이며, 사후 세계가 있을지도 모른다는 희망을 붙잡는 것과 크게 다르지 않다.
68　Polge & Rowson, 1952.
69　Orlando et al., 2013.
70　Bojic et al., 2021.
71　Ibid.

72	Powell-Palm et al., 2021.
73	Bojic et al., 2021
74	이 단계에 적절한 말은 '임상학적으로 수용 가능한 생존'이었다. 96시간이 지나자 장기의 58퍼센트만 임상적으로 유용했다(즉, 이식에 적합했다).
75	인간의 간은 1.5킬로그램이다. 쥐의 간은 고작 5그램이다.
76	de Vries et al., 2019.
77	Tessier et al., 2022.
78	bas.ac.uk/data/our-data/publication/antarctica-and-climate-change/
79	Auger et al., 2021.
80	Ibid.
81	Ashton et al., 2017.
82	어둠은 두 달보다 더 오래 지속될 수도 있다. 남극점에서는 여섯 달 동안 지속되기도 한다.
83	Clark et al., 2019.
84	Gilbert & Holmes, 2024.
85	Lee et al., 2022.
86	펭귄 군락이 수백에서 수천 쌍의 번식 개체로 이루어져 그 배설물이 엄청 쌓이기 때문에, 우주에서 봐도 얼음 표면 위의 얼룩 같은 것이 보일 정도이다. 2023년 학술지 〈앤터틱 사이언스〉에 실린 사진들을 보면, 별다른 색 없는 사진 속에서 펭귄 군락의 존재가 희미하지만 분명한 점으로 나타나 있다. (Fretwell, 2024.)
87	Blanchard-Wrigglesworth et al., 2022.
88	Alberts, 2022.
89	Clarke et al., 2007.

5장. 가장 높이, 가장 깊이 – 극고압과 극저압

1	유럽 토끼는 12.5킬로그램이고 술가리는 23킬로그램이다.
2	Hawkes et al., 2012, p. 3.
3	Prins & Namgail, 2017, p. 40.
4	참고로 안데스산맥의 평균 높이는 4,000미터다.
5	Laguë, 2017, p. 2.
6	Swan, 1970, p. 69.
7	Prins & Namgail, 2017, p. 3.
8	Hawkes et al., 2012.
9	Parr et al., 2019. p. 1.
10	Ronen et al., 2014.
11	반면 티베트 고지대 주민들이 만성 고산병에 걸릴 가능성은 약 1퍼센트밖에 안 되는데, 이

는 부분적으로 그들이 고도에 적응하면서 헤모글로빈을 만들어 내지 않기 때문이다. 사실, 티베트인이 고지대에서 잘 살아갈 수 있는 것은 약 4만 년 전 인간이 교배 상대로 삼았던 호미닌종인 데니소반인(지금은 멸종)으로부터 물려받은 유전자 돌연변이와 관련이 있을 지도 모른다. (Huerta-Sánchez et al., 2014.) (Ronen et al., 2014.)

12 2019년에 처음 발견된 가장 고지대에 서식하는 포유류는 노란엉덩이잎귀쥐로, 안데스산맥의 해발 6,200미터 지점에 산다.
13 Parr, Wilkes & Hawkes, 2019.
14 Hazelhoff, 1951.
15 Laguë, 2017, p. 4.
16 Ibid., p. 2.
17 Faraci, 1991, p. 59.
18 Laguë, 2017, p. 5.
19 Ibid., p. 4.
20 Hawkes et al., 2017, p. 248.
21 Laguë, 2017, p. 5.
22 Laybourne, 1974.
23 Swan('백조')이나 Hawkes('매') 같은 성들…. 고지대 새를 연구하기 위해 꼭 조류 관련 성을 가져야 하는 건 아니지만, 어쩌면 도움이 될지도 모른다.
24 Scott et al., 2015.
25 Hawkes et al., 2012.
26 Black & Tenney, 1980.
27 Ibid., p. 236.
28 Swan, 1970.
29 Ibid.
30 Ibid.
31 Scott et al., 2015.
32 Swan, 1970.
33 Anderson & Rice, 2006.
34 Ibid., p. 132.
35 Ibid.
36 Ibid.
37 Ibid.
38 Ibid.
39 Beliaev, 1989, p. 3.
40 냉전과 현대 러시아의 만행은 차치하고라도, 이 깊은 바다의 명칭으로는 소비에트식 용어가 더 잘 어울리는 것 같기도 하다. '하달 존'이라는 용어는 바다 아래에 있지만 바다와 연결되지 않은 또 다른 세계 같은 느낌을 준다. 그런데 '초-심해 존'은 우리가 아는 바다의 연

장이란 느낌을 준다. 이는 그곳에 사는 동물들의 독특한 특성은 반영 못 하지만, 지구의 서로 다른 영역에 대한 우리의 인식을 더 유연하게 해준다.

41   이 말이 완전히 틀린 것은 아니다. 실제로 심해에는 그처럼 이빨이 잔뜩 난 물고기들이 사니까. 그 대표적인 예가 아귀로, 이들은 살로 이루어진 가는 대 끝에 빛나는 구슬을 달아 먹잇감을 곰 덫처럼 생긴 자신들의 입으로 끌어들이는 매복형 포식자다. 그러나 이 물고기들은 아직은 약간의 빛이 들어오는 '트와일라잇 존'에서 발견된다.

42   어부와 도매업자들은 쥐꼬리물고기의 이름을 '그르나디어^{grenadier}라고 바꿨는데, 그날 잡은 물고기에 붙이기에는 '쥐꼬리'라는 이름이 입맛 돋우는 이름은 아니라고 생각했기 때문이다.

43   Eschmeyer's Catalog, 2024. (https://researcharchive.calacademy.org/research/ichthyology/catalog/Species)

44   게린저와 린리는 이 종에 '스와이레이^{swirei}라는 이름을 붙였는데, 1875년 챌린저 탐사 결과 발견된 해구의 8,000미터 지점인 스와이어 해구를 기리기 위함이었다.

45   Gerringer et al., 2017.

46   Lu, 2023. 가장 깊은 곳에 사는 또 다른 물고기의 후보는 1970년 푸에르토리코 해구 7,965미터 지점에서 잡힌 커스크 장어였다. (Linley et al., 2016, p. 5.) 그러나 지금 그 커스크 장어는 최대한 깊은 수심에서 잡힌 게 아니라 벌어진 그물을 수면 위로 끌어올리는 과정에서 잡힌 것으로 여겨진다. 그리고 1962년 마리아나 해구 바닥까지 내려간 잠수정 트리에스테^{Trieste}에서 관찰된 이른바 '트리에스테 넙치'는 해삼이었을 가능성이 더 크다. 그 타원형 물고기 종은 길이가 약 30센티미터로, 넙치로 착각하기 쉬웠다. (Jamieson & Yancey, 2012; Wolff, 1961.)

47   Ibid.

48   Wang et al., 2019.

49   지방 분자는 약간 막대사탕처럼 생겼다. 끝부분(인 원자)은 볼록하고 꼬리(지질 사슬)는 막대기 같다. 지방 분자들은 세포막 안에서 두 겹의 막대사탕 층을 형성하는데, 꼬리 부분은 서로 맞닿아 있고 볼록한 끝부분은 세포 안쪽이나 바깥쪽을 향한다. 이를 인지질 이중층이라 부른다. 모양은 대략 다음과 같다.

    0 0 0 0   – 인의 끝(친수성)
    || || || || – 지질 꼬리(소수성)
    || || || || – 지질 꼬리(소수성)
    0 0 0 0   – 인의 끝(친수성)

대부분의 동물의 경우 지질 꼬리는 곧게 뻗어 있어 이웃하는 지질 꼬리와 평행을 이룬다. 그러나 이 같은 지질 꼬리가 막대사탕 막대가 입에 씹혀 구부러지듯 구부러질 수도 있다 (|| 형태에서 >> 형태로). 이 작은 변화로 인해 세포막이 너무 단단히 뭉치는 일이 중단된다. 그리고 지질 꼬리들이 가지런히 놓이지 않아 움직일 수 있는 공간이 유지된다.

50   Linley et al., 2016.

51   Lu, 2023.

52 Yancey et al., 2014.
53 세균들에 의해 분해될 경우, 트리메틸아민-N-산화물^{TMAO}은 O(산소)를 잃고 TMA(트리메틸아민)가 되는데, 바다나 기한이 지난 해산물에서 비린내가 나는 건 바로 이 때문이다.
54 Nasralla, 2020.
55 Yancey & Siebenaller, 1999.
56 TMAO든 소금, 즉 염화나트륨이든 물속에 녹아 있는 물질의 양으로 인해 삼투질이 달라진다. '밀리오스몰'(삼투압 수치 단위–옮긴이) 단위로 측정할 경우, 물고기의 체내 화학 물질 구성은 약 300~400밀리오스몰로 유지된다. 한편 염화나트륨이 녹아 있는 바닷물은 약 1,000~1,100밀리오스몰 정도다. 이 차이를 극복하기 위해, 물고기들의 아가미와 신장은 그들이 마시는 바닷물에서 소금을 제거하는 데 아주 능숙해졌다. 그 과정에서 물고기들은 많은 신진대사 에너지를 쏟아야 하며, 주변 바닷물이 끊임없이 그들의 세포들을 탈수시키기 때문에 물도 자주 마셔야 한다. 그러나 물고기가 TMAO를 더 많이 만들어 낼수록, 그들은 주변 환경과 조화를 더 잘 이루게 된다.
57 Beliaev, 1989, p. 41.
58 각 물고기에겐 귀 뼈가 6개 있는데, 게린저는 수명을 추정하기 위해 그중 가장 큰 귀 뼈 2개를 골라냈다.
59 Gerringer et al., 2018.
60 Weston et al., 2020.
61 Ibid., p. 169.
62 Peng et al., 2020.
63 Weston et al., 2020.

6장. 전력 질주 후 필요한 것 – 극고온

1   Wilson & Hölldobler, 1990.
2   Wehner, Marsh & Wehner, 1992, p. 586.
3   Ibid.
4   Shi et al., 2015.
5   Marsh, 1985.
6   Christian & Morton, 1992.
7   Marsh, 1985.
8   Arnold, 1916, p. 194.
9   Cerdá, 2001.
10 Barrowclough et al., 2016.
11 Stork, 2018.
12 Schultheiss et al., 2022.

13 Ibid.
14 Ibid.
15 Ibid.
16 Wilson, 1987.
17 사하라은개미가 먹이를 찾아다니는 온도는 섭씨 53.6도, 오차 범위가 ±0.8도로, 섭씨 52.8~54.4도 사이다.
18 Wehner, Marsh & Wehner, 1992. 임계 최고 온도critical thermal maximum, CTMax는 정상적인 이동이 중단되는 온도로, 어떤 생명체가 '열 덫'에서 벗어날 수 없게 되는 온도 수준이기도 하다. 사하라은개미의 임계 최고 온도가 가장 높은 건 아니다. 호주 중부의 뜨거운 관목 지대에 사는 붉은 꿀개미의 임계 최고 온도는 섭씨 56.7도여서, 이 종을 연구 중인 저명한 과학자들은 "호주 중부의 붉은 꿀개미들의 경우 온도가 너무 높아 먹이를 찾아 나서지 못하는 일은 전혀 없을지도 모른다"고 주장한다. (Christian & Morton, 1992.)
19 Shi et al., 2015.
20 정확히 말하자면 주사전자 현미경SEM으로, 이 현미경의 경우 조직 샘플에 전자들을 발사하면 샘플 아래쪽 탐지기가 전자들이 굴절되거나 굴절되지 않는 위치를 토대로 이미지를 만들어 낸다.
21 Ibid., p. 299.
22 '열의 줄타기'는 실제로 뤼디거 베너가 1992년 자신의 아내 시빌레 베너 및 나미비아대학교 동료 앨런 마시와 함께 발표한 논문 제목 〈열의 줄타기 중인 사막 개미들Desert ants on a thermal tightrope〉에서 따온 말이다.
23 Pfeffer et al., 2019.
24 Gehring & Wehner, 1995.
25 Wehner, Marsh & Wehner, 1992.
26 Knaden & Wehner, 2006.
27 Darwin, 1871.
28 Sherwood & Huber, 2010.
29 NASA, 2022.
30 Widernyski et al., 2017.
31 Keatinge, 2003. "임상학적 측면에서 이 사망 중 열로 인한 사망으로 확인된 경우는 거의 없다. 몸에 열 스트레스가 가해지면 땀을 흘려 염분과 수분을 잃게 되며, 그 결과 혈액이 농축되고, 그로 인해 또 관상동맥증과 뇌혈전증이 증가하게 된다."
32 Ballester et al., 2023.
33 Zhao et al., 2021: 489,075 deaths.
34 Joule, 1850. 물리학자에게 열이란, 라디에이터가 방 안에 열을 방출하는 경우든 태양이 지구의 표면을 데우는 경우든, 열에너지가 한 물체에서 다른 물체로 이동하는 현상으로 정의된다. 결국 한 물체의 온도란 더 정확히 말하자면 그 물체 안에 들어 있는 '열에너지'인 것이다. 이 설명으로 인해 이 책을 읽는 물리학자의 열에너지가 조금이라도 식길 바란다.

주

35　Sugahara, Nishimura & Sakamoto, 2012.
36　Lindquist, 1986.
37　Lindquist & Craig, 1988, p. 632.
38　Ibid. 우리 몸은 환경 변화에도 불구하고 안정적인 상태를 유지하지만, 열이 날 때에는 열 충격 단백질[HSP]을 방출한다.
39　Evgen'ev, Garbuz & Zatsepina, 2014, p. 12.
40　Gehring & Wehner, 1995.
41　Evgen'ev, Garbuz & Zatsepina, 2014, p. 2.
42　Bobkova et al., 2014.
43　Beretta & Shala, 2022.
44　Cummings, Reiber & Kumar, 2018.
45　Nisbet & Sleep, 2001, p. 1086. 그러나 40억 년 동안 많은 일이 일어날 수 있다. 그리고 미생물들은 끊임없이 변화할 뿐이다. 세균들은 수집용 카드처럼 유전자를 공유할 수 있는데, 이를 '수평적 유전자 이동'이라 하며, 이 이동을 통해 이웃(후손이 아니다)에게 새로운 환경에서 살아남을 수 있는 유전적 수단들을 제공할 수 있다. 만일 초기 미생물들이 추운 환경에 적응했다가 이후에 뜨거운 환경을 더 좋아하게 되었다면, 시간의 흐름과 미생물 유전의 이러한 특이성으로 인해 추위에 대한 적응력은 점점 약해지게 된다.
46　Ibid., p. 1084.
47　Ibid., p. 1083.
48　Sleep et al., 2001.
49　Ibid.
50　Korenaga, 2021.
51　Sleep et al., 2001.
52　UW-Madison, 2017.
53　Kemper, 1963.
54　Ibid., p. 1319.
55　Brock & Freeze, 1969.
56　Takai et al., 2008.
57　Cowan, 2004.
58　McDonald, 2019.
59　Bowman et al., 2009, p. 481.
60　Wade et al., 2019.
61　Feng, Zierold & Röbler, 2012.
62　Bowman et al., 2009.
63　메가네우라 잠자리의 날개 길이는 70센티미터다.
64　John, 2018.
65　He et al., 2012.

66 Ibid., p. 755.
67 Ibid., p. 756.
68 Ibid., p. 756.
69 Ibid., p. 752.
70 Robbins, 2024.
71 Schwilk, 2003.
72 Vaillant, 2023, p. 198.
73 Schwilk, 2003.
74 www.californiachaparral.org/fire
75 Turner et al., 2019, p. 11325.
76 Vaillant, 2023.
77 Sharrock, 2022.
78 ICTS Doñana, 2023.

3부. 빛과 방사선 – 생명의 한계를 시험하다

7장. 빛이 없는 집 – 어둠 속에서 피어난 생태계

1   https://www.whoi.edu/feature/history-hydrothermalvents/discovery/1977.html
2   Ibid.
3   Ibid.
4   Jones, 1980.
5   Yong, 2017.
6   Jones, 1980.
7   Yong, 2017.
8   Cavanaugh et al., 1981.
9   Cromie, 1996.
10 엄밀히 말해, 완전히 맞는 말은 아니다. 이 동물은 여전히 육상 식물들과 바닷속 남세균이 광합성을 통해 만드는 산소에 의존하기 때문이다. 그러나 영양 측면에서, 이들은 본질적으로 햇빛에 의존하지 않는다.
11 Van Dover et al., 2001.
12 Van Dover et al., 1989.
13 Pelli & Chamberlain, 1989.
14 Amos, 2015.
15 Morse, 2012.
16 Van Dover et al., 2001.

17 Chen et al., 2015.
18 Ibid.
19 Okada et al., 2019.
20 현재 세상에 알려진 가장 깊은 '블랙 스모커'는 카리브해 케이맨 해구의 수심 5,000미터 지점에 위치한다. (Connelly et al., 2012.)
21 Huber, Butterfield & Baross, 2003.
22 Huber, Butterfield & Baross, 2002.
23 Huber et al., 2006., p. 94.
24 NASA, 2017.
25 Uri, 2024.
26 Choblet et al., 2017.
27 https://science.nasa.gov/mission/cassini/science/enceladus/
28 NASA, 2017.
29 Ibid.
30 Lipman, 1928.
31 Kennedy, Reader & Swierczynski, 1994.
32 Ibid., p. 2526.
33 Dombrowski, 1963, p. 460.
34 지구 역사에 비하면 6억 5,000만 년은 그리 긴 시간이 아니라, 그저 2~4배 더 오래된 것일 뿐이기 때문이다.
35 Kennedy, Reader & Swierczynski, 1994, p. 2513.
36 Ross, 2012.
37 Le Caër, 2011.
38 Ross, 2012.
39 Borgonie et al., 2011.
40 Colwell, Lloyd & Pratt, 2021.
41 Edwards, Becker & Colwell, 2012, p. 552.
42 Sarbu, Lascu & Brad, 2019.
43 Brad, Iepure & Sarbu, 2021, p. 1.
44 Ibid.
45 Sarbu, Kane & Kinkle, 1996.
46 Sarbu, Lascu & Brad, 2019, p. 431.
47 그 크기와 몸의 무늬를 보고, 또 인동덩굴을 좋아하는 것을 봤을 때 코끼리박각시나방일 것이라고 확신했다. 내가 자주 찾는 나방 전문가들에게 물어보니 그들 역시 그럴 가능성이 높다는 데 동의했다.
48 Kelber, Balkenius & Warrant, 2002.
49 Warrant, 2004, p. 766.

50 우리 태양계와 가장 가까운 태양계는 알파 센타우리로, 4.3광년 떨어져 있다.
51 Kelber, Balkenius & Warrant, 2002.
52 Ibid., p. 924.
53 에릭 워런트와의 인터뷰 내용, 2023년 5월 23일.

8장. 독이 가득한 낙원 – 방사선을 먹고 사는 생물

1 한때 지구상에 마지막 남은 야생마로 여겨졌던 프르제발스키 말은, 카자흐스탄 북부 보타이에서 발견된 고대 DNA를 분석한 결과 약 7,000년 전에 가축화된 말들의 후손일 가능성이 있는 걸로 밝혀졌다. (Gaunitz et al., 2018.)
2 Gashchak & Paskevych, 2019.
3 Ibid.
4 gorizaola.wordpress.com/blog/
5 Boyd & Bandi, 2002.
6 Xia et al., 2014.
7 바나나 1개에는 사람이 하루 동안 자연 방사선에서 받게 될 방사선 노출량의 1퍼센트가 들어 있다. 다시 말해, 아주 적은 양이다.
8 Kiselev, 1995.
9 Inkret et al., 1995.
10 Blum, 2010.
11 Ibid.
12 Wellerstein, 2016.
13 Ibid.
14 Higginbotham, 2019.
15 Ibid.
16 https://www.iaea.org/newscenter/pressreleases/chernobyl-true-scale-accident
17 Clark-Hatchel et al., 2024.
18 Ibid.
19 Chavez et al., 2019.
20 Zhdanova et al., 2000, p. 1421.
21 Ibid., p. 1422: Figure 4.
22 Ibid., p. 1422.
23 Ibid., p. 1421.
24 Ibid., p. 1425.
25 Ibid.
26 Ibid.

주

27 Ibid.
28 Zhdanova et al., 2004.
29 Dadachova et al., 2007.
30 Burraco & Orizaola, 2022.
31 Ibid., p. 10. 콜로니 형성 단위^{CFU}를 기준으로, 이는 한천 배지에서 개체군 증식을 나타내는 지표다.
32 Ibid., p. 11.
33 Revskaya et al., 2012.
34 Malo et al., 2022.
35 그러나 다른 연구 그룹들은 정반대의 결론을 제시한다. 토양을 체로 걸러 분석하고 새 개체들을 조사한 결과, 방사선 수준이 높을수록 생물 다양성이 낮아진다는 연구들이 있기 때문이다. 하지만 오리사올라를 비롯한 연구자들은 이런 연구의 표본 수가 지나치게 적을 뿐아니라, 예를 들어 시간과 같은 중요한 요인을 고려하지 않는 등 방사선 측정 방식 자체가 자연스러운 조건을 반영하지 못한다고 지적한다. 이런 비판을 종합하면, 나는 체르노빌 지역의 생물 다양성이 더 높다고 보는 다수의 검증된 연구 결과를 더 신뢰하며, 그와 상반되는 일부 연구들은 상대적으로 중요도를 낮게 본다.
36 Baldwin & Grantham. 2015; Smith et al., 2015.
37 2003년 학술지 〈네이처〉에 글을 기고한 두 독성학자는, 생명체들이 방사선 및 중금속에 어떻게 반응하는가에 대한 우리의 인식이 크게 변화했다는 사실을 설명하는데, 이는 '소비에트식 사회에서 서구식 사회로의 전환'만큼이나 큰 변화라고 했다. (Calabrese & Baldwin, 2003, p. 692.)
38 Otsuka et al., 2006.
39 Doss, 2018.
40 Anderson et al., 1956.
41 Liu et al., 2023.
42 Harris et al., 2009.
43 Byrne et al., 2014.
44 Rainey et al., 2005.
45 King et al., 2015.
46 Lovelock, 2001.

에필로그

1 Margulis & Sagan, 1997, p. 108.
2 Ibid.
3 Sosa Torres, Saucedo-Vázquez & Kroneck, 2015, p. 6.

4   Brannen, 2017, p. 76.
5   Bond et al., 2023, p. 6.
6   IRENA, 2021.
7   https://lasers.llnl.gov/about/how-nif-works
8   www.youtu.be/2kh6Ik4-yag?si=7N9aHDjaGIrYRkGX
9   Uri, 2018.
10 Dimbleby, 2021, p. 73.
11 Ibid., p. 73.
12 Scarborough et al., 2023.
13 Ibid.
14 Anderson et al., 2023, p. 5.
15 Ibid., p. 2.

극한 생존

1판 1쇄 인쇄 2025년 11월 17일
1판 1쇄 발행 2025년 12월 3일

지은이 알렉스 라일리
옮긴이 엄성수

발행인 양원석 **편집장** 차선화 **책임편집** 박시솔
디자인 최자윤, 김미선 **영업마케팅** 윤송, 김지현, 최현윤, 유민경, 김수윤
해외저작권 임이안, 이은지, 안효주

펴낸 곳 ㈜알에이치코리아
주소 서울시 금천구 가산디지털2로 53, 20층 (가산동, 한라시그마밸리)
편집문의 02-6443-8890   **도서문의** 02-6443-8800
홈페이지 http://rhk.co.kr
등록 2004년 1월 15일 제2-3726호

ISBN 978-89-255-7296-3 (03400)

※ 이 책은 ㈜알에이치코리아가 저작권자와의 계약에 따라 발행한 것이므로
  본사의 서면 허락 없이는 어떠한 형태나 수단으로도 이 책의 내용을 이용하지 못합니다.
※ 잘못된 책은 구입하신 서점에서 바꾸어 드립니다.
※ 책값은 뒤표지에 있습니다.